全国第四次中药资源普查（河北省）系列丛书

# 30种大宗道地药材栽培技术

主编　杨太新　谢晓亮

中国医药科技出版社

# 内 容 提 要

本书是全国第四次中药资源普查的成果之一，是对河北省大宗以及道地药材栽培技术的研究及总结。为满足广大药材生产者对中药材生产技术的强烈需求，河北省现代农业产业技术体系中药材创新团队和河北省中药资源普查的技术专家共同编写了本书。

第一章至第三章简要介绍了药用植物的生长发育、栽培技术和现代化生产技术；第四章至第八章选择了河北省种植的大宗、道地药材30种，对其植株形态特征、生物学特性、栽培技术以及采收加工等整个生产过程的关键技术进行编著。本书参考了最新科研成果，吸收传统种植经验，同时结合了大量生产实际，力求让药材种植者更容易理解和掌握。

本书可用于指导药材种植者和进行技术人员培训，提高其中药材规范化生产技术水平。

**图书在版编目（CIP）数据**

河北省 30 种大宗道地药材栽培技术 / 杨太新，谢晓亮主编 . — 北京：
中国医药科技出版社，2017.10

全国第四次中药资源普查（河北省）系列丛书

ISBN 978-7-5067-9567-8

Ⅰ . ①河… Ⅱ . ①杨… ②谢… Ⅲ . ①药用植物－栽培技术－河北
Ⅳ . ① S567

中国版本图书馆 CIP 数据核字（2017）第 213258 号

**美术编辑**　陈君杞
**版式设计**　锋尚设计

出版　中国医药科技出版社
地址　北京市海淀区文慧园北路甲 22 号
邮编　100082
电话　发行：010-62227427　邮购：010-62236938
网址　www.cmstp.com
规格　787×1092mm　¹/₁₆
印张　18¹/₂
字数　350 千字
版次　2017 年 10 月第 1 版
印次　2017 年 10 月第 1 次印刷
印刷　北京盛通印刷股份有限公司
经销　全国各地新华书店
书号　ISBN 978-7-5067-9567-8
定价　76.00 元

# 《河北省30种大宗道地药材栽培技术》
## 编委会

主　编　杨太新　谢晓亮

副主编　刘晓清　温春秀　郑玉光　蔡景竹　王　旗　田　伟
　　　　何运转　杨彦杰

编　委　（按姓氏笔画排序）

马立刚　马春英　王　乾　王　旗　王玉芹　王有军

王华磊　王丽叶　牛　杰　田　伟　白　红　刘　建

刘　铭　刘廷辉　刘志强　刘灵娣　刘晓清　刘敏彦

孙艳春　杜丽君　杜艳华　李　世　李　宁　杨　萌

杨太新　杨向东　杨红杏　杨彦杰　连佳芳　何　培

张　峰　张广明　陈　洁　陈玉明　陈靳松　林永岭

和　平　郑开颜　郑玉光　段绪红　信兆爽　贺献林

秦　梦　贾东升　贾海民　高　彻　高　钦　郭玉海

寇根来　葛淑俊　董学会　温春秀　谢晓亮　甄　云

蔡景竹　裴　林

# 前　言

随着我国中药现代化发展，中药农业应运而生，中药材生产作为一种特色产业受到各产区政府的大力支持，成为农业结构调整、农业增效、农民增收的重要内容和途径。河北省地处东经113°11′~119°45′、北纬36°05′~42°37′，全省面积190 379km²。有坝上高原、燕山和太行山山地、河北平原等多种地貌类型，蕴藏着丰富的中药资源。河北省是中药材生产流通大省，中药材种植历史悠久。近年来中药材人工栽培基地建设发展迅速，涌现了不少中药材规模化种植区和中药材产业乡、产业县等，中药材生产逐步向规范化、规模化和产业化方向发展。随着中药材生产从业人员的迅速增加，特别是这些人员大多缺乏技术和经验，加之中药材科研基础相对薄弱，对中药材生产技术的需求愈加迫切。

河北省现代农业产业技术体系中药材创新团队和河北省中药资源普查的技术专家，为了满足广大药材生产者对中药材生产技术的强烈需求，组织编写了本书。第一章、第二章、第三章简要介绍了药用植物的生长发育、栽培技术和现代化生产技术，第四章至第八章选择了河北省种植的大宗、道地药材30种，对其植株形态特征、生物学特性、栽培技术以及采收加工等整个生产过程的关键技术进行编著。本书参考了最新科研成果，吸收传统种植经验，同时结合了大量生产实际，从内容、格式、语言等方面，力求让药材种植者更容易理解和掌握。本书的出版，对于指导药材种植者和进行技术人员培训，提高其中药材规范化生产技术水平，从生产环节实施中药材质量控制具有重要的指导意义。

完美永远是难以达到的目标，由于编写者水平所限，书中缺点和错误在所难免，敬请同行们和本书使用者提出宝贵意见，以便修订，使之不断完善。

编　者
2017年7月

# 目　录

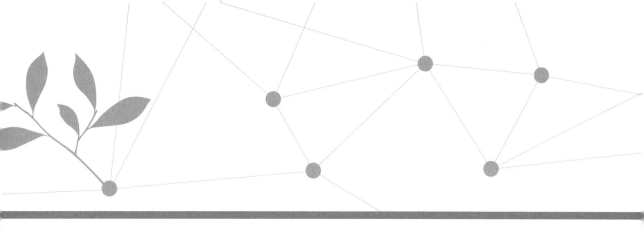

第一章

# 药用植物
# 生长发育

植物的生长发育表现为种子发芽、生根、长叶，植物体长大成熟、开花、结果，直至最后衰老、死亡，植物按照自身固有的遗传模式和顺序，在一定的外界环境下，利用外界的物质和能量进行生长、分生和分化。生长是植物直接产生与其相似器官的现象，生长的结果引起植物体积或质量的增加。发育是植物通过一系列的质变以后，产生与其相似个体的现象，发育的结果产生新的器官。根、茎、叶等是吸收、合成和输导营养的营养器官；花、果实和种子是繁殖后代的生殖器官。

药用植物从播种到收获的时间，称为药用植物的生育期。生产上，把田间管理和伴随着药用植物不同器官的分化、形成，达到田间植株50%的时期，称为生育时期（如播种期、出苗期等）。药用植物种子萌发、生根并形成茎叶，体积和质量增加是营养生长过程，称为营养生长阶段；伴随着营养器官的生长到一定阶段，药用植物开始生殖器官的分化、开花并形成果实和种子等，是营养生长与生殖生长并进阶段；营养器官生长停止，并达到最大量，进入生殖器官的充实、成熟阶段，称为生殖生长阶段。药用植物种类不同，其生长发育类型及其对外界环境的要求也不同。

# 第一节

# 药用植物生长发育对环境条件的要求

药用植物生长发育与生存条件是辩证的统一。不同环境同种药用植物的形态结构、生理、生化及新陈代谢等特征不同，相同环境对不同药用植物的作用也各异。了解药用植物生长发育与环境条件的辩证统一关系，对获得高产、优质、高效的中药材是极其重要的。诸多生态因子对药用植物生长发育的作用程度并不等同，其中光照、温度、水分、养分和空气等是药用植物生命活动不可缺少的，这些因子称为药用植物的生活因子，其他因子对药用植物也有直接或间接的影响作用。各生态因子共同组成了药用植物生长发育所必需的生态环境，对药用植物的影响往往是各因子综合作用的结果。

## 一、温度

药用植物只能在一定的温度范围内进行正常的生长发育。药用植物生长和温度的关系存在"三基点"——最低温度、最适温度、最高温度。超过两个极限温度范围，其生理活动就会停止，甚至全株死亡。了解每种药用植物对温度适应的范围及其与生长发育的关系，是确定其生产分布范围、安排生产季节、夺取优质高产的重要依据。

### （一）药用植物对温度的要求

药用植物种类繁多，对温度的要求也各不相同。依据药用植物对温度的不同要求，可将其分为四类。

**1. 耐寒药用植物**

一般能耐-2～-1℃的低温，短期内可以忍耐-10～-5℃低温，最适同化作用温度为15～20℃。如人参、细辛、大黄、五味子及刺五加等。一些根茎类药用植物在冬季地上部分枯死，地下部分越冬仍能耐-10～0℃或更低温度的多属此类。

**2. 半耐寒药用植物**

通常短时间能耐-2～-1℃的低温，最适同化作用温度为17～23℃。如菘蓝、枸杞、知母及芥菜等。

**3. 喜温药用植物**

种子萌发、幼苗生长、开花结果都要求较高的温度，同化作用最适温度为20～30℃，花期气温低于10～15℃则不宜授粉或落花落果。如颠茄、枳壳、川芎及金银花等。

**4. 耐热药用植物**

生长发育要求温度较高，同化作用最适温度多在30℃左右，个别药用植物可在40℃下正常生长。如槟榔、砂仁、苏木及罗汉果等。

药用植物生长发育对温度的要求因品种、生长发育的阶段不同而不同。一般种子萌发时期、幼苗时期要求温度略低，营养生长期对温度要求逐渐增高，生殖生长期要求温度较高。了解药用植物各生育时期对温度要求的特性，是合理安排播期和科学管理的依据。

温度对药用植物的影响主要是气温和地温两方面。一般气温影响地上部分，而地温主要影响地下根部。气温在一天当中变化较大，夜晚温度较低，白天温度逐渐升高。地温变化较小，越深入地下温度变化愈小。根及根茎类药用植物地下部分的生长受地温影响很大，一般在20℃左右根系生长较快，低于15℃生长速度减慢。

### （二）高温和低温的障碍

自然气候的变化总体上有一定的规律，但是超出规律的变化（如温度过高或过低）也时有发生。温度过高或过低，都会给药用植物造成障碍，使生产受到损失。

低温对药用植物的伤害主要是冷害和冻害。冷害是生长季节内0℃以上的低温对药用植物的伤害。低温使叶绿体超微结构受到损伤，或引起气孔关闭失调，或使酶钝化，最终破坏光合能力。低温还影响根系对矿质养分的吸收，植物体内物质的转运，以及授粉、受精等。冻害是指春秋季节里，由于气温急剧下降到0℃以下（或降至临界温度以下）使茎叶等器官受害。高温障碍是与强烈的阳光和急剧的蒸腾作用相结合而引起的。高温使药用植物体非正常失水，进而产生原生质的脱水和原生质中蛋白质的凝固。高温不仅降低药用植物的生长速度，妨碍花粉的正常发育，还会损伤茎叶功能，引起落花、落果等。

### （三）春化作用

春化作用是指由低温诱导而促使植物开花的现象。需要春化的有冬性1年生（如冬性谷类作物）、大多数2年生（如当归、白芷）和有些多年生药用植物（如菊）。

春化作用有效温度一般在0～10℃，最适温度为1～7℃，但因药用植物种类或品种的不同，所要求的春化作用温度不同，另外对春化作用低温所要求的持续时间也各异。药用植物通过春化的方式有两种：一种是萌动种子的低温春化，如芥菜、萝卜等；另一种是营养体的低温春化，如当归、白芷、牛蒡和菊花等。萌动种子的春化处理掌握好萌动期是关键，控制水分法是控制萌动状态的一个有效方法。营养体的春化处理需在植株或器官长到一定大小时进行，没有一定的生长量，即使遇到低温，植物也不进行春化作用。如当归幼苗根重小于0.2g时，其植株对春化处理没有反应；根重大于2g时，经春化处理后的幼苗百分之百抽薹开花；根重在0.2～2g时，幼苗抽薹开花率与根重、春化温度和时间有关。在药用植物栽培生产中，应根据栽培目的合理控制春化的温度及时期。例如，当归采收药材，则要防止"早期抽薹"现象，可通过控制温度和水分避免春化；若要采种，则需进行低温春化处理，促使其开花结实。

## 二、光照

药用植物的生长发育是靠光合作用提供所需的有机物质，光质、光照强度及光照时间都与药用植物生长发育密切相关，对药材的品质和产量产生影响。

### （一）光照强度对药用植物生长发育的影响

植物的光合速率随光照度的增加而加快，在一定范围内两者几乎是正相关，但超过一定范围后，光合速率的增加转慢。当达到某一光照度时，光合速率就不再增加了，此时的光照度称为光饱和点。随着光照度的减弱，光合速率逐渐减小，当光合速率等于呼吸速率时的光照度称光补偿点。不同植物的光饱和点与光补偿点各异，根据药用植物对光照度的需求不同，通常分为阳生、阴生和中间型药用植物。

**1. 阳生药用植物**

要求生长在直射阳光充足的地方。其光饱和点为全光照的100%，光补偿点为全光照的3%～5%，若缺乏阳光时，植株生长不良，产量低。例如北沙参、地黄、菊花、红花、芍药、薯蓣、枸杞、薏苡及知母等。

**2. 阴生药用植物**

不能忍受强烈的日光照射，喜欢生长在阴湿的环境或树林下。光饱和点为全光照的

10% ~ 50%，而光补偿点为全光照的1%以下。例如人参、西洋参、三七、石斛、黄连、细辛及淫羊藿等。

### 3. 中间型药用植物

处于喜阳和喜阴之间的植物，在日光照射良好环境能生长，但在微荫蔽情况下也能较好地生长。例如天冬、麦冬、豆蔻、款冬、紫花地丁等。

药用植物生长发育时，接受光饱和点（或略高于光饱和点）左右的光照越多，时间越长，光合积累也越多，生长发育也最佳。如果光照度低于光补偿点，则药用植物不但不能制造养分，反而还消耗养分。因此，在生产上应注意合理密植，保证透光良好。

自然条件下药用植物各部位受光是不一致的，通常植株体外围（特别是上部和向光方向）茎叶受光照度大，植株内部茎叶受光照度小。田间栽培的药用植物是群体结构状态，群体上层接受的光照度与自然光基本一致（遮阴栽培或保护地栽培时，群体上层接受的光照度也最高），而群体株高的2/3到距地面1/3处，这一层次接受的光照度则逐渐减弱。一般群体株高1/3以下的部位，受光照度均低于光补偿点。群体条件下受光照度问题比较复杂，在同一田间内，植株群体光照度的变化因种植密度、行的方向、植株调整以及套种、间种等不同而异。光照度的不同直接影响到光合作用的强度，也影响叶片的大小、多少、厚薄以及茎的节间长短、粗细等。这些因素都关系到药用植株的生长及产量的形成。因此，群体条件下种植密度必须适宜。某些茎皮类药用植物，种植时可稍密些，使株间枝叶相互遮蔽，就可减少分枝，使茎秆挺直粗大，从而获得产量高、品质好的茎皮。了解药用植物需光强度等特性和群体条件下光照度分布特点，是确定种植密度和搭配间混套种植物的科学依据。

同一种药用植物在不同生长发育阶段对光照度的要求不同。例如厚朴幼苗期或移栽初期忌强烈阳光，要尽量做到短期遮阴，而其长大后，则不怕强烈阳光。黄连虽为阴生植物，但生长各阶段耐阴程度不同，幼苗期最耐阴；但栽后第四年则可除去遮阴棚，使之在强光下生长，以利于根部生长。一般情况下，药用植物在开花结实阶段或块茎贮藏器官形成阶段，需要的养分较多，对光照的要求也更高。

虽然光是光合作用所必需的，但光照过强时，尤其是炎热的夏季，光合作用会受到抑制，使光合速率下降。如果强光时间过长，植物甚至会出现光氧化现象，即光合系统和光合色素会遭到破坏。低温、高温、干旱等不良环境条件会加剧光抑制的危害。因此，在药用植物栽培上应特别注意防止几种胁迫因子的同时出现，最大限度地减轻光抑制。

## （二）光质对药用植物生长发育的影响

光质（或称光的组成）对药用植物的生长发育也有一定的影响。太阳光中被叶绿素吸收最多的是红光，红光对植物的作用最大，黄光次之。在太阳的散射光中，红光和黄光占50% ~ 60%；在太阳的直射光中，红光和黄光最多只有37%。一年四季中，太阳光的组成成分比例是有明显变化的。另外，海拔高度也可以影响光的组成，高海拔的地方（高原、高山）青、蓝、紫等短波光和紫外线较多。

研究药用植物对光质的不同需求，根据药用植物种类的不同而选择合适的塑料薄膜，可以满足药用植物生长的需求。药用植物总是以群体栽培，阳光照射在群体上，经过上层叶片的选择吸收，透射到下部的辐射光是以远红外光和绿光偏多。因此，在高、矮秆药用植物间作的复合群体中，矮秆作物所接受的光线光谱与高秆作物接受的光线光谱是不完全相同的。如果作物密度适中，各层叶片间接受的光质就比较相近。

### （三）光周期的作用

一天中白天和黑夜的相对长度称为光周期。所谓"相对长度"是指日出至日落的理论日照时数，而不是实际有阳光的时数。光周期是植物生长发育的重要因素，影响其花芽分化、开花、结实、分枝习性以及某些地下器官（块茎、块根、球茎、鳞茎等）的形成。植物对于白天和黑夜的相对长度的反应，称光周期现象。各地生长季节，特别是由营养生长向生殖生长转移之前，日照时数长短对各类药用植物的发育是重要的影响因素。

按照对光周期的反应，可将药用植物分为四类。

#### 1. 长日药用植物

日照必须大于某一临界日长（一般12～14小时以上），或者暗期必须短于一定时数才能成花的药用植物。例如红花、牛蒡、紫菀等。

#### 2. 短日药用植物

日照长度只有短于其所要求的临界日长（一般12～14小时以下），或者暗期必须超过一定时数才开花的药用植物。例如紫苏、菊花、穿心莲、苍耳等。

#### 3. 日中性药用植物

对光照长短没有严格要求，任何日照下都能开花的药用植物。例如地黄、蒲公英等。

#### 4. 限光性药用植物

所谓限光性药用植物，是这种药用植物要在一定的光照范围内才能开花结实，延长或缩短日照时数都抑制其开花。

临界日长是指昼夜周期中诱导短日药用植物开花所需的最长日照时数或诱导长日药用植物开花所需的最短日时数。对长日药用植物来说，日照长度应大于临界日长，即使是24小时日照也能开花；而对于短日药用植物来说，日照时数必须小于临界日长才能开花，然而日照太短也不能开花，可能会因光照不足成为黄化植物。光周期不仅影响药用植物花芽的分化与开花，同时也影响药用植物器官的形成。如慈菇、荸荠球茎的形成，要求有短日照条件，而洋葱、大蒜鳞茎的形成要求有长日照条件。另外，如豇豆、红小豆的分枝、结实习性等也受到光周期的影响。

认识和了解药用植物的光周期反应，在药用植物栽培中具有重要的作用。在引种过程中，必须首先考虑所要引进的药用植物是否在当地的光周期诱导下能够及时地生长发育、开花结实；其次，栽培中应根据药用植物对光周期的反应确定适宜的播种期；第三，通过人工控制光周期促进或延迟开花，这些在药用植物育种工作中可以发挥重要作用。

## 三、水分

水分是药用植物生长发育必不可少的环境条件之一，它不仅是植物体的组成成分之一，而且在植物体生命活动的各个环节中发挥着重要的作用。不同药用植物对水分的适应性不同，在不同的生长发育时期对水分的需求也各异。

### （一）药用植物对水的适应性

根据药用植物对水分的适应能力和适应方式，可划分成以下几类。

1. 旱生药用植物

这类药用植物能在干旱的气候和土壤环境中维持正常的生长发育，具有高度的抗旱能力，如芦荟、麻黄及景天科药用植物等。

2. 湿生药用植物

生长在潮湿的环境中，蒸腾强度大，抗旱能力差，水分不足就会影响生长发育，以致萎蔫，如水菖蒲、毛茛、半边莲及灯芯草等。

3. 中生药用植物

此类植物对水的适应性介于旱生与湿生之间，绝大多数陆生的药用植物均属此类。

4. 水生药用植物

此类药用植物生活在水中，根系不发达，根的吸收能力很弱，输导组织简单，但通气组织发达，如泽泻、莲及芡实等。

除了水生药用植物要求有一定的水层外，其他药用植物主要靠根系从土壤中吸收水分。在适宜的土壤含水量条件下，药用植物根系入土较深，构型合理，生长良好；在潮湿的土壤中，根系多分布于浅层，植物易倒，生长缓慢，且容易导致根系呼吸受阻，滋生病害；干旱条件利于植物根系下扎，入土较深，直至土壤深层。因此，生产中应根据药用植物对水的适应性，加强田间水分管理，保证根系的正常生长发育，从而获得优质、高产药材。

### （二）药用植物的需水量和需水临界期

1. 需水量

药用植物在生长发育期间所消耗的水分中主要是蒸腾耗水，蒸腾耗水量称为生理需水量，以蒸腾系数来表示。蒸腾系数是指每形成1g干物质所消耗的水分克数。药用植物种类不同，需水量也不一样。

药用植物在不同的生长发育阶段对水分的需求也不同。总的来说前期需水量少，中期需水量多，后期需水量居中。需水量还受气象条件和栽培措施的影响。低温、多雨、大气湿度大，蒸腾作用减弱，则需水量减少；反之，高温、干旱、大气湿度低、风速大，蒸腾作用增强，则需水量增大。密植程度也使耗水量发生变化。密植后，单位土地面积上叶面积大，蒸腾量大，需水量随之增加，但地面蒸发量相应减少。在药用植物栽培中要根据植株形态、生育期、气象条件和土壤含水量等制定合理的灌溉措施。

**2. 需水临界期**

需水临界期是指药用植物一生中（1、2年生植物）或年生育期内（多年生植物）对水分最敏感的时期。需水临界期水分亏缺，会造成药材产量的损失和品质的下降。

植物从种子萌发到出苗期虽然需水量不大，但对水分很敏感，这一时期若缺水，则会导致出苗不齐，缺苗；水分过多又会发生烂种、烂芽。多数药用植物在生育中期因生长旺盛，需水较多，其需水临界期多在开花前后阶段。因此，在药用植物生产中应保证需水临界期的水分供给。

## （三）旱涝对药用植物的危害

### 1. 干旱

缺水是常见的自然现象。干旱分大气干旱和土壤干旱，通常土壤干旱伴随大气干旱而来。干旱易引起植物萎蔫，落花落果，停止生长，甚至死亡。

植物对干旱有一定的适应能力，这种适应能力称为抗旱性。例如知母、甘草、红花、黄芪及绿豆等抗旱的药用植物在一定的干旱条件下，仍有一定产量，如果在雨量充沛的年份或灌溉条件下，其产量可以大幅度地增长。

### 2. 涝害

涝害是指长期持续阴雨致使地表水泛滥淹没农田，或田间积水、水分过多使土层中缺乏氧气，根系呼吸减弱，植物最终窒息死亡。根及根茎类药用植物对田间积水或土壤水分过多非常敏感，地面过湿易于死亡。

药用植物规范化栽培过程中应根据药用植物不同生长发育时期的需水规律及气候条件、土壤水分状况，适时、合理地灌溉和排水，保持土壤的良好通气条件，以确保中药材产量稳定、品质优良。

## 四、土壤

土壤是药用植物栽培的基础，是药用植物生长发育所必需的水、肥、气、热的供给者。创造良好的土壤结构，改良土壤性状，不断提高土壤肥力，提供适合药用植物生长发育的土壤条件，是搞好药用植物栽培的基础。

## （一）土壤质地

土壤按质地可分为砂土、黏土和壤土。土壤中直径为0.01～0.03mm的土壤颗粒占50%～90%的称为砂土。砂土通气透水性良好，耕作阻力小，土温变化快，保水保肥能力差，易发生干旱。适于砂土种植的药用植物有北沙参、甘草和麻黄等。含直径小于0.01mm的土壤颗粒在80%以上的土壤称为黏土。黏土通气透水能力差，土壤结构致密，耕作阻力大，但保水保肥能力强，供肥慢，肥效持久、稳定。所以，适宜在黏土中栽种的药用植物不多，如泽泻等。壤土的性质介于砂土与黏土之间，是最优良的土质。壤土土质疏松，容易耕作，透水良好，又有相当强的保水保肥能力，适宜种植多种药用植物，特别是根及根茎类的中药材更宜在壤土中栽培，如地黄、薯蓣、当归和丹参等。

## （二）土壤肥力

土壤肥力是指土壤供给植物正常生长发育所需水、肥、气、热的能力。土壤肥力因素按其来源不同分为自然肥力与人为肥力两种。自然肥力是在生物、气候、母质和地形等外界因素综合作用下，发生发展起来的；人为肥力是通过耕作、施肥、种植植物、兴修水利和改良土壤等措施，人为创造出来的肥力。

自然条件下，土壤肥力完全符合药用植物生长发育的极少。自然土壤或农业土壤种植药用植物后土壤肥力会逐年下降，若不保持或提高土壤肥力，就没有稳定的农业生产。如何根据药用植物的需肥规律和土壤肥力状况科学地调整好药用植物与土壤的关系，并通过相应的耕作改土、灌溉施肥以及调整种植方式等措施达到用地、养地相结合的生产目的，也是药用植物规范化种植研究的主要任务之一。

## （三）土壤酸碱度

各种药用植物对土壤酸碱度（pH）都有一定的要求。多数药用植物适于在中性或微酸性土壤中生长。有些药用植物（荞麦、肉桂、黄连、槟榔、白木香和萝芙木等）比较耐酸，另有些药用植物（枸杞、土荆芥、红花和甘草等）比较耐盐碱。

各地各类的土壤都有一定的pH，土壤pH可以改变土壤原有养分状态，并影响药用植物对养分的吸收。土壤pH值为5.5～7.0时，植物吸收氮、磷、钾最容易；土壤pH偏高时，会减弱植物对铁、钾、钙的吸收量，也会减少土壤中可溶性铁的数量；在强酸（pH<5）或强碱（pH>9）条件下，土壤中铝的溶解度增大，易引起植物中毒，也不利土壤中有益微生物的活动。此外，土壤pH的变化与病害发生也有关，如酸性土壤中立枯病较重。选择或创造适宜于药用植物生长发育的土壤pH，是获取优质、高产的重要条件。

### （四）土壤养分

药用植物生长和产量形成需要有营养保证。药用植物生长发育所需的营养元素有碳、氢、氧、氮、磷、钾、钙、镁、硫、铁、氯、锰、锌、铜、钼、硼等。这些营养元素除了空气中能供给一部分碳、氢、氧外，其他元素均由土壤提供。

氮、磷、钾三种元素在药用植物生长发育过程中发挥着重要的功效。氮是蛋白质、叶绿素和酶的主要成分。若缺乏氮，植物体中蛋白质、叶绿素和酶的合成受阻，光合作用减弱，从而导致植物生长发育缓慢甚至停滞，植物体内物质转化也将受到影响或停止，植株叶片变黄、生长瘦弱、开花早、结实少、产量低。但如果氮素过多，植物组织柔软，茎叶徒长，易倒伏，抵抗病虫害能力减弱，阻碍发育过程，延迟成熟期。磷是细胞核的重要组成原料，磷不足，核蛋白的形成受阻，细胞分裂受到抑制，植物生长发育停滞。磷能加速细胞分裂和生殖器官的发育形成，增施磷肥，可以防止落花落果，增强植株抗病、抗逆能力。钾能增强植物的光合作用，促进糖类的形成、运转和贮藏，促进氮的吸收，加速蛋白质的合成，促进维管束的正常发育，抗倒伏、抗病虫害，促进块根块茎的发育，使果实种子肥大、饱满、品质好。缺钾时，植物茎秆生长柔弱，易倒伏，抗病虫能力减弱，新生根量减少。

药用植物种类不同，吸收营养的种类、数量、相互间比例等也不同。从需肥量看，药用植物有需肥量大的（如地黄、薏苡、枸杞等），有需肥量中等的（如曼陀罗、补骨脂、当归等）；需肥量小的（如柴胡、王不留行等），需肥量很小的（如马齿苋、地丁、夏枯草等）。药用植物各生育时期所需营养元素的种类、数量和比例也不一样。以花果入药的药用植物，幼苗期需氮较多，磷、钾可少些；进入生殖生长期后，吸收磷的量剧增，吸收氮的量减少，如果后期仍供给大量的氮，则茎叶徒长，影响开花结果。以根及根茎入药的药用植物，幼苗期需要较多的氮（但丹参苗期比较忌氮，应少施氮肥），以促进茎叶生长，但不宜过多，以免徒长，另外还要追施适量的磷以及少量的钾；到了根茎器官形成期则需较多的钾，适量的磷，少量的氮。

除了氮、磷、钾外，药用植物生长发育还需要一定量的微量元素。不同的药用植物所需微量元素的种类和数量也不一样。药用功能相似的药用植物，所含微量元素的量有共性。每一种道地药材都有几种特征性微量元素图谱，不同产地同一种药材之间的差异与其生境土壤中化学元素的含量有关。生产中应根据土壤中微量元素种类和不同药用植物的需求合理施用微肥。

综上，在药用植物的规范化栽培中，应根据药用植物的营养特点及土壤的供肥能力，确定施肥种类、时间和数量。施用肥料的种类应以有机肥为主，根据不同药用植物生长发育的需要有限度地使用化学肥料。

## 五、药用植物与微生物

植物与周围环境生物的互作是一种普遍现象，植物为了适应复杂的生态环境，进化成很多形式的植物微生物共生体系统。

### （一）根瘤菌

根瘤菌是一类重要的固氮微生物，它与豆科植物形成共生关系，将空气中分子态氮转化为植物可利用的化合态氮。在长期进化过程中，由于受寄主的选择和环境的胁迫，分别向不同的方向进化，形成了丰富的生物多样性特征。进行根瘤菌选种时，必须针对生态环境及宿主植物选择出最佳匹配的根瘤菌。植物不同品种与不同根瘤菌共生，其有效性差异很大，所以选种时还需针对植物品种进行匹配，才能达到更好的共生固氮效果。

### （二）菌根

菌根是自然界中一种普遍的植物共生现象，是一些土壤真菌与植物根系形成的互惠共生体。它既有一般植物根系的特征，又有专性真菌的特性。根据寄主植物的种类、入侵方式（界面形态）及菌根的形态特征，将菌根主要分为外生菌根、内生菌根、内外生菌根三大类型。此外，还有混合菌根、外围菌根、假菌根等。

近年来，菌根对植物的多种效益已引起人们的高度重视，菌根菌技术不断地应用在农林业生产和环境保护中。在林业生产上主要用于引种、育苗、造林和防治苗木根部病害、生产食用菌等方面，已取得良好的效果。

### （三）内生菌

内生菌是指一类在其部分或全部生活史中存活于健康植物组织内部、不引发宿主植物表现出明显感染症状的微生物。植物内生菌包括内生真菌和内生细菌（内生细菌包括内生放线菌），可从经过严格表面消毒的植物组织或植物组织内部分离得到。内生菌在植物体内广泛存在，从藻类、苔藓、蕨类、裸子植物和被子植物中均已分离得到了内生菌。其分布于植物的根、茎、叶、花、果实和种子等器官组织的细胞或细胞间隙。植物内生菌影响活性成分产生和积累的途径主要有两种。一是内生菌自身产生药用植物活性成分。二是内生菌促进药用植物产生活性成分。

### （四）共生菌

兰科植物中普遍存在共生菌现象，尤以天麻和石斛为典型代表。如天麻在不同生长期需与不同真菌共生。

## 六、药用植物的化感作用

化感作用是指植物或微生物的代谢分泌物对环境中其他植物或微生物的有利或不利的作用。自毒作用是化感作用的一种特殊作用方式，是同种植物的植株通过淋溶、残体分解、根系分泌等向环境中释放化学物质，而对自身产生的直接或间接的毒害作用。

大多数化感物质对种子萌发均有一定影响。与农作物比较，药用植物更容易产生化感作用。目前栽培的药用植物70%以上是根与根茎类药材，许多药用植物的根、根茎、块茎、鳞茎等地下部分既是植物营养吸收和积累的部位又是药用部位，而且大多数中药材是多年生，生长周期多为几年甚至几十年。这与生长周期短的作物不同，不仅由于重茬导致连作障碍，而且随着栽培年限的增加，植株不断地向环境释放化感（自毒）物质，当土壤中有毒物质积累超出一定浓度时，就会严重影响药材的产量和质量，导致减产，甚至绝收。自毒作用是导致多种药用植物连作障碍的主要因素，地黄、白术、半夏等都会产生连作障碍，导致其产量和品质大幅度下降。

了解药用植物间、药用植物与其他农作物等植物间的这种化学关系，对于科学选择和搭配间作、混作、套作植物或安排衔接复种、轮作的前后茬植物提供了科学依据。例如，当归对小麦和燕麦的化感作用较弱，可以用于当归轮作体系，缓解因自毒作用而引起的连作障碍。

## 第二节

# 药用植物的产量和品质形成

## 一、药用植物产量及其构成因素

### （一）药用植物产量的含义

栽培药用植物的目的是获得较多有经济价值的中药材，其产量通常分为生物产量和经济产量。生物产量是指药用植物通过光合作用形成的净干物质量，即药用植物根、茎、叶、花和果实等的干物质量。在总干物质中，有机物质占90%～95%，矿物质占5%～10%。严格地说，干物质不包括自由水，而生物产量则含水10%～15%。就此意义上讲，光合作用形成的有机物质的净积累过程就是产量形成的过程，光合作用制造的有机物是产量形成的物质基础。

经济产量是指栽培目的所要求的有经济价值的主产品的量，即药用植物中可供直接药用或供制药工业提取原料的药用部位的产量，由于栽培目的所要求的生产品不同，各种药用植物提供的产品器官也不相同。如丹参、地黄、薯蓣和牛膝等药用部位为根和根茎；荆芥、蒲公英、紫苏等药用部位为全草；枸杞、连翘、王不留行和酸枣仁等药用部位为果实和种子；菊花、忍冬等药用部位为花蕾或开放花；黄柏和牡丹等药用部位为皮类。同一药用植物，因栽培的目的不同，其经济产量的概念也不同。如植物忍冬的花蕾作为收获对象时，可得到中药材金银花；若以其藤为收获对象则得到中药材忍冬藤。如葫芦科植物栝楼，若以其根为收获对象，可种植以雄株为主得到药材天花粉；以其果实为收获对象，种植时以雌株为主，其果实的不同组织为不同用途的药材——瓜蒌、瓜蒌皮、瓜蒌子。

经济产量是生物产量中所要收获的部分。通常，经济产量与生物产量成正比。经济产量占生物产量的比例即生物产量转化为经济产量的效率，称为经济系数或收获指数。一般来说，收获营养器官的植物，如药用部位是全株（草）的，其经济系数则高（可接近100%）；药用部位是根或根茎者，经济系数也较高（一般可达50%～70%）；药用部位为子实或花者，经济系数则较低（如番红花的药用部位为花的柱头，其经济系数就更低）。虽然不同植物的经济系数有其相对稳定的数值变化范围，但是，通过优良品系的选择、农家品种的改良、优化栽培技术及改善环境条件等，可以使经济系数达到高值范围，在较高的生物学产量基础上获得较高的经济产量。三者关系表示为：产量=生物产量×经济系数。

## （二）药用植物的产量构成因素

药用植物的产量是指单位土地面积上药用植物群体的产量，即由个体产量或产品器官（药用部位）的数量构成。由于药用植物种类不同，其构成产量的因素也有所不同。如表1-1所示，单位土地面积上的药用植物产量随产量构成因素数值的增大而增加。

表1-1 各类药用植物的产量构成因素

| 药用植物类别 | 产量构成因素 |
| --- | --- |
| 根及根茎类 | 单位面积株数、单株有效根（根茎）数、单根鲜重、干鲜比 |
| 全草类 | 单位面积株数、单株鲜重、干鲜比 |
| 果实类 | 单位面积株数、单株果实数、单果鲜重、干鲜比 |
| 种子类 | 单位面积株数、单株果实数、每果种子数、种子鲜重、干鲜比 |
| 叶类 | 单位面积株数、单株叶片数、单叶鲜重、干鲜比 |
| 花类 | 单位面积株数、单株花（花序）数、单花（花序）鲜重、干鲜比 |
| 皮类 | 单位面积株数、单株皮鲜重、干鲜比 |

在生产上，药用植物产量的提高，既不是个体产量的简单相加，也不是个体产量的无限提高。药用植物在群体栽培条件下，由于群体密度和种植方式等不同，个体所占营养面积和生育环境亦不同，植株和器官生长存在差异。一般来说，产量构成因素很难同步增

长，往往彼此间存在负相关关系。例如，以营养器官根和根茎为产品的药用植物，单株根数和单根鲜重随栽植密度增加而降低；种子类药材，单位面积上株数增加时，单株果实数、单果种子数明显减少，种子千粒重亦会下降；花类药材，如红花是以花冠入药，花头多，花冠大而长，产量高，而花头多少除与品种遗传性状有关外，还与密度有关，分枝多少与密度成负相关，花头多少即分枝多少与花头大小成负相关，花头大小一定时，花冠大小与小花数目多少成负相关，要想获得高产就必须适当密植，即增加播种量。而播种量的增加，在一定范围内，单位面积上株数随之增加，超过规定范围后，单位面积株数也不再增加。尽管不同药用植物各产量构成因素间均呈现不同程度的负相关关系，但在一般栽培条件下，单位面积的株数（密度）与单株产品器官数量间的负相关关系较明显。这说明，药用植物的产量构成因素间存在着实现高产的最佳组合，即个体与群体协调发展时，产量可以提高。

## 二、药用植物的产量形成及提高途径

药用植物产量的形成与器官的分化、发育及光合产物的分配和积累密切相关，了解其形成规律是采用先进的栽培技术，进行合理调控，实现稳产、高产的基础。

### （一）药用植物产量的形成

#### 1. 产量因素的形成

产量因素的形成是在药用植物不同生育时期依次而重叠进行的。如果把药用植物的生育期分为三个阶段，即生育前期、中期和后期。那么以果实种子类为药用收获部位的药用植物，生育前期为营养生长阶段，光合产物主要用于根、叶、分蘖或分枝的生长；生育中期为生殖器官分化形成和营养器官旺盛生长并进期；生育后期为结实成熟阶段，光合产物大量运往果实或种子，营养器官停止生长且重量逐渐减轻。一般来说，前一个生长时期的生长是后一个时期生长的基础，营养器官的生长和生殖器官的生长相互影响、相互联系。生殖器官生长所需要的养分，大部分由营养器官供应。因此，只有营养器官生长良好，才能保证生殖器官的形成和发育。以根或根茎为产品器官的药用植物，生长前期主要以茎叶的生长为主，根冠比较低；生长中期是地上茎叶快速生长，地下部分（根、根茎）开始膨大、伸长，地上地下并进期，根冠逐渐变大，生长后期以地下部增大为主，根冠比值逐渐增大，当两者的绝对质量差达最大值时收获，根或根茎类药用植物达到优质、高产。

#### 2. 干物质积累与分配

药用植物产量形成的全过程包括光合器官、吸收器官及产品器官的建成及产量内容物的形成、运输和积累。从物质生产的角度分析，药用植物产量实质上是通过光合作用直接或间接形成的，并取决于光合产物的积累与分配。药用植物光合生产的能力与光合面积、光合时间及光合效率密切相关。一般在适宜范围内，光合面积越大，光合时间越长，光合效率较高，光合产物非生产性消耗少，分配利用较合理，就能获得较高的经济产量。

药用植物种类或品种不同，生态环境和栽培条件不同，各个时期所经历的时间、干物质积累速度、积累总量及在器官间的分配均有所不同。干物质的分配随药用植物物种、品种、生育时期及栽培条件而异。生育时期不同，干物质分配的中心也有所不同。以薏苡为例，拔节前以根、叶生长为主，地上部叶片干重占全干重的99%；拔节至抽穗，生长中心是茎叶，其干重约占全干重的90%；开花至成熟，生长中心是穗粒，穗粒干物质积累量显著增加。

### （二）提高药用植物产量的途径

源通常指植物通过光合作用或储藏物质再利用产生的同化物，库则是通过呼吸作用或生长消耗利用同化物，流是指源与库之间同化物的运输能力。协调好药用植物源、库、流的关系，才能最大限度地提高药用植物的产量。

#### 1. 提高源的供给能力

增加药用植物产量最根本的因素是提高源的供给能力，即多提供光合产物。多提供光合产物的途径有：①增加光合作用的器官：增加叶面积是提高源的供给能力的基本保证。在一定范围内，种植密度增大，叶面积增加快，达到叶面积指数最大值的时间较早。一般茄科和豆科植物叶面积指数大都以3～4为最佳；蔓性瓜类爬地栽培叶面积指数1.5～2，搭架栽培可达4～5或以上。②延长叶片寿命：一个植株叶片寿命的长短与光、温、水、肥等因素有关，一般光照强、肥水充足，叶色绿浓，叶片寿命就长，光合强度也高，特别是延长最佳叶龄期的时间，光合积累率高。③增加群体的光照强度：在饱和光照度内，光照越强，光合积累越多。对于阴性植物即遮阴栽培植物，或保护地栽培时，都要保证供给的光照度不低于光饱和点或接近于光饱和点的光照强度。对于露地栽培的药用植物，要保证群体中各叶层接受光照度总和为最高值。④创造适宜药用植物生长的温、水、肥条件：有了充足适宜的光照条件，提高生长温度，适时适量的灌水、追肥也是必不可少的措施。⑤增加净同化率：净同化率是指单位叶面积，在一定时期内，由光合作用所形成的净干物质量，是除去呼吸作用所消耗的量之后的净值。提高净同化率不外乎提高光合强度、延长光合作用时间和降低呼吸消耗。降低呼吸消耗的有效措施是增加昼夜温差，对于保护地栽培较为容易，对于露地栽培，应从选地、播期、增设保护棚等措施入手。

#### 2. 提高库的储积能力

（1）满足库生长发育的条件：药用植物的储积能力决定于单位面积上产量容器的大小。药用植物不同，储积的容器也不同。例如，根及根茎类药材产量的容积取决于单位土地面积上根及根茎类的数量和大小的上限值；花类药材产量容器的容积决定于单位土地面积上分枝数目、分枝上花（花头、花序）的数目和小花大小的上限值；种子果实入药药材产量容器的容积决定于单位土地面积上的穗数、每穗颖花数和籽粒大小的上限值。这些容器的数目决定于分化期，而容器容积的大小决定于生长、膨大、灌浆期持续的长短和生长、膨大、灌浆的速度。

（2）调节同化物的分配去向：植物体内同化物分配总的规律是由源到库。但是，由于植物体存在着许多的源库单位，各个源库对同化物的运输分配都有分工，各个源的光合产物主要供应各自的库。对于生产来讲，有些库没有经济价值，对于这些没有经济价值的库，就应通过栽培措施除掉，使其光合产物集中供应给有经济价值的库。例如，根及根茎类药材，种子库没有用（繁殖用除外）应当摘蕾，以减少营养损失。有些植物有无效分枝（蘖），也应及时摘除。调节同化物分配去向，除摘蕾、打顶、修剪外，还可采用代谢调节（提高或降低叶内K/Na比例）、激素调节和环境调节（防止缺水、光暗处理、增加昼夜温差、氮肥调节）等。

### 3. 缩短流的途径

植物同化物由源到库是由流完成的。植物光合产物很多，如果运输分配不利，经济产量也不会高。同化物运输的途径是韧皮部，韧皮部输导组织的发达程度是制约同化物运输的一个重要因素。适宜的温度、光照，充足的肥料（尤其是磷的供应）都可促进光合产物的合成和运输，从而提高储积能力。库与源相对位置的远近也影响运输效率和同化物的分配。通常情况下，库与源相对位置较近，能分配到的同化物就多。因此，很多育种工作者都致力于矮化株型的研究。现代矮化的新良种收获指数已由原来的30%左右提高到50%~55%。这与矮化品种同化物分配输送途径短，穗轴横切面韧皮所占面积扩大有关。

## 三、药用植物的品质及其影响因素

### （一）药用植物品质的内涵

药用植物的品质是指其目标产品中药材的品质。药材的品质包括内在质量和外观性状两部分。内在质量主要指药用成分或活性成分的多少，以及有害物质如化学农药、有毒金属元素的含量等；外观性状主要是指产品的外观性状，如色泽（整体外观与断面）、质地、大小、整齐度和形状等。其中以内在质量最为重要，是药材质量的基本要求。

### 1. 化学成分

中药材的功效是由所含的化学成分或叫活性成分作用的结果。化学成分含量、各种成分的比例等，是衡量药材品质的主要指标。目前已明确的药用化学成分种类有：糖类、苷类、木质素类、萜类、挥发油、鞣质类、生物碱类、氨基酸、多肽、蛋白质和酶、脂质、有机酸类、树脂类、植物色素类及无机成分等。

药材中所含的活性成分因种类而异，有的含两三种，有的含多种；有些成分含量虽微，但生物活性很强。含有多种药效成分的药材，其中必有一种起主导作用，其他是辅助作用。每种药材所含成分的种类及其比例是该种药材特有药理作用的基础，单纯关注药效成分种类不看比例是不行的。因为许多同科、同属但不同种的药材，它们所含的成分种类一样或相近，只是各类成分比例不同而已。

药材的活性成分种类、比例、含量等都受环境条件的影响，也可说是在特定的气候、土质、生态等环境条件下的代谢（含次生代谢）产物。有些药用植物的生境独特，我国虽然幅员辽阔，但完全相同的生境不多，这可能就是药材道地性的成因之一。在栽培药用植物时，特别是引种栽培时，必须检查分析成品药材与常用药材或道地药材在成分种类上、各类成分含量比例上有无差异。完全吻合才算栽培或引种成功。

**2. 农药残留物与重金属等外源性有害物质**

栽培药用植物有时需使用农药，虽然药用器官禁用，但也应检查有无化学农药残留。残留物超过规定者禁止作为药材。目前，我国规定了禁止使用的农药种类，对农药和重金属等外源性有害物质有安全限量。

**3. 色泽**

色泽是药材的外观性状之一，每种药材都有自己的色泽特征。许多药材本身含有天然色素成分（如丹参、枸杞子、黄柏、红花等），有些药效成分本身带有一定的色泽特征（如小檗碱、蒽苷、黄酮苷、花色苷和某些挥发油等）。从此种意义来说，色泽是某些药效成分的外在表现形式或特征。

药材是将栽培或野生药用植物的入药部位加工（干燥）后的产品。不同品质的药材采用同种工艺加工，或相同品质的药材采用不同工艺加工，加工后的色泽，不论是整体药材外观色泽，还是断面色泽，都有一定的区别。所以，色泽又是区别药材品质好坏、加工工艺优劣的性状之一。

**4. 质地、大小与形状**

药材的质地既包括质地构成，如肉质、木质、纤维质、革质和油质等，又包括药材的硬韧度，如体轻、质实、质坚、质硬、质韧、质柔韧（润）及质脆等。坚韧程度、粉质状况如何，是区别等级高低的特征性状。药材的大小，通常用直径、长度等表示，绝大多数药材都是个大者为最佳，小者等级低下。药材的形状是传统用药习惯遗留下来的商品性状，如整体的外观形状（块状、球形、纺锤形、心形、肾形、椭圆形、圆柱形及圆锥状等），纹理情况，有无抽沟、弯曲或卷曲、突起或凹陷等。用药材大小和形状进行分等、分级，是传统遗留下来的方法。随着中药材活性成分的被揭示，测试手段的改进，将药效成分与外观性状结合起来分等、分级才更为科学。

## （二）影响药用植物品质的因素

影响药用植物品质的因素很多，主要有以下几个方面。

## 1. 遗传因素

2008年万德光提出了中药品质的遗传主导论，认为遗传因素是中药材形态特征与代谢特质形成的主导因素，遗传主导了药用植物的形态结构特征，也主导了植物生理功能特征，决定了药用植物次生代谢的类型及次生代谢的关键酶。

现阶段我国大面积栽培的药用植物有200余种，其中半数左右是近几十年由野生种驯化而成的。药用植物的生长发育按其固有的遗传信息所编排的程序进行，每一种植物都有其独特的生物发育节律，植物遗传差异是造成其品质变化的内因。基因类型不变，药用植物化学成分则相对保持不变。反之，化学成分亦发生改变。药用植物次生代谢产物的生物合成，与其他生物学现象一样受遗传调节。从植物化学分类角度看，同科不同属植物，特别是同科属不同种植物，虽然形态上有差异，但其化学成分及含量可能是相同或相近的。

## 2. 环境因素

药用植物有效成分的形成、转化与积累，也受环境条件的深刻影响。药材生产应按产地适宜性优化原则，因地制宜，合理布局。如是在当地有一定种植历史的药材，可通过对限制性因子的定性和定量分析，确定最适宜的种植区域；而对于引种外地种类，应考察原产地的环境条件，遵循自然规律，应用气候相似论原理选择种植区域，尽量满足物种固有习性的要求。中药材产地的环境应符合国家相应标准，因为药用植物药效成分的积累、产品的整体性状、色泽等受地理、季节、温光等因素的影响，出现的差异很大。如当归主要有效成分挥发油，在半干旱气候凉爽和长期多光的生态环境条件下，其含量则高，色紫气香而肥润，力柔而善补。而在少光潮湿的生态环境下，其含量则低，非挥发性的成分如糖、淀粉等却高，当归尾粗而坚枯，力刚善攻。

药用植物体内有效成分的累积在一年之中随季节不同、物候期不同亦受很大影响。一般而论，以药用植株地上部分入药的，以生长旺盛的花蕾、花期有效成分积累为高；以地下部分入药的，以休眠期积累为高。根及根茎类药材的性状，受土壤深层地温的影响，砂性土壤深层地温高，表层干燥，所以黄芪根入土深，表层支根少而细，其产品多为鞭杆芪；而黏壤土通透性差，深层地温低，黄芪根入土深，支根多而粗，产品多为鸡爪芪。

深入研究掌握各种生态因子，特别是其中主导生态因子对药用植物体代谢过程的作用关系，从而在引种、驯化与栽培实践中有意识地控制和创造适宜的环境条件，加强有效物质的形成与积累过程，对提高药材品质有着积极作用与重要意义。

## 3. 栽培与采收加工技术

药用植物的有效成分形成、转化与积累，还受到其栽培技术与采收加工的影响。通常情况下，很多野生药用植物经引种、驯化与人工栽培后，由于环境条件的改善，植株生长发育良好，为其有效成分的形成、转化和积累提供了良好条件，利于优质、高产。例如，在海拔600m以下阳光充足、排水良好、土壤肥力较高的砂质土栽培的青蒿，比野生青蒿植株高大，枝叶繁茂，叶片中青蒿素含量也比野生品高，这充分说明栽培技术等因素对药材品质的影响。

在药用植物栽培中，合理施肥也与品质关系密切。同种药用植物在不同产地，植株体内各器官吸收积累氮、磷、钾的数量不同。近年来，合理应用微量元素肥料、高效施肥技术以及中药材内在品质和产量研究等方面，尤其受到重视。例如，在栽培党参中，施用钼、锌、锰、铁等微肥，不但比对照增产5%～17%，而且能有效提高其多糖等有效成分的积累，其中以微量元素锌肥对其内在品质影响最为显著。

适时采收与合理加工对于药用植物内在品质的提高也有重要意义。例如，麻黄碱主要存在于麻黄的地上部分草质茎中，木质茎中含量很少，根中基本不含，所以采收时应割草质茎。采收时间与气候关系密切。研究发现，降雨量及相对湿度对其麻黄碱含量影响很大，凡雨季后，生物碱含量都大幅度下降。采收时间各地不一致，就是根据当地当年气温、降雨量、光照等情况而决定的。

加工技术的优劣直接关系到产品的内在质量与外在质量。例如，含挥发油成分药材，采收后不能在强光下晒干，必须阴干。当归晒干、阴干的产品色泽、气味、油性等性状均不如阴干的好。玄参烘干过程中必须保持一定的湿度，并要取下堆放发汗，使根内部变黑，待内部水分渗透出来后，才能再烘干，否则商品断面不是黑色。总之，加工工艺的优劣，直接关系到药材商品的质量好坏，不可掉以轻心。另外，加工场所及有关人员也要严格按照国家有关要求操作，才能保证药材入药的安全性。

## 四、提高药用植物品质的途径

### （一）重视药用植物品种选育

提高药用植物品质的根本办法是进行品种选育，特别是品质育种。在农作物、蔬菜、果树等方面的品质育种工作已取得了很大的成效，这些经验很值得借鉴。

药用植物品种的选育工作，要因品种而异。对栽培历史悠久、用量较大、品种丰富的药用植物，应把品种选育和良种推广工作结合起来，品种选育应侧重品质育种。据报告，许多药用植物个体成分含量差异较大，如一年生毛花洋地黄中，毛花洋地黄苷丙的含量高低相差10倍。品质选育工作中，除了采用常规手段外，还应借助组织培养等新技术新方法，培育有效成分含量高的药用植物品种。目前报道组织培养物药效成分含量高的药用植物有人参、三七、长春花、紫草等。有些药用植物，特别是许多多年生药用植物，应把良种提纯复壮与新品种选育结合起来，当前应适当侧重良种的提纯复壮。许多由野生驯化的药用植物，应广泛收集品种资源，从中选优繁育推广，或为进一步纯化引变育种创造条件。

## （二）完善栽培技术措施

### 1. 建立合理的种植方式

建立合理的轮作、套种、间种等种植方式，可以消除土壤中有毒物质和病虫杂草的危害，改善土壤结构，提高土地肥力和光能利用率，达到优质高产的目的。

药用植物种类很多，不同植物因产品器官及其内含物的化学成分组成的不同，从土壤中吸收的营养元素也有很大差异。有些植物则因根系入土深度不同，它们从土壤不同层次吸收营养。例如，豆科植物对钙和磷的需要量大，而根及根茎类药材吸收钾较多。叶类药材、全草入药的药材需氮素较多。贝母只能吸收土壤表层营养，而红花和黄芪等则可吸收深层营养元素。把它们搭配起来，合理地轮作、套种和间作，既可合理利用土地，又能达到优质高产的目的。

药用植物中很多是早春植物，生育期较短，还有些是喜阴植物或耐阴植物，在荫蔽环境中生长良好，这些药用植物还可以与农作物、果树等间种或套种，可以收到良好的效果。

### 2. 采用合理的栽培技术

在植物生长发育过程中，采用合理的栽培措施能提高药用植物的产量和品质，要求从选地整地开始，对播期、种植密度、施肥、灌水、病虫害防治及采收加工等各个环节严格控制。

例如，红花对播期敏感，春播时应尽力早播，早播可使生长发育健壮，病害少，花和种子产量均高，质量较好；秋播时则应适时晚播，否则提早出苗不利于安全越冬。薏苡播种过早容易出现粉种现象，同时也易发生黑粉病。当归播种过早则抽薹率高。天麻、贝母和细辛种子寿命短，若不及时播种，种子就失去生命力。平贝母适当密植产量高。当归育苗以均匀的撒播最好。多数药材密植后，因通风透光不良易感染病害；人参、黄芪密度过大易徒长，参根生长慢。增施氮肥能提高生物碱类药材的活性成分含量。根及根茎类药材适当增施磷肥和钾肥，不仅产量高，而且内含物中的淀粉和糖类的含量增加。采收期必须适时，要因地区、品种、气候而异。采收后应及时加工，否则会造成内含物的分解，降低品质和商品价值。对于由野生驯化而来的药材，要逐步完善栽培技术。

## （三）改进和完善初加工工艺和技术

目前多数药材的产地初加工尚停留在传统加工工艺和手段上，虽然传统加工工艺绝大多数具有科学性，但是随着科学的发展，技术的进步，需要加以完善，在保证加工质量的基础上，不断提高药材加工的规范化、机械化、自动化的能力，以加工出质量更好的原料药材。例如，菊花、山药、白芷等在产地初加工时使用传统硫黄熏蒸工艺，研究发现，长期应用含有残留二氧化硫的药材，可致黏膜细胞变异，对人体呼吸道、消化道黏膜严重损害，对肝肾功能也有直接影响，《中华人民共和国药典》已取消熏硫工艺并增加了二氧化硫残留量的检测。进一步寻找到其他可替代熏硫法的更加安全和简便的加工方法，改进药材产地初加工工艺和技术还需继续努力。

（蔡景竹）

# 第二章

# 药用植物
# 栽培技术

药用植物栽培技术包括药用植物的繁殖、播种技术以及田间管理技术等，药用植物种类繁多，繁殖方法根据药用植物特性和生产实践主要分为营养繁殖和种子繁殖。田间管理技术需要根据药用植物不同生育时期的特点，因地、因时、因品种制宜，采用促进和控制结合的综合措施，以满足植物生长发育所需要的环境条件，从而达到丰产的目的。

## 药用植物繁殖技术

药用植物繁殖指药用植物产生和自身相似的新个体以繁衍后代的过程，包括无性的营养繁殖和有性的种子繁殖。无性繁殖是由药用植物营养器官（根、茎、叶等）的一部分培育出新个体，药用植物组织和细胞培养所繁殖的新个体也属于无性繁殖范畴；有性繁殖是由雌、雄两性配子结合形成种子产生新个体。

### 一、营养繁殖

营养繁殖又称无性繁殖，它是以药用植物营养器官为材料，利用药用植物的再生能力、分生能力以及与另一植物通过嫁接愈合为一体的亲和能力来繁殖和培育药用植物的新个体。营养繁殖在中药材种植中占有很重要的地位，许多中药材都可以采用营养繁殖进行生产，如半夏、天南星、延胡索、天花粉、百合、丹参、山药、川芎等。营养繁殖主要包括分离繁殖、压条繁殖、扦插繁殖以及嫁接繁殖等。

#### （一）分离繁殖

分离繁殖又称分割繁殖或分株繁殖，是用人工方法从母体上把具有根、芽的部分分割下来，变成新的独立个体。山药、丹参等将药用植物的根、茎或匍匐枝切割而培育成独立新个体。菊花、芍药、砂仁、射干等利用根上的不定芽、茎或地下茎上的芽产生新梢，待其地下部分生根后将其切离母体，成为一个独立的新个体。百合和山药的珠芽也可采用分离繁殖方法，取珠芽或腋芽进行繁殖。

分离繁殖一般在春、秋两季进行。春天在发芽前、秋天在落叶后进行，一般夏秋开花的宜在早春萌发前进行，春天开花的则在秋季落叶后进行。变态器官繁殖一般南方春、秋均可进行，而北方宜在春季进行。

## （二）压条繁殖

压条繁殖是把药用植物的枝条压入或包埋于土中，使其生根，然后与母体分离形成独立新个体。压条繁殖方式有单枝压条、波状压条、水平压条和堆土压条等。

### 1. 单枝压条

将母株上近地面的1～2年生枝条的适当部位进行环割，弯曲压入土中生根。先将欲压的枝条弯曲至地面，再挖一深约8cm、宽10cm的浅沟，距母株近地一端挖成斜面，以便顺应枝条的弯曲，使其与土壤密贴；另一端挖成垂直面，引导枝梢垂直向上，加入松软肥沃的土壤并稍踏实。被压枝条生根后与母体分离栽植。

### 2. 波状压条

将被压枝条缩成波浪形屈曲于长沟中，而使各露出地面部分的芽抽生新枝，埋于地下的部分产生不定根成为新植株。适用于枝条长而柔软或为蔓性的植物，如连翘、忍冬、蔓荆子等。

### 3. 水平压条

适用于枝条较长而且生长较易的药用植物，如忍冬、连翘等。此法能在同一枝条上得到多数植株，但是操作不如波状压条法简便，各枝条的生长力往往不一致，易使母体趋于衰弱。通常仅在早春进行，一次压条可得2～3株苗木。

### 4. 堆土压条

又称直立压条或壅土压条，用于母株具有丛生多干性能的植株。在其平茬截干后，覆土堆盖，待覆土部分萌发枝条，并于生根后分离。适合堆土压条的植物有栀子、贴梗木瓜、玉兰等。

压条时期可分休眠期压条和生长期压条。休眠期压条在秋季落叶后或早春发芽前，利用1～2年生成熟枝条进行压条。生长期压条是在生长季节中进行，一般为雨季时（华北为7～8月）采用当年生枝条压条。

## （三）扦插繁殖

扦插繁殖是指利用药用植物的根、茎、叶和芽等器官或其中一部分做插穗，插在一定的基质中，使其生根、生芽形成独立个体的繁殖方法。根据扦插材料的不同分为硬枝扦插、嫩枝扦插、根插等。

### 1. 硬枝扦插

插穗一般选择生长健壮且无病虫害的1～2年生枝条，于深秋落叶后至次年芽萌动前采集；冬季采穗翌年春季扦插的，可将接穗打好捆，挖坑沙藏过冬。落叶树种一般以中下部插穗成活率高，常绿树种则宜选用充分木质化的带饱满顶芽的稍作插穗为好。每个插穗保留2～3个芽，除了要求带顶芽的插穗外，一般树种的接穗上切口为平口，离最上面一个芽

1cm为宜（干旱地区可为2cm）。如果距离太短，则插穗上部易干枯，影响发芽。常绿树种应保留部分叶片。下切口的形状种类很多，木本植物多用平切口、单斜切口、双斜切口及踵状切口等。易生根的树种可采用平切口，其生根较均匀。斜切口常形成偏根，但斜切口与基质接触面积大，有利于形成面积较大的愈伤组织，一般为先形成愈伤组织再生根的树种所采用，并力求下切口在芽的附近。踵状切口一般是在接穗下带2~3年生枝时采用。上下切口一定要平滑。接穗截好后，以直插或斜插的方式插入已备好的基质。

### 2. 嫩枝扦插

插穗为尚未木质化或半木质化的新梢，最好选自生长健壮的幼年母树，并以开始木质化的嫩枝为最好，随采随插的扦插就是嫩枝扦插。草本和木本药用植物均适用，前者使用较多。

嫩枝扦插时间为5~7月扦插。插条长度应依其节间长短而有所不同，一般每一插条须有3~4个芽，其长度一般是10~20cm，剪口应在节下，保留叶片1~2枚，大叶片可剪去部分以减少蒸腾。枝条顶梢由于过嫩，不易成活，不易作插条，应当去掉。然后在整好的苗床上，用相当于插条粗度的枝条，按一定的株行距离插洞。洞的深度为插条长的2/3，随插洞插入插条，再用双手将插条两侧的土按实，使之与土壤密贴，最后浇水并搭小塑料棚覆盖，以保持适当的温度、湿度，促进早日生根成活。

### 3. 根插

根插是切取植物的根插入或埋入土中，使之成为新个体的繁殖方法，又称为分根法。如使君子、山楂、大枣、吴茱萸等可采用这种方法。

## （四）嫁接繁殖

嫁接繁殖是指把一种植物的枝条或芽接到其他带根系的植物体上，使其愈合生长成新的独立个体的繁殖方法。药用植物中采用嫁接繁殖的有诃子、金鸡纳、长子马钱、木瓜、芍药、牡丹和山楂等。嫁接苗既可利用砧木的矮化、乔化、抗寒、抗旱、抗病虫等性状来增强栽培品种的抗性和适应性，便于扩大栽培范围，又保持接穗的优良种性。

嫁接的方式主要有芽接和枝接，其中芽接应用最广泛，华北地区一般在7月上旬至9月上旬，枝接常用切接，切接多在早春树木开始萌动而尚未发芽前进行。

## 二、种子繁殖

种子繁殖是指用药用植物雌雄配子体交配后所形成的种子作为繁殖材料，通过培育长成新植株的繁殖方法。可通过种子纯度、净度、发芽率、含水量4个方面鉴别中药材种子质量。

## （一）种子播前处理

药用植物种子和农作物种子一样也需要播前处理，播前处理就是为了提高种子播种质量，防治种子病虫害，打破种子休眠，促进种子萌芽和幼苗健壮成长。具体方法如下。

### 1. 选种

选择优良的种子，是药用植物取得优质高产的重要保证。隔年陈种子色泽发灰，有霉味，往往发芽率降低，甚至不发芽。选种时，应精选出色泽发亮、颗粒饱满、大小均匀一致、粒大而重、有芳香味、发育成熟、不携带虫卵病菌、生活力强的种子。数量少时可通过手工选种，数量大时可用水选或风选。

### 2. 晒种

播前晒种能促进某些种子中酶的活性，加速种内新陈代谢，降低种子含水量，增强种子活力，提高发芽率，并能起到杀菌消毒的作用。

### 3. 消毒

普通种子在播种前不必消毒，但对于一些易感染病虫害的种子，因其表面常带有各种病原菌，使其在催芽中和播种后易发生烂种或幼苗病害。如薏苡种子，采用1%～5%的石灰水浸渍24～48小时后，可防止黑粉病的发生。多数中草药种子，可用50%多菌灵可湿性粉剂500～800倍液浸种10～30分钟，然后取出用清水冲洗干净，晾至种子表面无水时即可进行催芽或播种，以达到消毒作用，保苗效果很好。

### 4. 浸种

对于大多数较容易发芽的种子，用冷水或温水（40～50℃）或冷热水变温交替浸种12～24小时，不仅能使种皮软化，增强通透性，促进种子快速、整齐地萌发，而且还能杀死种子内外所带病菌，防止病害传播。药剂处理多采用浸种与拌种，拌种要求药剂要均匀附着在种子表面。浸种后要及时播种，否则容易生芽或腐坏。

### 5. 种子包衣

就是在药材种子外面包裹一层种衣剂。播种后吸水膨胀，种衣剂内有效成分迅速被药材种子吸收，可对药种消毒并防治苗期病、虫、鸟、鼠害，提高出苗率。

### 6. 催芽剂处理

用催芽剂处理，可打破药材种子休眠，增强种子活力，加速发芽和促进幼苗健壮生长，尤其对隔年陈种子催芽效果更明显。

## （二）播种量的确定

播种量是指单位面积上所播的种子重量，决定了单位面积上药用植物群体的大小，也会影响到单株生产力。在确定播种量时，必须考虑气候条件、土壤肥力、品种类型、种子质量以及田间出苗率等因素的影响。一般生产实际中，播种量是以理论播量为基础，视气候、土壤、播种方式和播种技术等适当变化，出苗后视苗情间苗和定苗。理论上的播种量公式如下：

亩播种量（kg）=［亩计划株数×千粒重（g）］/［纯净度（%）×发芽率（%）×10$^6$］

## （三）播种时期的确定

适期播种是实现优质高产的重要前提条件。一般播种期依据气候条件、栽培制度、品种特性、种植方式等综合考虑。

在气候条件中，气温和地温是影响播期的主要因素，一般以当地气温或地温能满足药材种子（种苗）发芽要求时，作为最早播种期，如华北和西北地区，红花在地温稳定在4℃时就可播种，而薏苡需地温稳定在10℃播种。在确定具体播期时，还应充分考虑该种药材主要生育期、产品器官形成期对温度和光照的要求。另外，干旱地区的土壤水分也是影响播期的重要因素，为保证种子萌发和正常出苗，必须保证播种和出苗的土壤墒情。间作、套种栽培应根据两茬作物适宜共生期长短确定播期。一般单作方式播期较早，间作和套种播期较迟，育苗移栽的播期要早，直播的要晚。另外，药用植物的品种类型不同，生育特性有较大差异，播期也不一样。通常情况下，绝大多数一年生药用植物为春播，多年生药用植物可春播、秋播或夏播。

## （四）播种方式的确定

播种方式有撒播、条播和穴（点）播3种。撒播是农业生产中最早采用的播种方式，一般用于生长期短的、营养面积小的药用植物上，有的生育前期生长缓慢的药材育苗也采用撒播方式。这种方式可以经济利用土地，省工并能抢时播种，但不利于机械化耕作管理。条播是广泛采用的播种方式，条播的优点是覆土深浅一致，出苗整齐，植株分布均匀，通风透光条件较好，且便于田间管理。条播可分为窄行条播、宽行条播、宽幅条播和宽窄行条播，根据不同药用植物种类和种植方式而采用不同行距和幅距。穴播适用于生长期较长、植株高大的或需要丛植栽培的，穴播可减少用种量，使植株分布均匀，利于在不良条件下播种保证苗全，也便于机械化耕作管理。对于一些珍贵稀有的，或者种子量少的药用植物可采用精量穴播的方法。

## （五）机械化播种

生产中很多药用植物采用种子繁殖，由于人工播种用工多、速度慢、质量难以保证，因此机械播种是一项省工、省时和适于规模化栽培的种植方法。目前药用植物播种机械可分为手推精量播种机械、小型机械化播种机械和大型播种机械等。

手推半精量播种机械和手推精量播种机械是一种简单实用的药用植物播种机，最早是由播种玉米、花生的小型机械改装而成，后在此基础上进行了专业改进和生产，适合于黄芩、黄芪、桔梗等。播种时一人即可操作，较传统人工种植可提高效率5~8倍，且可提高播种质量。小型机械化播种机是专门应用于药用植物播种的小型农机，其造型精美，小巧便捷，燃料可用汽油、柴油，播种质量优良，一人即可操作。因体小轻便可适于不同类型的地块播种。大型精量播种机适用于大面积播种，类似小麦、玉米的专业播种机械，适合于较大面积的种子类药用植物的种植。

## — 第二节 —
## 药用植物田间管理技术

田间管理是指从药用植物出苗到采收整个过程中所进行的一系列管理措施的总称。主要包括间苗、定苗、补苗、中耕除草、培土、肥水调控、灌溉、排水以及病虫害防治等，对一些药用植物还必须进行修剪、打顶、摘蕾、人工授粉、覆盖、遮阴以及防寒冻等特殊管理措施。

### 一、间苗、定苗与补苗

间苗是田间管理中一项调控植株密度的技术措施。对于用种子直播繁殖的药用植物，在生产上为确保出苗数量，其播种量一般大于所需苗数。为保持一定株距，防止幼苗过密、生长纤弱、倒伏等现象发生，播种出苗后需及时间除过密、长势弱和有病虫害的幼苗，称为间苗。间苗宜早不宜迟，过迟则幼苗生长过密会引起光照和养分不足，通风不良，造成植株细弱，易遭病虫危害。同时苗大根深，间苗困难且易伤害附近植株。大田直播一般间苗2~3次。最后一次间苗称为定苗，使药用植物群体达到理想苗数。

有些药用植物种子发芽率低或其他原因，播种后出苗少、出苗不整齐，或出苗后遭受病虫害，造成缺苗断垄，此时需要结合间苗、定苗及时补苗。补苗可从间苗中选取健壮苗，或从苗床中选，也可播种时事先播种部分种子专供补苗用。补苗时间以雨后最好。补苗应带土，剪去部分叶片，补后酌情浇水。温度较高时补苗要用大叶片或树枝遮阳。种子、种根发芽快的也可补种。

## 二、中耕、培土及除草

### （一）中耕与培土

中耕是药用植物在生育期间对土壤进行疏松锄划。可以减少地表蒸发，改善土壤的通气性及透水性，为大量吸收降水及加强土壤微生物活动创造良好条件，促进土壤有机质分解，增加土壤肥力。中耕还能清除杂草，减少病虫害。

中耕的原则是深根者宜深，浅根者宜浅，苗期深些，以后浅些。射干、贝母、延胡索、半夏等根系分布于土壤表层，中耕宜浅；而牛膝、白芷、芍药、黄芪等主根长，入土深，中耕可适当深些。中耕深度一般是4～6cm。中耕次数应根据当地气候、土壤和植物生长情况而定。苗期植株小、杂草易滋生、常灌溉或雨水多、土壤易板结的地块，应勤中耕除草，待植株枝繁叶茂后，中耕除草次数宜少，以免损伤植株。

培土是指在药用植物生长中后期将行间土壅到药材根旁的田间作业。1～2年生草本药用植物培土常结合中耕除草进行；多年生草本和木本药用植物，培土一般在入冬前结合浇防冻水进行。培土有保护植物越冬、过夏、保护芽头等作用。培土时间视不同药用植物而异。

### （二）除草

杂草一般出苗早，生长速度快，同时也是病虫滋生和蔓延的场所，对药用植物生长极为不利，必须及时清除。清除杂草方法有人工除草、机械除草和化学除草。化学除草可以代替人工和机械除草，它不仅可以节省劳力，降低成本，还能提高生产率，但生产中专用除草剂种类少，其使用必须以保证药材质量为前提。

目前，药用植物生产中一般是人工除草为主。除草要与中耕结合起来，中耕除草一般是在药用植物封行前选晴天土壤湿度小时进行。中耕深度视药用植物地下部分生长情况而定。幼苗阶段杂草最易滋生，土壤也易板结，中耕除草次数宜多，中耕深度宜浅；成苗阶段，枝叶生长茂密，中耕除草次数宜少，中耕深度宜深。

很多药用植物田间密度较大，人工拔除杂草费时、费工、质量差。药用植物田间除草机械的应用大大减轻了劳动强度和提高了除草效率。目前，生产中应用的除草机械有单、双犁小耘锄，三犁小耘锄和大型除草机械。

单、双犁小耘锄是一个带有一个或两个犁的小耘锄，犁的后面带有一个铁滑轮，除草的同时就把土壤进行了疏松，达到了中耕除草保墒的目的。适合于行距在15～20cm的药用植物，如黄芪、黄芩、桔梗、牛膝等苗期除草。三犁小耘锄比单、双犁机械要大一些，适合于行距较大的药用植物田间除草，如知母、薏米、菊花、芍药、木香等中药材。大型除草机械可一机多能，机械播种时就把行间设计好，留出机械作业通道便于除草作业，一般对使用过的大型播种机在完成播种任务后，即可进行改装，把下面的播种楼换成小耘锄，而后进行机械除草。此机械适于药用植物规模化基地建设和大型农场使用。

## 三、肥料运筹

药用植物常用肥料的种类很多，按它们的作用可分为直接肥料和间接肥料。前者可以直接提供植物所需的各种养料，后者通过改善土壤的物理、化学和生物学性质而间接影响植物的生长发育。肥料按其来源分为自然肥料（即农家肥料）和商品肥料。前者如绿肥、沤肥、厩肥等，后者如无机化肥、微生物肥料、腐殖酸类肥料等。按照肥料所含的主要养分种类，无机化肥又可分为氮肥、磷肥、钾肥、钙肥、微量元素肥料、复合肥料等。另外，按照它们见效的快慢可分为速效、缓效和迟效肥料；也可按植物生长发育不同阶段对养分的要求分为种肥、追肥和基肥等。

### （一）合理施肥的原则

药用植物种类繁多，其种类不同，吸收营养的种类、数量、相互间比例等也不同，即使同一种药用植物在不同生育时期所需营养元素的种类、数量和比例也不一样。因此，在药用植物生产中应根据其营养需求特点及土壤的供肥能力，确定施肥种类、时间和数量。施肥应以基肥为主，追肥为辅；肥料种类应以有机肥为主，有机肥与化学肥料配合，根据不同药用植物生长发育的需要有限度地使用化学肥料，合理施肥需要做到以下几点。

**1. 根据药用植物的品种特性而施肥**

对于多年生的、特别是地下根茎类药用植物，如白芍、大黄、党参、牛膝、牡丹等，以施用充分腐熟好的有机肥为主，增施磷、钾肥，配合使用其他化肥，以满足整个生长周期对养分的需要。对于全草类药用植物可适当增施氮肥；对于花、果实、种子类的药用植物则应多施磷、钾肥。在药用植物不同的生长阶段施肥不同，生育前期多施氮肥，使用量要少，浓度要低；生长中期，用量和浓度应适当增加；生育后期，多用磷、钾肥，促进果实早熟，种子饱满。

**2. 根据土壤性质不同而施肥**

砂质土壤，要重视有机肥如粪肥、堆肥、绿肥等，也可以掺加黏土，增厚土层，增强土壤的保水保肥能力。追肥应少量多次施用，避免一次施用过多而流失。黏质土壤，应多施有机肥，结合加沙子、炉灰渣等，以疏松土壤，创造透水通气条件，并将速效性肥料作种肥和早期追肥，以利提苗发棵，早生快发。两合土壤，即中壤土，此类土壤兼有砂土和黏土的优点，是多数药用植物栽培最理想的土壤，施肥以有机肥和无机肥相结合，根据栽培品种的各生长阶段需求合理地施用。

**3. 根据天气而施肥**

在低温、干燥的季节和地区，最好施用腐熟的有机肥，以利提高地温和保水保肥能力。而且肥料要早施和深施，有利充分发挥肥效。氮肥和磷肥及腐熟的有机肥一起做基肥、种肥和追肥施用，有利于幼苗早发，生长健壮。而在高温、多雨季节和地区，肥料分解快，植物分解能力强，不能施的过早，追肥应少量多次，以免减少养分流失。

## （二）施肥时期

按照药用植物施肥时期的先后，通常把药用植物的施肥分为基肥、种肥和追肥三类。

### 1. 基肥

是指整地前或整地时，以及移栽定植前或秋冬季节整地时，施入土壤的肥料。一般以农家有机肥料或泥土肥为主，也可适当搭配磷、钾肥。

### 2. 种肥

是指在播种或幼苗扦插时施用的肥料，目的是供给幼苗初期生长发育对养分的需要。微量元素肥料、腐殖酸肥料、少量的氮磷钾化肥以及农家熏土、泥肥、草木灰等常作为种肥施用。有的地区将基肥与种肥合二为一。

### 3. 追肥

是指植株生长发育期间施用的肥料，其目的是及时补给植株代谢旺盛时对养分的大量需要。追肥以速效化学肥料为主，以便及时供应所需的养分。

## （三）常用的施肥方法

药用植物常用的施肥方法有撒施、条施、穴施、环施、冲施（浇施）和叶面喷施等。

### 1. 撒施

是指将肥料直接抛撒到田间的施肥方法。大量的农家有机肥以及施用量大的化肥作基肥时常采用撒施的方式。可人工，也可机械，多与翻地和旋耕结合进行。

### 2. 条施

是指在田间开沟，将肥料条状施入土内的施肥方式。常规草本药用植物生长期间追施化学肥料多采用此方式。

### 3. 穴施

是指在田间刨坑挖穴，将肥料施入穴内的施肥方式。稀植药用植物的追肥常采用此方式。

### 4. 环施

是指在植株周围环状开沟，将肥料施入沟内的施肥方式。木本药用植物的施肥常采用此方式。

### 5. 冲施

是指先将肥料溶解在水中，随浇水施入土中的施肥方式，所以又称浇施。一季收获多次的叶类药用植物较为适用。

### 6. 叶面喷施

是指将肥料溶解在水中，喷洒到叶面上的施肥方式。适于药用植物生长中后期微量元素肥料、大量元素肥料、腐殖酸肥料等的快速补充施用。

## 四、灌溉与排水

### （一）灌溉

灌水的方法很多，有沟灌、浇灌、喷灌和滴灌等。常用的是沟灌和浇灌，沟灌节省劳力，床面不会板结。浇灌能省水，灌溉均匀。

地面灌溉是传统的灌溉技术。最常用的是渠道畦式灌溉，适用于按畦田种植的草本药用植物。灌水量较大，有破坏土壤结构、费工时的缺点；渠道用防漏的水泥衬板或管道，也可用塑料软管。采用地下式输水管，不但可以避免水分途因渗漏，也不影响地面土壤耕作。无论在国内还是在国外，目前仍以这种灌溉形式为主。

喷灌是把灌溉水喷到空中成为细小水滴再落到地面，像阵雨一样的灌溉方法。有固定式、移动式和半固定式三种。喷灌的优点是节约用水，土地不平也能均匀灌溉，可保持土壤结构，减少田间沟渠，提高土地利用率，省力高效，除供水外还可喷药、施肥、调节小气候等。喷灌的缺点是设备一次性投资大，风大地区或风大季节不宜采用。

滴灌是一种直接供给过滤水（和肥料）到园地表层或深层的灌溉方式。它可避免将水洒散或流到垄沟或径流中，可按照要求的方式分布到土壤中供作物根系吸收。滴灌的水是由一个广大的管道网输送到每一棵或几棵作物，所润湿的土壤连成片，即可达到满足水的要求。滴灌优点比喷灌还多，可给根系连续供水，而不破坏土壤结构，土壤水分状况较稳定，更省水、省工，不要求整地，适于各种地势，可连接电脑，实现灌水完全自动化。

### （二）排水

当地下水位高、土壤潮湿，以及雨季雨量集中，田间有积水时，应及时清沟排水，以减少植株根部病害，防止烂根，改善土壤通气条件，促进植株生长。排水方式有以下几种。

明沟排水，是国内外传统的排水方法，即在地面挖敞开的沟排水，主要排地表径流。若挖得深，也可兼排过高的地下水。

暗管排水，在地下埋暗管或其他材料，形成地下排水系统，将地下水降到要求的高度。井排是近十几年发展起来的，国外许多国家已应用，分为定水量和定水位两种形式。

## 五、植株调整

### （一）草本药用植物

草本药用植物进行植株调整可以平衡营养器官和果实的生长，抑制非产品器官的生长，增加产品器官的个体并提高品质，调节植物体自身结构，提高光能利用率，适当提高单位面积株数，从而提高单位面积产量，同时减少病虫和机械损伤，其主要内容包括打顶、摘蕾、修剪、支架等。

### 1. 打顶和摘蕾

打顶是利用植物生长的相关性，人为调节植物体内养分使其重新分配，促进药用部位生长发育协调统一，从而提高药用植物的产量和品质。打顶能破坏植物顶端优势，抑制地上部分生长，促进地下部分生长，或抑制主茎生长，促进分枝，多形成花、果。打顶时间应以药用植物的种类和栽培的目的而定，一般宜早不宜迟。

植物在生殖生长阶段，生殖器官是第一"库"，这对以培养根及地下茎为目的的药用植物来说是不利的，必须及时摘除花蕾（花薹），抑制其生殖生长，使养分输入地下器官贮藏起来，从而提高根及根茎类药用植物的产量和质量。如以花头入药的菊花，其花头着生于枝顶，摘心后可使主茎粗壮，减少倒伏，同时可使分枝增多，增加花头数目。又如已收获地下根或根茎的北沙参等，进入开花或结果年龄后，花果会消耗掉大量的营养物质，严重影响根及地下茎的产量。除了留种田外，其余均需及时摘除花蕾，这样既可提高产量又能提高产品质量。

打顶和摘蕾的时间与次数取决于植株生长的规律和现蕾时间持续的长短，一般宜早不宜迟。如牛膝、玄参等在现蕾前剪掉花序和顶部；白术、云木香等的花蕾与叶片接近，不便操作，可在抽出花枝时再摘除。而地黄、丹参等花期不一致，摘蕾工作应分批进行。

打顶和摘蕾都要注意保护植株，不能损伤茎叶，牵动根部。要选晴天上午9时以后进行，不宜在有露水时进行，以免引起伤口腐烂，感染病害，影响植株生长。

### 2. 修剪

修剪包括修枝和修根。如栝楼主蔓开花结果迟，侧蔓开花结果早，所以要摘除主蔓，留侧蔓，以利增产。修根只宜在少数以根入药的植物中应用。修根的目的是促进这些植物的主根生长肥大，以及符合药用品质和规格要求。如乌头除去其过多的侧根、块根，使留下的块根增长肥大，以利加工；芍药除去侧根，使主根肥大，增加产量。

### 3. 支架

栽培的药用藤本植物需要设立支架，以便牵引藤蔓上架，扩大叶片受光面积，增加光合产量，并使株间空气流通，降低湿度，减少病虫害的发生。

对于株形较大的药用藤本植物如栝楼、绞股蓝等应搭设棚架，使藤蔓均匀分布在棚架上，以便多开花结果；对于株形较小的如天冬、党参、山药等，一般只需在株旁立竿牵引。生产实践证明，凡设立支架的药用藤本植物比伏地生长的产量增长一倍以上，有的还高达3倍。所以，设立支架是促进药用藤本植物增产的一项重要措施。设立支架要及时，过晚则植株长大互相缠绕，不仅费工，而且对其生长不利，影响产量。设立支架要因地制宜，因陋就简，以便少占地面，节约材料，降低生产成本。

## （二）木本药用植物

木本药用植物种类很多，入药部位也不相同，栽培中整修修剪是一个十分重要的技术措施，合理修剪可使药用植物提早开花结果，延长经济采花果实的年限，不仅能够提高产量，还能克服大、小年现象，同时可以改善树木和田间通风透光条件，减少病虫危害，增强抗灾能力，降低生产消耗。花果类入药的药用植物，其修剪工作必须依据树木的生长、开花结果特性、自然条件、栽培措施和经济条件确定。

树体地上部分包括主干和树冠两部分，树冠由中心干、主枝、副主枝和枝组构成。其中，中心干、主枝和副主枝构成树冠的骨架，统称骨干枝。树冠形状以其外形大体分为自然形、扁形和水平形。其中扁形在解决密植与光能利用、密植与操作的矛盾中为最好，同时产量高，品质好，是现代果园的主要树形。目前生产中多矮干，其与根系间营养运输距离近，物质转运快，有利于生长，同时便于地面管理。现代树冠结构趋于简单化，这样简化了修剪，提高了劳动效率。矮化密植时，多采用相当于自然大树上一个骨干枝的圆锥形、纺锤形或三角形。骨干枝数目，原则上能布满足够空间的前提下，骨干枝越少越有利。树形大，骨干枝多，反之则少，发枝能力弱的骨干枝要多，反之要少。分枝角度：主枝基角（主枝基部与中心干的夹角）宜在30°～45°，主枝腰角（主枝与中部中心干的夹角）宜在60°～80°为宜，梢角要小点。

木本药用植物管理的基本修剪方法包括短截、缩剪、疏剪、长放、曲枝、刻伤、除萌、疏梢、摘心、剪梢、扭梢、拿枝和环剥等多种方法。了解不同修剪方法及作用特点，是正确采用修剪技术的前提。

**1. 短截**

短截即剪去1年生枝梢的一部分。其作用其一为增加分枝，使留下部分靠近根系，缩短养分运输距离，有利于促进生长和更新复壮。其二可以改变枝梢的角度和方向，从而改变顶端优势部位，为调节主枝的平衡，可采"强枝短留，弱枝长留"的办法。其三可增强顶端优势，但需注意过度短截，往往顶端新梢徒长，下部新梢变弱，不能形成优良的结果枝。控制树冠和枝梢，尤其重短截，会使树冠变小。

**2. 缩剪**

缩剪即在多年生枝上短截，也是一种短截技术。其特点是对剪口后部的枝条生长和潜伏芽的萌发有促进作用，对母枝则起到较强的削弱作用。缩剪的促进作用，常用于骨干枝、枝组或老树复壮更新上；削弱作用常用于骨干枝之间调节均衡、控制或削弱辅养枝上。

**3. 疏剪**

疏剪即将枝梢从基部疏除。可减少分枝，使树冠内光线增强，为减少分枝和促进结果多用疏剪。疏剪对母枝有较强的削弱作用，常用于调节骨干枝之间的均衡，强的多疏，弱的少疏或不疏。疏剪反应特点是对伤口上部枝芽有削弱作用，对下部枝芽有促进作用，疏剪枝越粗，距伤口越近，作用越明显。对母枝的削弱较短截为强，疏除枝越多、枝越粗，其削弱作用越大。

#### 4. 长放

长放即1年生长枝不剪。中庸枝、斜生枝和水平枝长放，由于留芽数量多，易发生较多中短枝，生长后期积累较多养分，能促进花芽形成和结果。背上强壮直立枝长放，顶端优势强，母枝增粗快，易发生"树上长树"现象，因此不宜长放；如要长放，必须配合曲枝、夏剪等措施控制生长势。

#### 5. 曲枝

曲枝即改变枝梢方向。一般是加大与地面垂直线的夹角，直至水平、下垂或向下弯曲，也包括向左右改变方向或弯曲。加大分枝角度和向下弯曲，可削弱顶端优势或使其下移，有利于近基枝更新复壮和使所抽新梢均匀，防止基部光秃。开张骨干枝角度，可以扩大树冠，改善光照，充分利用空间。

#### 6. 刻伤

刻伤即在芽、枝的上方或下方用刀横切皮层达木质部。春季发芽前后在芽、枝上方刻伤，可阻碍顶端生长素向下运输，能促进切口下的芽、枝萌发和生长，多用于缺枝一方。多道环刻，亦称多道环切或环割。即在枝条上每隔一定距离，用刀或剪环切一周，深至木质部，能显著提高萌芽率，主要用于轻剪、长放的辅养枝上，缓和枝势，增加枝量。

芽萌发后抹除或剪去嫩芽为除萌或抹芽，疏除过密新梢为疏梢。其作用是选优去劣，除密留稀，节约养分，改善光照，提高留用技梢品质。

#### 7. 摘心

摘心是摘除幼嫩的梢尖，剪梢包括部分成叶在内，可削弱顶端生长，促进侧芽萌发和二次枝生长，增加分枝数。促进花芽形成，有利提早结果，提高坐果率。促进枝芽充实，秋季对将要停长的新梢摘心，可促进枝芽充实，有利越冬。摘心和剪梢可削弱顶端优势，暂时提高植株各器官的生理活性，改变营养物质的运转方向，增加营养积累，促进分枝。因此，摘心和剪梢必须在急需养分调整的关键时期进行。

对于以花、果实入药的木本药用植物，在花芽形成过多的年份，还应除去一部分花芽，以减轻植物本身负担，防止过早衰老和大、小年结果现象的发生。

#### 8. 环状剥皮

即将枝干韧皮部剥去一圈。环割、环状倒贴皮、大扒皮等都属于这一类，只是方法和作用程度有差别。绞缢也有类似作用。环剥暂时中断了有机物质向下运输，促进地上部分糖类的积累，生长素、赤霉素含量下降，乙烯、脱落酸、细胞分裂素增多，同时也阻碍有机物质向上运输。环剥后必然抑制根系生长，降低根系吸收功能，同时环剥切口附近的导管中产生伤害充塞体，阻碍了矿物质营养元素和水分向上运输。因此，环剥具有抑制营养生长、促进花芽分化和提高坐果率的作用。

除上述各种基本方法外还有击伤芽、断根、折枝等，需要时也可应用。

药用植物一年中的修剪时期可分为休眠期修剪（冬季修剪）和生长期修剪（夏季修

剪）。休眠期修剪指落叶树木从秋冬落叶至春季芽萌发前，或常绿树从晚秋梢停长至春梢萌发前进行的修剪。休眠期树体内贮藏养分较充足，修剪后枝芽减少，有利于集中利用贮藏养分。落叶树枝梢内营养物质的运转，一般在进入休眠期前即开始向下运入茎干和根部，至开春时再由根茎运向枝梢。因此，落叶树木冬季修剪时期以在落叶以后、春季树液流动以前为宜。常绿树木叶片中的养分含量较高，因此，常绿树木的修剪宜在春梢抽生前、老叶最多并将脱落时进行。此时树体贮藏养分较多而剪后养分损失较少。生长期修剪指春季萌芽后至落叶树木秋冬落叶前或常绿树木晚秋梢停长前进行的修剪，由于主要修剪时间在夏季，故常称为夏季修剪。

## 六、覆盖与遮阴

覆盖是利用草类、树叶、秸秆、厩肥、草木灰或塑料薄膜等撒铺于畦面或植株上，覆盖可以调节土壤温度、湿度，防止杂草滋生和表土板结。有些药用植物如荆芥、紫苏、柴胡等种子细小，播种时不便覆土，或覆土较薄，土表易干燥，影响出苗。有些种子发芽时间较长，土壤湿度变化大，也影响出苗。因此，它们在播种后，须随即盖草，以保持土壤湿润，防止土壤板结，促使种子早发芽，出苗齐全。浙贝母留种地在夏、秋高温季节，必须用稻草或其他秸秆覆盖，才能保墒抗旱，安全越夏。冬季，覆盖对木本药用植物如杜仲、厚朴、黄皮树、山茱萸等，特别是在幼林生长阶段的保墒抗旱更有重要意义。这些药用植物大都种植在土壤瘠薄的荒山、荒地上，水源条件差，灌溉不便，只有在定植和抚育时，就地刈割杂草、树枝，铺在定植点周围，保持土壤湿润，才能提高成活率，促进幼树生长发育。地膜覆盖，可达到保墒抗旱、保温防寒的目的，同时也是优质高产、高效栽培的一项重要技术措施。

遮阴是在耐阴的药用植物栽培地上设置荫棚或遮蔽物，使幼苗或植株不受直射光的照射，防止地表温度过高，减少土壤水分蒸发，保持一定的土壤湿度，以利于生长环境良好的一项措施。目前遮阴方法主要是搭设荫棚。由于阴生植物对光的反应不同，要求荫棚的遮光度也不一样。这应根据药用植物种类及其生长发育期的不同，调节棚内的透光度。如喜湿润，不耐高温、干旱及强光的半夏可不搭荫棚，而用间作玉米来代替遮阴，因为玉米株高叶大，减少了日光的直接照射，给半夏创造了一个阴湿的环境条件，有利于生长发育

## 七、抗寒防冻与防高温

抗寒防冻是为了避免或减轻冷空气的侵袭，提高土壤温度，减少地面夜间的散热，加强近地层空气的对流，使植物免遭寒冻危害。抗寒防冻的措施很多，除选择和培育抗寒力强的优良品种外，还可以通过调节播种期、灌水，增施磷肥、钾肥、覆盖等方法保护药用

植物不受冻害的影响。

药用植物遭受霜冻为害后，应及时采取补救措施，如扶苗、补苗、补种和改种、加强田间管理等。木本药用植物可将受冻害枯死部分剪除，促进新梢萌发，恢复树势。剪口可进行包扎，以防止水分散失和病菌侵染。

夏季如果出现气温超过30℃甚至高于35℃，相对湿度小于60%，连续3天以上的"干热风"气候，对药用植物生产具有极大的危害性。除培育耐高温、抗干旱品种外，在高温期的药用植物可以采取改善水利灌溉设施，在早晚充分浇水，保持湿度，大面积可采用喷灌，用稻麦草等织成草帘，建棚遮阴等措施。但排水沟应畅通，严防积水导致高温高湿，叶片腐烂枯萎。高温期间要勤追肥，追稀肥，切忌不能使用浓缩肥，以防"烧心"。

## 药用植物病虫害综合防治

药用植物病虫害防治是田间管理的一项重要技术措施，药用植物生长发育过程中往往遭受到各种病虫害的为害，直接影响其产量和质量。药用植物病虫害种类多、发生规律各异、防治难度大，一直是我国药用植物生产的重点和难点问题，病虫害的发生、发展与流行取决于寄主、病原（虫原）及环境因素三者之间的相互关系。由于药用植物本身的栽培技术、生物学特性和要求的生态条件各异，因此其病虫害的发生具有特殊性。

### 一、药用植物病虫害发生特点

#### （一）害虫种类复杂，单食性和寡食性害虫相对较多

由于各种药用植物本身含有特殊的化学成分，决定了某些特殊害虫喜食或趋向于在这些药用植物上产卵。例如射干钻心虫、栝楼透翅蛾、白术术籽虫、金银花尺蠖、山茱萸蛀果蛾及黄芪籽蜂等，它们只食一种或几种近缘植物。

#### （二）地下部病害和地下害虫危害严重

许多药用植物的根、块根和鳞茎等地下部分是药用部位，极易遭受土壤中的病原菌及害虫危害，导致药用植物减产和品质下降，且地下部病虫害的防治难度较大。药用植物地下部病害严重的，如人参锈腐病、根腐病，贝母腐烂病，山药线虫病等；地下害虫如蝼蛄、金针虫等分布广泛，根部被害后造成伤口，也加剧了地下部病害的发生和蔓延。

### （三）无性繁殖材料是病虫害初侵染的重要来源

应用营养器官（根、茎、叶）来繁殖新个体在药用植物栽培中占有很重要地位。由于这些繁殖材料基本都是药用植物的根、块根、鳞茎等地下部分，常携带病菌、虫卵，所以无性繁殖材料是病虫害初侵染的重要来源，也是病虫害传播的一个重要途径，而种子、种苗频繁调运，更加速了病虫传播蔓延。

### （四）特殊栽培技术易致病害

药用植物栽培中有许多特殊要求的技术措施，如人参、当归的育苗定植，附子的修根，板蓝根的割叶、枸杞的整枝等。这些技术如处理不当，则成为病虫害传染的途径，加重病虫害的流行。

## 二、药用植物病虫害防治技术

药用植物病虫害防治应从生物与环境整体观点出发，本着预防为主的指导思想和安全、有效、经济、简便的原则，因地制宜，合理运用农业的、物理的、生物的、化学的方法及其他有效生态手段，把病虫危害控制在经济允许水平以下，农业和物理防治为基础，加强生物防治，科学应用化学防治，以达到保证人畜健康和增加生产的目的。

### （一）植物检疫

植物检疫是依据国家法规，对调出和调入的植物及其产品等进行检验和处理，以防止病、虫、杂草等有害生物人为传播的一项措施。其特点：一是法律的强制性；二是防治策略为彻底消灭。植物检疫的重要性：在病虫的原产（发）地，由于受到当地天敌、植物抗性等长期形成的稳定的农业生态系的抑制，发生和为害并不严重。而当该病虫传入新的地区后，一旦食物、气候等环境适宜，再加上没有适当、适量的天敌加以制约，经过一段发展后，其发生和为害往往比原产地更加严重（美国白蛾、美洲斑潜蝇等），在短期内爆发、造成巨大损失。

植物检疫分对内检疫和对外检疫。对外检疫：防止危险性病虫杂草等随同植物及其产品（如种子、苗木、果实、包装材料等）由国外传入或从国内传出。对内检疫：防止新从国外传入或已在国内局部地区发生的危险性病虫杂草等向外传播蔓延，并将其限制、封锁在一定范围内。

植物检疫对象确定原则包括：主要依靠人为力量传播，自身传播能力很小；对农业生产威胁很大，一旦传入常造成经济、环境等的严重损失，且防治极为困难；仅在局部地区发生，分布尚不广泛，或分布虽广但还有未发生的地区有待保护。

## （二）农业防治

根据农业生态系统中病虫、作物和环境之间的相互关系，结合整个农事操作过程中的各项具体措施，有目的地改变某些环境条件，使之有利于药用植物生长、不利于病虫害发生，达到直接或间接控制病虫害发生发展的方法——农业防治法。

农业防治的作用主要是调控田间生物群落组成，维持害、益虫种类及数量的动态平衡；控制主要害虫种群数量，使其处于经济允许受害水平以下；调控农作物易感生育期与病虫盛发期错开。

病虫害农业防治的技术措施有合理轮作、深耕细作、清洁田园、调节播期、科学施肥及选用抗病虫品种等。

**1. 合理轮作**

一种药用植物在同一块地上连作，就会使其病虫源在土壤中积累加重。轮作对单食性或寡食性有害生物具有恶化其营养条件和生存环境的作用，尤其对迁移活动性不强的害虫种类更有效。一般同科、属或同为某些严重病虫害寄主的药用植物不能选为轮作物。一般药用植物的前作以禾本科植物为宜。

**2. 间作套种**

合理间作套种可提高害虫天敌的作用和形成因田间小气候改变的生态屏障，减轻病虫为害。种植诱杀作物是利用害虫的趋化性、栖息等特点，种植适宜植物进行诱杀。

**3. 深耕细作**

深耕细作能促进根系的发育，使药用植物生长健壮，同时也有影响田间温度、湿度、通风透光等小气候条件，影响作物生育期、生长势等，从而影响病虫的生活条件，直接杀灭病虫。很多病原菌和害虫在土内越冬，冬前深耕晒土可改变土壤理化性状，促使害虫死亡，或直接破坏害虫的越冬巢穴，或改变栖息环境，减少越冬病虫源。耕耙能直接破坏土壤中害虫巢穴，把表层内越冬的害虫翻进土层深处，使其不易羽化出土，还可把蛰伏在土壤深处的害虫及病菌翻露在地面，经日光照射、鸟兽啄食等，亦能直接消灭部分病虫。例如对土传病害发生严重的人参、西洋参等，播前耕翻晒土几次，可减少土中病原菌数量，达到防病目的。

**4. 清洁田园**

田间杂草和药用植物收获后的残枝落叶常是病虫隐蔽及越冬的场所和来年的重要病虫来源，清洁田园，将杂草、病虫残枝和枯枝落叶进行烧毁或深埋处理，可大大减少病虫越冬基数，是防治病虫害的重要农业技术措施。

**5. 调节播期**

调节药用植物播种期，使其病虫的某个发育阶段错过病虫大量侵染危害的危险期，可避开病虫危害达到防治目的。如北方薏苡适期晚播，可以减轻黑粉病的发生；红花适期早播，可以避过炭疽病和红花实蝇的危害。

### 6. 科学施肥和灌溉

科学施肥和灌溉能促进药用植物生长发育，增强其抗病虫害的能力，使之补偿、加快生长发育避开病虫害。特别是施肥种类、数量、时间、方法等都对病虫害的发生有较大影响。一般增施磷、钾肥可以增强药用植物的抗病性，偏施氮肥易造成病害发生。有机肥一定要充分腐熟，否则残存病菌及地下害虫虫卵未被杀灭，易使病虫害加重。

### 7. 选用抗病虫品种

药用植物不同类型或品种之间往往对病虫害抵抗能力有显著差异，生产中选用抗病虫品种是一项经济有效的措施。例如地黄农家品种金状元对地黄斑枯病比较敏感，而小黑英品种比较抗病。阔叶矮秆型白术苞片较长，能盖住花蕾，可抵挡白术术籽虫产卵。

## （三）物理防治

根据害虫的生活习性和病虫的发生规律，应用各种物理因子、人工或机械设备等有效工具，对有害生物生长、发育、繁殖等进行干扰，以防治药用植物病虫害的方法称为物理防治法。这类防治方法可用于有害生物大量发生之前，或作为有害生物已经大量发生危害时的急救措施。其措施有捕杀和诱杀，其中捕杀包括人工捕杀和机械捕杀，诱杀的方法有灯光诱杀、颜色诱杀、毒饵诱杀、潜所诱杀、植物诱杀等。

## （四）生物防治

生物防治是利用生物或其代谢产物控制有害生物种群的发生、繁殖或减轻其危害的方法，其中包括：寄生性天敌、捕食性天敌和昆虫病原微生物及其代谢产物、昆虫不育性及昆虫激素利用等。这些生物产物或天敌一般对有害生物选择性强，毒性大；而对高等动物毒性小，对环境污染小，一般不造成公害。药用植物病虫害的生物防治是解决药材免受农药污染的有效途径。

如应用管氏肿腿蜂防治金银花天牛等蛀干性害虫，应用木霉菌制剂防治人参、西洋参等的根病等。目前，生物防治主要采用以虫治虫、微生物治虫、以菌治病、抗生素和交叉保护作用防治病害、性诱剂防治害虫等。

## （五）化学防治

直接利用化学农药防治病虫害的方法称为化学防治。是当前国内外应用最广泛的防治方法。

化学防治法的优点：速效、高效；使用方便、便于机械化；便于大规模生产、运输、保存。缺点是产生抗性，导致新的生物型和基因型出现；再猖獗，天敌的杀伤减少、新的高效药剂不能及时研制生产应用；残留：污染环境（大气、水、土壤、产品、人畜）。

降低农药副作用的方法：控制使用农药，尽量使用农业、生物等手段；合理选择农药，禁止使用高毒、高残留农药，使用高效、低残留农药；合理使用农药，改进施药方法（庇护所策略）、改变施药时期、减少使用剂量、农药的合理轮用、混用。

## 三、药用植物土传病害的综合防治

土传病害是病原体生活在土壤中，在条件适宜的情况下，从根部或茎基部侵染药用植物而引起的病害。土传病害发病后期，能导致药用植物大量死亡，属于毁灭性的病害。土传病害主要因为连作、施肥不当和线虫侵害引起。常见土传病害种类有：线虫病、根腐病、枯萎病、蔓枯病、猝倒病、立枯病、黄萎病、青枯病等。近年来，随着复种指数提高及设施农业的单一种植，土传病害的发生越来越严重，已经严重制约了药用植物生产的发展。现以山药线虫病防治为例介绍一套土传病害的综合防治方法。

首先要选择无病、无损伤、非畸形的健康山药做种栽，种栽用噻唑膦或阿维菌素B2a进行浸种：噻唑膦稀释100倍，阿维菌素稀释50倍，浸种15~20分钟。种植前用氯化苦或威百亩对土壤进行消毒处理。氯化苦是一种高效、无残留的广谱性（灭生性）综合土壤熏蒸消毒剂，能有效防治土壤线虫、土传病原（真菌和细菌）、地下害虫及杂草；威百亩为具有熏蒸作用的二硫代氨基甲酸酯类杀线虫剂，其在土壤中降解成异氰酸甲酯发挥熏蒸作用，通过抑制生物细胞分裂和DNA、RNA和蛋白质的合成以及造成生物呼吸受阻，能有效杀灭根结线虫、杂草等有害生物。氯化苦每亩用30kg，使用专用注射机械和防治专业人员进行操作，注意注射完一块地后，应该立即覆盖塑料布，将塑料布四周用土密封，塑料布中间间隔5~6m用塑料袋装土镇压，防止大风将塑料布刮起。塑料布覆盖10~15天后揭开，揭开塑料布后3~5天进行农事操作。威百亩每亩用40~50kg，随水一起浇入山药沟内。注意，浇入威百亩药剂的山药地，在浇地7~10天后才能进行农事操作，防止残留农药杀死施入的有益生物菌。

另外，种植山药要有机肥、复合肥和生物菌肥配合施用。每亩施有机肥（禾利缘，有机质≥40%；有效活菌数2000万/g）400~500kg，氮磷钾复合肥50~75kg，钙肥（CaO≥45%）20~40kg，施生物菌肥进行土壤菌群修复。

— **第四节** —

## 药用植物的采收与初加工

药用植物的采收与初加工的主要目的是获取优质高产的药材，随着现代科学理论和技术工艺的提升，对药用植物的采收和初加工也得到了大力改进和发展。但由于药用植物种类不同或相同药用植物因产地不同其产地加工方法也存在较大的差异，这势必会影响中药材品质的稳定性。规范化管理药用植物入药部位的采收时间、采收方法、产地初加工、包装、贮藏、运输及质量管理等可以保证。

# 一、适时采收

药用植物生长发育到一定的阶段，根据不同的品种、药用部位，在合适的时期采取相应的技术进行采收，才能使药材的质量和产量达到最优标准。药用植物的合理采收时期直接影响到中药材的产量、质量及经济效益。目前为止，已有200多种道地药材建成GAP规范化种植基地，但野生资源的药材来源差异较大，品质参差不齐，不仅浪费了资源，而且破坏了环境。合理采收作为中药材规范化生产过程中的一个重要环节，必须从多学科角度加以系统地研究，最终完善采收加工技术，指导生产实践。

药用植物的适时采收包括采收期和采收年限，而采收标准：一是指药用部位已达到药材固有的形态特征；二是药用植物的品质已达到相关标准。中药材GAP规范化种植对采收期也有相应的要求，应根据产品质量和单位面积产量，并参照传统采收经验等因素确定最适宜采收期。

## （一）采收原则

药用植物的采收期是根据种、入药部位不同，及其生长发育特点、活性成分和物质积累动态变化来确定的。其中物质积累和活性成分积累动态变化指标呈正相关，但有时并不一致，因此应对具体情况具体分析。当药用部位产量变化不大，在药用植物生长发育阶段活性成分含量积累的高峰期即为最佳采收期。当药用部位产量与活性成分的含量高峰期不一致时，则以药用部位活性成分累积总量最大值为适宜采收期。有时可根据产量与活性成分含量的曲线图来确定适宜采收期，两个指标曲线的交点即为适宜采收期。此外，有些中药材还含有毒性成分，此时应对活性成分含量、毒性成分含量及药用部位产量等综合予以考虑。在优先选择活性成分含量高，毒性成分含量较低的前提下，适当兼顾产量加以确定最适采收期。

## （二）采收期

采收期是指药用植物药用部位或器官已符合药用要求，达到采收标准的收获时期，一般按一年中的月、旬来定采收期。采收期与药材产量、品质及收获效率有着密切关系。研究药用植物不同生育期的物质积累动态变化规律，从而使中药材采收的品质和产量达到双赢。例如当归在不同的生长期挥发性成分组成及含量相差较大，对不同采收期当归主要活性部位挥发性成分的动态积累规律分析得出当归的最适宜采收期在秋末冬初（10月份）。

## （三）采收年限

采收年限也称收获年限，是指播种（或栽植）到采收所经历的年数。收获年限的长短，一般取决于三个主要因素：一是药用植物本身特性，如木本或草本，1年生或2年生、多年生等。一般而言，木本植物比草本植物收获年限长，草本植物收获年限多与其生命周期一致。二是环境因素的影响，同一种药用植物因南北气候或海拔高度的差异而采收年限不同。如研究不同海拔地区的川西獐牙菜有效成分（齐墩果酸、龙胆苦苷、獐牙菜苦苷、芒果苷）的含量变化，得出不同海拔地区的川西獐牙菜，其药用成分含量有明显的差异。红花在北方多为1年收获，而南方是2年收获；三角叶黄连（雅连）在海拔2000m以上栽培者，5年以上收获，而于海拔1700～1800m栽培者，4年即可收获。三是药材品质的要求，根据药用要求，有的药用植物收获年限可短于该植物的生命周期。如川芎、附子、麦冬、白芷、浙贝母、姜等为多年生植物，而其药用部位的收获年限却为1～2年。根据药用植物栽培的特点，药用植物收获年限可分为一年收获、二年收获、多年收获和连年收获四类。

# 二、采收方法

药用植物的种类和入药药用部位的不同，导致其采收方法也不尽相同。采收方法恰当与否，直接影响到药材的产量和质量。

## （一）采收方法

### 1. 挖掘

适用于收获以根、地下茎或部分全草入药的药用植物。挖掘时要选择适宜时机与土壤含水适当时，若土壤过湿或过干，不但不利于采挖根或地下茎，而且费时费力，容易损伤地下药用部分，减低药材的质与量。

### 2. 收割

用于收获全草、花、果实、种子，且是成熟较一致的草本药用植物。可以根据不同药用植物及入药部位的具体情况，或齐地割下全株，或只割取其花序或果穗；有的全草类一年两次或多次收获，在第一、二次收割时应留茬，以利萌发新的植株，提高下次的产量，如薄荷、瞿麦等。花、果实、种子的收割，亦因种类不同需要分别对待。

### 3. 采摘

在成熟不一致的药用植物果实、种子和花的收获时，由于它们成熟不一致，只能分批采摘，以保证其品质与产量，如辛夷、菊花、金银花等。采摘果实、种子或花时，要注意保护植株，不要损伤未成熟部分，以免影响其继续生长发育，也要不遗漏，以免其过熟脱落或枯萎、衰老变质等。另外，有一些果实、种子个体大，或者枝条质脆易断，其成熟虽较一致，但不宜用击落法采收的，也可用本法收获，如佛手、连翘、栀子、香橼等。

### 4. 击落

对于树体高大的木本或藤本植物的药用植物果实、种子等需采收时，由于它们以采摘法收获困难，只好以器械打击落下而收集，如胡桃等药材。击落时最好在其植物下垫上草席、布围等，以便收集与减轻损伤，同时也要尽量减少对植物体的损伤或其他危害。

### 5. 剥离

树皮或根皮入药的药用植物采收时采用剥离法，如黄柏、厚朴、杜仲、牡丹皮等。树皮和根皮的剥离方法略有差异。树皮的剥离方法又分为砍树剥皮、活树剥皮、砍枝剥皮和活树环状剥皮等。木本的粗壮树根与树干的剥皮方法相似。灌木或草本根部较细，剥离根皮方法则与树皮不同：一种方法是用刀顺根纵切根皮，将根皮剥离；另一种方法是用木棒轻轻锤打根部，使根皮与木质部分离，然后抽去或剔除木质部，如牡丹皮、地骨皮和远志等。

### 6. 割伤

以树脂类入药的药用植物如安息香、松香、白胶香、漆树等，常采用割伤树干收集树脂。一般是在树干上凿"▽"形伤口，让树脂从伤口渗出，流入下端安放的容器中，收集起来经过加工即成药材。

## （二）各类药用植物的采收

### 1. 根、根茎类

根和根茎类的药用植物大部分是草本植物，它们大多在植株停止生长之后或者在枯萎期采收，也可以在春季萌芽前采收，此时其活性成分含量相对较高，如人参、党参、黄芪、玉竹、知母等；有些植物生长期较短，夏季就枯萎了，如延胡索、浙贝母、平贝母、半夏、太子参等；天麻则在初冬时采收，质坚、体重，质优；柴胡等部分药材则花蕾期或初花期活性成分含量较高；有的药用植物只有在根芽未出土时才有所需的活性成分，如仙鹤草芽等。采收时用人工或机械挖取均可，除净泥土，根据需要进行修剪，除去非药用部分，如残茎、叶、须根等。有的需要趁鲜除皮，如明党参和桔梗等，需要趁鲜加工的要及时加工，否则影响品质，如人参加工成红参等。

### 2. 皮类

皮类药材主要来源于木本植物干皮、枝皮和根皮，少数根皮来源于多年生草本植物，如白鲜皮。干皮类药材的采收应在春末夏初时节进行，此时树木处于生长阶段初期，树皮内液汁较多，形成层细胞分裂较快，皮部和木质部容易剥离，皮中活性成分含量较高，剥离后伤口也易愈合。如杜仲、黄柏、厚朴等。干皮采收的方法有全环状剥皮、半环状剥皮和条剥等。剥皮时间应选择多云、无风或有小风的清晨、傍晚时分。使用锋利刀具在欲剥皮的四周将皮割断，深度以割断树皮为准，力争一次完成，以便减少对木质部的损伤。向下剥皮时要减少对形成层的污染和损伤，把剥皮处进行包扎，根部灌水、施肥有利于植株生长和新皮形成。剥下的树皮趁鲜除去老的栓皮，如黄柏、苦楝、杜仲等，根据要求压平、或发汗、或卷成筒状，阴干、晒干或烘干。根皮的采收应在春秋时节，用工具挖取，除去泥土、须根，趁鲜刮去栓皮或用木棒敲打，使皮部和木部分离，抽去木心，如白鲜皮、香加皮、地骨皮、五加皮等，然后晒干或阴干。

### 3. 茎木类

包括乔木的木质部或其中的一部分，大部分全年都可采收，如苏木（心材）、沉香等；木质藤本植物宜在全株枯萎后采收或者是秋冬至早春前采收，如忍冬藤、络石藤、槲寄生等，质地好，活性成分含量较高；草质藤本植物宜在开花前或果熟期之后采收，如首乌藤（夜交藤）。茎类采收时用工具砍割，有的需要修剪去无用的部分，如残叶或细嫩枝条，根据要求切块、段或趁鲜切片，晒干或阴干。

### 4. 叶类

叶类药材在植物开花前或者果实未完全成熟时采收，色泽、质地均佳，如艾叶、紫苏叶等；少数的品种需经霜后采收，如桑叶等；有的品种一年当中可采收几次，如枇杷叶、大青叶等。叶类药材采收时要除去病残叶、枯黄叶，晒干、阴干或炒制。

### 5. 花类

花类药材入药时有整朵花，也有仅使用花的一部分，如西红花；在整朵花中有的是用花蕾，如金银花、辛夷、款冬花、槐花等；有的是用开放的初花，如菊花、旋覆花等，这些只能根据花的发育时期来采收；有的则需根据色泽变化来采收，如红花；有些品种还要分批次采收，如红花、金银花；花粉类中药材的采收，宜早不宜迟，否则花粉脱落，如蒲黄、松花粉等。花类中药材主要是人工采收或收集，花类药材宜阴干或低温干燥。

### 6. 全草类

此类药材分为地上全草和全株全草。地上全草宜在茎、叶生长旺盛期的初花期采收，枝繁叶茂，活性成分含量较高，质地、色泽均佳，如淡竹叶、仙鹤草、紫苏梗、益母草、荆芥等；全株全草类宜在初花期或果熟期之后采收，如蒲公英、细辛等；低等植物石韦等四季都可采收。全草类采收时割取或挖取，大部分需要趁鲜切段，晒干或阴干，带根者要除净泥土。

### 7. 果实、种子类

在商品中药材中，果实和种子未有严格的区分。从植物学的角度来看，它们在植物体中是两种不同的器官，果实中包含种子。从入药部位来看，有的是果实与种子一起入药，如五味子、枸杞子、马兜铃等；还有用果实的一部分，如陈皮和大腹皮（果皮）、丝瓜络（果皮中维管束）、柿蒂（果实中的宿存萼）。果实入药，多数是成熟的，有少量的是以幼果或未成熟的果实入药，如枳实。种子入药时基本上是成熟的，如决明子、白扁豆、王不留行等；也有使用种子的一部分，如龙眼肉（假种皮）、肉豆蔻（种仁）、莲子芯（胚芽）；

此外还有其制品，如淡豆豉、大麦芽等。从采收时间上看，以果实或种子成熟期为准则，外果皮易爆裂的种子应随熟随采。果实多是人工采摘，种子类为人工或机械收割，脱粒，除净杂质，稍加晾晒。

### 8. 树脂类

树脂类中药也是常用的药物，大多数来源于植物体，存在于不同的器官中，一般是植物体的自然分泌物或代谢产物，如血竭（果实中渗出物）、没药（干皮渗出物），有的是人为或机械损伤后的分泌物，如苏合香。树脂类的成分较复杂，但疗效显著，应用广泛。采收以凝结成块为准，随时收集。此外，还有一小部分药用植物需提取其中的某一单体作为药用，如艾片（主要成分为左旋龙脑），有的是植物体的混合物，如芦荟。

药用植物除上述高等植物外，还有部分低等植物，尽管药用的数量不是很多，但是在治疗应用中也是非常重要的，如昆布、灵芝、冬虫夏草、茯苓、松萝等。由于药用植物在种类上，数量上繁多，尽管药用部位大同小异，但是每一种药用部位的采收期都是由自身生长发育特性、活性成分含量和疗效决定的，因此不能一一赘述。

## 三、产地加工

药用植物采收后，除少数鲜用，如生姜、鲜石斛、鲜芦根等，绝大多数均需在产地及时进行初步处理与干燥，称之为"产地加工"或"初加工"。产地加工的目的是清除非药用杂质，保证药材净度，便于后续炮制加工，且符合药典等相关标准。由于药用植物种类繁多，根据其药材的形、色、气味、质地及其含有的物质不同要求，加工的要求也各不相同。一般说来都应该达到体型完整、含水量适度、色泽好、香气散失少、不变味（必须经加工变味的例外）、活性物质破坏少的要求，才能确保药材商品的规格和品质。总之，产地加工是要提高药效和活性成分的含量，保证药材的品质，达到医疗用药的目的，便于包装、贮藏和运输。

### （一）产地加工方法

#### 1. 净制

挑选是清除混在药材中的杂质或将药材按大小、粗细分类的净选方法，在挑选过程中要求除去非药用部位。根与根茎类药材，不仅要除去残留茎基、叶鞘及叶柄等，亦要除去混入的其他植物根及根茎；鳞茎类药材，要除去须根和残留茎基；全草类药材，要除去其他杂草和非入药的根与根茎；花类药材，要除去霉烂或不符合入药要求的花类；茎类药材，要除去细小的茎和叶；果实类药材，要除去霉烂及不符合入药要求的果实；种子类药材，要除净果皮和不成熟的种子。

筛选是根据药材和杂质的体积大小不同，选用不同规格的筛子以筛除药材中的泥沙、地上残茎残叶等。筛选可用手工筛选，也可以用机械筛选，筛孔的大小可根据不同要求进行选择。多用于块茎、球茎、鳞茎、种子类药材的净选除杂。

风选是利用药材和杂质的比重不同，借助风力将杂质除去的一种方法。一般可用簸箕或风车进行，可除去果皮、果柄、残叶和不成熟的种子等。多用于果实、种子类药材的初加工。

水选是通过水洗或漂的方法除去杂质。有些药材杂质用风选方法不易除去，可以通过水选方法除去泥土、干瘪之物等。多用于植物种子类的净选。

**2. 清洗**

清洗是药材与泥土等杂质进行分开的一种行之有效的方法。为了减少活性成分的损失，一般在药材采收后，趁鲜水洗，再进行加工处理。根据不同要求可选择不同的清洗方法，清洗方法有喷淋法、刷洗法、淘洗法等。

**3. 去皮**

根、地下茎、果实、种子及皮类药材常需去除表皮（或果皮、种皮），使药材光洁，内部水易向外渗透，干燥快。去皮要厚薄一致，以外表光滑无粗糙感，去净表皮为度。去皮的方法有手工去皮、工具去皮、机械去皮和化学去皮。

**4. 修整**

用刀、剪等工具去除非药用部位或不利于包装的枝杈，使之整齐，便于捆扎、包装，或为了等级划分之过程。修整工艺要根据药材的规格、质量要求来制定。剪除芦头、须根、侧根，进行切片、切瓣、截短、抽头等多在药材干燥之前进行。剪除残根、芽苞，切削不平滑部分等，常在药材干燥后进行。

**5. 蒸、煮、烫**

将鲜药材在蒸汽或沸水中进行不同时间的加热处理，均在药材干燥之前进行。蒸是将药材盛于笼屉中置沸水锅上加热，利用蒸汽进行的热处理。蒸的时间长短依目的而定，以利于干燥为目的，蒸至熟透心，蒸汽直透笼顶为度，如菊花、天麻、天冬等；以去除毒性为目的，蒸的时间宜长，如附子片需蒸12～48小时。

煮和烫是将药材置沸水中煮熟或熟透心的热处理。煮的时间长，有的药材需煮熟，如天麻。烫的时间很短，以煮至熟透心为止，西南地区习称"潦"，如川明参、石斛、黄精等，烫后干燥快。判断煮、烫是否熟透心，可以从沸水中取出1～2支药材，向其吹气，外表迅速"干燥"的为熟透心；吹气后外表仍是潮湿或是干燥很慢的，表示尚未熟透心，应继续煮、烫。

**6. 浸漂**

浸漂是指浸渍和漂洗。浸渍一般时间较长，有的还加入一定辅料。漂洗时间短，换水勤。漂洗的目的是减轻药材的毒性和不良性味，如半夏、附子等；抑制氧化酶的活性，以免药材氧化变色，如白芍、山药等。浸漂要注意药材在形、色、味等方面的变化，掌握好时间、水的更换、辅料的用量和添加的时机。漂洗用水要清洁，换水要勤，以免发臭引起药材霉变。

### 7. 切制

一些较大的根及根茎类药材，往往要趁鲜时切成片或块状，利于干燥。含挥发性成分的药材不适宜产地加工，因切制后容易造成活性成分的损失。切制方法有手工切制法和机械切制法。

### 8. 发汗

鲜药材加热或半干燥后，停止加温，密闭堆积使之发热，内部水分就向外蒸发，当堆内空气含水汽达到饱和，遇堆外低温，水汽就凝结成水珠附于药材的表面，如人出汗，故称这个过程"发汗"。发汗是药材加工常用的独特工艺，它能有效地克服干燥过程中产生的结壳，使药材内外干燥一致，加快干燥速度，使得干燥后的药材更显得油润、光泽，或香气更浓烈。

### 9. 揉搓

一些药材在干燥过程中易于皮肉分离或空枯，为了使药材不致空枯，达到油润、饱满、柔软的目的，在干燥过程中必须进行揉搓，如山药、党参、麦冬、玉竹等。

### 10. 干燥

干燥是药材加工的重要环节，除鲜用的药材外，绝大部分要进行干燥。干燥的目的是及时除去鲜药材中的大量水分，避免发霉、虫蛀以及活性成分的分解和破坏，保证药材的质量，利于贮藏。理想的干燥方法是要求干得快、干得透，干燥的温度不破坏药材的活性成分，并能保持原有的色泽。干燥的方法分为自然干燥法和人工加温干燥法。

自然干燥法利用太阳的辐射、热风、干燥空气达到药材干燥的目的。晒干为常用方法，一般将药材铺放在晒场或晒架上晾晒，利用太阳光直接晒干，是二种最简便、经济的干燥方法，但含挥发油的药材、晒后易爆裂的药材均不宜采用此法。阴干是将药材放置或悬挂在通风的室内或荫棚下，避免阳光直射，利用水分在空气中自然蒸发而干燥，此法主要适用于含挥发性成分的花类、叶类及全草类药材。晾干则将原料悬挂在树上、屋檐下，或晾架上，利用热风、干风进行自然干燥，也叫风干，常用于气候干燥、多风的地区或季节，如大黄、菊花、川明参等。在自然干燥的过程中，要随时注意天气的变化，防止药材受雨、雾、露、霜等浸湿；要常翻动使药材受热一致，以加速干燥。在大部分水分蒸发后，药材干燥程度已达五成以上时，一般应短期堆积回软或发汗，促使水分内扩散，再继续晾或晒干。这样处理不仅加快了干燥速度，而且内外干燥一致。

人工加温干燥可以大大缩短药材的干燥时间，而且不受季节及其他自然因素的影响。利用人工加温的方法使药材干燥，重要的是严格控制加热温度。根据加热设备不同，人工加热干燥法可分为炕干、烘干、红外干燥等。现一般多用煤、木炭、蒸汽、电力等热能进行烘烤。具体方法有直火烘烤干燥、火炕烘烤干燥、蒸汽排管干燥设备（利用蒸汽热能干燥）、隧道式干燥设备（利用热风干燥）火墙式干燥室、电热烘干箱、电热风干燥室、太阳能干燥室、红外与远红外干燥、微波、冷冻干燥设备等。一般冷冻干燥温度以50～60℃为宜，此温度对一般药材的成分没有多大破坏作用，却能很好地抑制酶的活性。对于含维生素较多的多汁果实类药材可用70～90℃的温度，以利迅速干燥。但对含挥发油或需保留酶活性的药材，如薄荷、杏仁等，则不宜用本法干燥。

除了上述方法外，在中药材传统加工上经常采用熏硫的方法，一般在干燥前进行。主要是利用硫黄燃烧产生的二氧化硫，达到加速干燥，使产品洁白的目的，并有防霉、杀虫的作用，如白芷、山药、菊花的产地加工大多使用硫黄熏蒸等。但因硫黄颗粒及其所含有毒杂质等残留在药材上影响药材品质，为此建议在中药材生产加工上也应慎用或禁用。《中国药典》2015年版通则中规定：山药等10种传统习用硫黄熏蒸的中药材及其饮片，二氧化硫残留量不得过400mg/kg，其他中药材及饮片的二氧化硫残留量不得过150mg/kg。

## （二）各类药材的加工

各类药材在不同的地方有不同的加工方法，药材种类繁多，加工方法各异，这里主要介绍常用的加工方法。

### 1. 根与根茎类

去净地上茎叶、泥土和须毛，而后根据药材的性质迅速晒干、烘干或阴干。有些药材还应刮去或撞去外皮后晒干，如桔梗、黄芩等；有的应切片后晒干，如威灵仙、商陆等；有的在晒前须经蒸煮，如半夏、附子等，晒前还应水漂或加入其他药（如甘草或明矾）以去毒性；有的应去芦，如人参、黄芪等；有的还应分头、身、尾，如当归、甘草；有的药材还需扎把，如防风、茜草等。

### 2. 全草类

发油较多，故采后宜阴干，有的在干燥前需扎成小把，有的用线绳把叶片串起来阴干。

### 3. 花类

保证活性成分不致损失外，还应保持花色鲜艳、花朵完整。一般在采收后需直接晒干或烘干，并应尽量缩短烘晒的时间。

### 4. 种子类

采后需直接晒干。有的需经烘烤或略煮去核如山茱萸；有的为了加速干燥需用沸水微烫，捞出晒干，如五味子等。种子一般在采收时多带果壳和茎秆，晒干后应除净，取出种子；有的药材的种子还应去皮、去心，如杏仁等；也有的要求留外壳，临用时再敲破取用种子。

### 5. 皮类

一般在采收后除去内部木心，晒干。有的应切成一定大小的片块，经过热焖、发汗等过程而后晒干，如杜仲、黄柏等；有的还应刮去外表粗皮，如牡丹皮、厚朴等；对一些含有挥发油的芳香皮类，宜采用阴干，勿曝晒干燥。

## 四、产地加工注意事项

### （一）加工场地

加工场地应就地设置，周围环境应宽敞、洁净、通风良好，并应设置工作棚（防晒、防雨）及除湿设备，并应有防鸟、禽畜、鼠、虫的设施。

### （二）防止污染

在中药材产地加工中，常常因为加工方法不当，引起污染导致中药材品质下降。

**1. 水制污染**

水制过程中的污染主要是水质问题。药材加工过程中需水洗的应水洗，使之洁净，以除去泥沙等杂质。但由于水质不洁，会引起中药材的污染。因此，水源的水质好坏，直接影响加工药材的品质。

**2. 熏制污染**

药材加工中有用硫黄熏制药材，用以漂白、杀虫的目的。青岛药检所检查了金银花用硫黄熏制前后含砷量的变化。结果表明，产地在采收金银花后以硫黄熏干，即可防止霉变又可杀虫，外观也较洁白整齐，但使用硫黄熏制后其含砷量为 $50 \sim 300 \mu g/g$，与熏前相比，含砷量明显增加。

**3. 人员要求**

加工人员在进行加工前应洗净双手，带上干净的手套和口罩；传染病人、体表有伤口、皮肤接触中药材过敏者，不得从事中药材产地加工作业；加工人员在操作过程中应保持个人卫生，现场负责人应随时进行检查和监督；及时做好加工记录，包括中药材品种、使用设备、时间、天气情况、加工数量、操作人员等。

（刘晓清　刘廷辉　郑开颜　郑玉光）

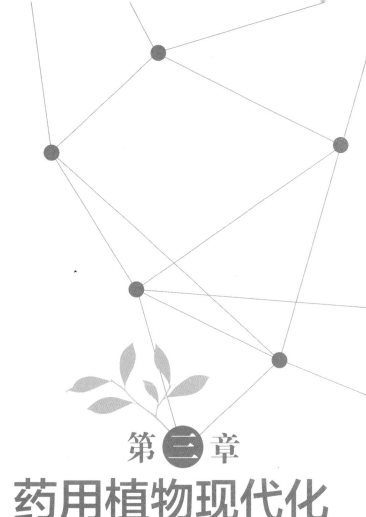

第三章

# 药用植物现代化
# 生产技术

我国药用植物栽培历史悠久，在长期的生产实践中，对众多药用植物的种植积累了丰富经验，为现代药用植物栽培学奠定了良好基础。近年来，药用植物栽培种类不断增加，栽培面积迅速扩大，对药用植物生长发育、产量和品质形成及其与环境条件关系等研究亦逐渐深入，栽培技术不断创新和应用于药用植物生产。借鉴和应用现代农业技术，如设施栽培、机械化栽培及有机栽培等，将有力促进药用植物濒危种质资源保护、优质高效栽培和规范化、规模化生产。

# 药用植物设施栽培技术

设施栽培是利用温室等保护设施进行作物生产的一种新型栽培形式，是现代农业的主要形式和重要标志。随着保护设施的不断发展和设施栽培水平的不断提高，设施栽培的面积迅速扩大，设施栽培的作物种类不断增加，在蔬菜、花卉、果树等作物上已广泛应用，药用植物设施栽培也开始发展，为安全、稳定、有效、可控的中药材生产发挥重要作用。

## 一、设施栽培发展动态

### （一）国外设施栽培现状及趋向

设施栽培与自然气候、种植习惯、重视程度、科技水平和经济状况等密切相关。发展中国家往往利用简易保护结构设施，引进国外资材、品种和技术，利用其得天独厚的气候资源和劳动力资源优势发展设施栽培，栽培产品以供应国内消费为主，出口部分优质产品。经济发达国家，以荷兰、加拿大等为代表，充分利用本国的气候、能源、科技、经济及土地优势，大力发展现代化自控连栋大型温室，长季节栽培设施作物，实现高产优质高效生产，产品以出口为主。

荷兰、加拿大、日本、以色列、美国、韩国、西班牙、意大利和法国等是设施栽培发达的国家，近年来呈现如下特点和趋向：①标准化、规范化程度较高。设施、设备实现标准化，种苗生产、栽培技术、病虫害防治实现规范化、量化指标管理；环境友好、资源高效利用技术得到广泛重视，达到设施栽培零污染的指标。②设施内生产管理机械化与设施环境调控自动程度较高。机器人的研究、应用被广泛重视，并取得应用型成果，计算机智能化温室综合环境控制系统开始普及，有效提高了作业与控制的精度、效率，提高了作业者的安全性与舒适性，实现省力化生产。③温室日趋大型化。温室大型化有利于提高土地利用率，便于实行机械化自动管理和环境自动调控，促进了温室栽培的规模化和产业化生产。④种苗产业发达。荷兰、加拿大、日本等国非常重视温室用苗品种选育，能为温室提供专用的耐低温、高温、寡照、高湿，具有多抗性、优质高产的种苗。⑤无土栽培技术发展迅速。无土栽培技术已成为设施栽培的主要栽培方式，产量高、品质优、商品性能好。⑥单产水平高，效益显著。

### （二）我国设施栽培发展与现状

我国是世界上应用设施栽培技术历史最悠久的国家之一，西汉的《汉书补遗》记载利用保护设施冬季栽培葱和韭菜，唐朝《宫词》中有用天然温泉水早春种植瓜类的描述，元代《农书》记录有阳畦、风障蔬菜栽培。经过明、清、民国近400年，以西安、北京等古都为中心的劳动人民，在创造我国特有的单斜面暖窖土温室栽培方面积累了丰富的实践经验，但限于当时的社会条件和科技水平，设施栽培发展极其缓慢，直至新中国成立后，尤其是改革开放后30多年，设施作物栽培得到了迅速发展，先后经历了几个具有明显特色的发展阶段。

**1. 传统保护地栽培总结推广阶段**

新中国成立初期，政府组织广大农业科技人员对北京、西安、济南、沈阳等地农家传统的简易覆盖、阳畦（冷床）和土温室的结构、性能及栽培技术进行科学总结、提高、改良和推广，形成了以风障、阳畦、北京改良式温室等为主体的保护地栽培体系。

**2. 塑料拱棚和地膜覆盖推广普及阶段**

塑料薄膜广泛应用于设施栽培，使保护设施的结构、建造和生产成本发生了根本性变化，极大地促进了设施栽培的普及和提高。

（1）塑料拱棚栽培：20世纪50年代中期，从日本引进农用聚氯乙烯（PVC）塑料薄膜建造中小拱棚，用于蔬菜育苗和早熟栽培。60年代初，随着国产塑料工业的建立与发展，生产的农用PVC和聚乙烯（PE）薄膜迅速成为保护设施的主要覆盖材料，极大推动了设施栽培的发展。随着塑料大棚作物栽培技术的普及和提高，栽培区域从华北、东北、西北向长江流域发展，从平原向山区丘陵地区延伸。塑料大棚栽培成为我国设施栽培的主体构型，近年向着连栋化、高大化、规模化方向发展。

（2）地膜覆盖栽培：20世纪70年代末期，日本专家石本正一将塑料薄膜地面覆盖技术及农膜工业化装备引进到我国，1979年农业部组织14省市试验示范取得成功，1982年开始迅速推广到大江南北，目前全国地膜覆盖面积发展速度之快，应用作物种类之多，社会经济效益之大，为世界农业推广史所罕见。

**3. 日光温室和夏季设施栽培推广普及阶段**

20世纪80年代，我国北方日光温室和南方夏季设施栽培的研发推广应运而生。

（1）日光温室栽培：20世纪80年代中期，辽宁省大连市瓦房店和鞍山市海城等地的科技工作者和菜农经过长期探索和传统日光温室结构的技术改造，研发出高效节能型的拱圆式塑料日光温室。随后农业部组织科研部门对其结构、性能进行优化、改进，在我国北纬33°~46° 广大北方地区大面积推广普及，与传统温室相比极大地节约了能源，减少了二氧化碳排放，谱写了我国设施作物栽培的光辉篇章。

（2）夏季设施栽培：目前在我国南方地区和北方夏秋季已广泛采用遮阳网覆盖遮阳、降温，使我国的设施栽培季节从冬季拓展到夏季。防虫网是继遮阳网后的又一夏季栽培设施，在南方夏秋高温、多雨季节，将冬春季使用的塑料拱棚等设施只留顶部的薄膜覆盖，四周打开或加盖防虫网，形成防雨棚，使夏秋季作物免遭涝渍危害，若配合遮阳网覆盖，还具遮阳降温作用，目前在蔬菜育苗、高档夏菜栽培广泛应用。

**4. 温室现代化与新技术应用时期**

包括温室现代化、穴盘育苗技术、无土栽培技术和网室栽培技术等。

（1）温室现代化：1979~1994年，我国曾从日本、荷兰、罗马尼亚、美国等引进了现代化大型连栋自动环控温室，主要用于蔬菜和花卉生产，由于严重缺乏现代化温室的管理经验，忽视了配套品种和技术的同步引进，多数单位连年亏损难以为继。"九五"期间再次引进大型连栋温室，同时还引进了与之配套的品种、栽培技术和管理人员，取得了良好效果，同时重视开发国产化现代温室设施。通过引进、消化、吸收，推动了我国温室现代化水平的提高，此后各地国产连栋塑料温室（大棚）发展较快。

（2）穴盘育苗技术：20世纪80年代在欧、美、日普及推广，成为先进、高效、快速的现代化育苗技术体系。1987年北京郊区花乡从美国引进穴盘育苗生产线，建立起我国第一个穴盘育苗场，1999年全国建立起40多家穴盘育苗场，"十五"以后穴盘育苗被农业部列为主要技术推广。目前全国各地纷纷建立穴盘育苗中心，传统的营养钵育苗正在被专业化的穴盘育苗所替代，成为我国设施育苗的主要形式。

（3）无土栽培技术：我国的无土栽培始于20世纪30年代末，推广应用在20世纪80年代以后，北京、南京、杭州、广州、山东等地相继研究开发出适合国情的高效、节能、实用的无土栽培技术，并在全国推广。目前全国无土栽培技术在现代温室高端作物生产、都市休闲观光农业以及连作障碍严重作物的高效栽培中迅速发展。

（4）网室栽培技术：由于人们健康意识的不断增强和消费水平的不断提高，对无（少）农药、无（少）化肥的绿色农产品需求激增，防虫网覆盖作为无虫少病栽培的关键技术被列为无公害生产的重要推广项目，在全国各地广泛应用；防雨（避雨）棚在我国台湾地区的应用由来已久，20世纪90年代在大陆各地推广应用，目前向遮阳、避雨与防虫相结合的夏季设施保护栽培方向发展。

综上，我国设施栽培从改革开放后得以迅速发展，设施栽培面积从1978年到2008年的30年间约增长660倍；并且日光温室和塑料大棚等大型保护设施在21世纪初进入高速增长期，目前占设施栽培总面积的80%以上，而塑料小拱棚等简易设施的比例下降到20%以下，表明我国设施栽培的设施硬件水平明显提高；此外冬季设施栽培面积快速增加，遮阳网、防虫网、防雨棚等夏季设施栽培也迅速发展。但我国新兴的现代化大型温室在21世纪初才开始发展，且主要分布在经济发达地区，以节能技术体系为核心的日光温室和塑料大棚多重覆盖栽培仍是我国设施栽培的主导形式。

## 二、设施栽培技术要求

### （一）栽培设施的类型

设施栽培是与露地栽培相对应的一种生产方式。随着社会发展和科技进步，作物栽培的设施由简单到复杂、由低级到高级发展成为当今的各种类型，以满足不同作物和不同季节的应用。作物栽培设施有不同的分类方法。根据温度性能可分为保温加温设施和防暑降温设施，保温加温设施包括各种大小拱棚、温室、温床、冷床等，防暑降温设施有荫棚、荫障和遮阳覆盖设施等；根据用途可分为生产用、实验用和展览用设施；根据骨架材料可以分为竹木结构设施、混凝土结构设施、钢结构设施和混合结构设施等；根据建筑形式可以分为单栋和连栋设施。综合设施条件规模、结构复杂程度和技术水平等因素，可将作物栽培的设施分为4个层次。

**1. 简易覆盖设施**

简易覆盖设施主要包括各种风障畦、阳畦（冷床）、温床、地面覆盖、小拱棚、防雨棚、防虫网覆盖、遮阳网覆盖等，这些设施结构简单、建造方便，造价低廉，多为临时性设施，主要用于作物的育苗和矮秆作物的季节性生产。

**2. 普通保护设施**

包括塑料大棚和日光温室。塑料大棚通常指不用砖石等围护，其结构只以竹、木、水泥或钢材等做骨架材料，在其表面覆盖塑料薄膜的较大型栽培设施。日光温室我国特有的一种以日光为主要能量来源，其透明塑料薄膜覆盖单屋面朝南采光的温室，由后墙、后坡、前屋面和两山墙组成，各部位的长宽、大小、厚薄和用材决定了它的采光和保温性能。塑料大棚和日光温室一般每栋$200 \sim 1000m^2$，结构较简单，环境控制能力较差，一般为永久性或半永久性设施，是我国现阶段的主要栽培设施。

**3. 现代温室**

现代温室是设施农业中的一种高级类型，通常指能够进行温度、湿度、肥料、水分和气体等环境条件自动控制或半自动控制的大型单栋或连栋温室。该设施每栋一般在$1000m^2$以上，大的可达$10\,000 \sim 30\,000m^2$，用玻璃或硬质塑料板（俗称阳光板）和塑料薄膜等进行覆盖，由计算机监测和智能化管理系统，可根据作物生长发育的要求调节环境因子，满足作物生长要求，能够大幅度地提高作物产量和质量，但其建设和运行费用也很高。

### 4. 植物工厂

植物工厂是设施农业的最高级发展阶段，是一种高技术密集、不受自然条件制约的全封闭生产方式，其管理完全实现了机械化和自动化。作物在大型设施内进行无土栽培和立体种植，所需的温、湿、光、水、肥、气等均按照作物生长要求进行最优配置，不仅全部采用电脑检测控制，而且采用机器人、机器手进行全封闭生产管理，实现从播种到收获的流水线作业。植物工厂要求科技水平和建造成本过高，能源消耗大，目前只有少数国家投入生产。

## （二）设施栽培的基质

设施作物栽培除了利用传统的土壤基质，还可以根据栽培目的及生产方式的不同，选择其他无机、有机物质或水作为栽培基质。

### 1. 土壤栽培

土壤栽培是利用天然土壤或经过人工改良的土壤进行作物生产。土壤是一种独立的自然体，它是在土壤母质、气候、生物、地形和时间五大自然成土因素的相互作用下形成的。设施土壤栽培，是在有限的土地面积上谋求最大效益的一种生产方式，也是设施作物生产最基本的形式。

设施的封闭或半封闭状态，高温、高湿的环境，使设施土壤的矿化和有机质分级速度加快；作物的周年生长，产量的逐年提高，使设施土壤中的有效养分迅速减少，有机质含量明显下降。另外，由于设施的集约化生产和作物连作等，造成设施土壤的养分失衡、病虫害加重、土壤酸化、次生盐渍化及作物次生代谢物质的自毒作用等。因此，设施作物的土壤栽培，应在多施有机肥的基础上，精准施用化肥肥料，科学轮作，进行太阳能、化学药剂或蒸汽消毒等，才能实现土壤的可持续生产。

### 2. 无机基质栽培

即不利用天然土壤，而利用其他的一些天然的或加工的"无机物质"来代替土壤的某些作用而进行作物生产的一种栽培类型。常用的无机基质有砾石、沙石、石英砂、蛭石、岩棉、珍珠岩、陶粒、炉渣等。大多数无机基质不含或含有少量的作物所需营养成分，主要靠人工配置的营养液来提供。无机基质栽培一般使用基质量少，进行消毒或清洗较容易，可重复使用。

### 3. 有机基质栽培

有机基质栽培是利用一些天然的或加工过的"有机物质"来代替土壤的某些作用而进行的作物生产。常用的有机基质有草炭、锯末屑、甘蔗渣、发酵树皮、发酵作物秸秆、发酵动物粪便、菇渣、稻壳等。有机基质一般含有丰富的营养成分，可为作物生长提供大量营养，不足部分可人工补充。有机基质栽培的基质使用量也较少，如生产过程中基质被病原菌污染，可消毒重复使用。

### 4. 混合基质栽培

混合基质栽培是将某些无机、有机物质按照不同的比例混合，使其代替土壤的某些作用而进行的作物生产。由于大多数无机基质具有疏松透气等特点，而多数有机基质含有作物生长发育所需的营养，将二者按照一定的比例混合，物理性质和营养物质互补，更适于作物的生长发育。

### 5. 营养液栽培

营养液栽培又称水培，它是将含有各种作物所必需营养元素的化合物溶解于水中配制成溶液作为基质。作物生长所必需的营养元素共有16种，其中C、H、O、N、P、K、Ca、Mg、S为大量营养元素，Fe、Mn、Cu、Zn、B、Mo、Cl为微量元素。除C、H、O 3种营养元素可以从水和空气中获得之外，营养液配方中还必须含有另外6种大量元素和7种微量元素，分别为N、P、K、Ca、Mg、S和Fe、Mn、Cu、Zn、B、Mo、Cl。根据营养液的供应方式不同，可分为营养液膜栽培、深液流栽培、浮板毛管栽培和喷雾栽培几种形式。

在一定体积的营养液中，规定含有各种必需营养元素盐类的数量成为营养液配方。目前已研究出了200多种营养液配方，其中以荷格伦特（Hoagland）研究的营养液配方最为常用，以该配方为基础，稍加调整就可演变形成许多的营养液配方。常用的营养液大量元素和微量元素配方如表3-1、表3-2所示。

表3-1　营养液大量元素配方精选

（陈青云等，2001）

| 营养液配方名称及适用对象 | | Hoagland和Snyder通用 | Hoagland和Arnon通用 | Rothams-Teda pH 6.2通用 | 法国国家农业研究所普及NFT之用 | 荷兰温室作物研究所，岩棉滴灌用 | 日本园艺配方通用 | 华南农业大学农化室，果菜，pH 6.2~7.8 |
|---|---|---|---|---|---|---|---|---|
| 化合物含量/（mg/L） | 四水硝酸钙 | 1108 | 945 | — | 732 | 886 | 945 | 472 |
| | 硝酸钾 | 506 | 607 | 1000 | 384 | 803 | 809 | 404 |
| | 硝酸铵 | — | — | — | 160 | — | — | — |
| | 磷酸二氢钾 | 136 | — | 300 | 109 | 204 | — | 100 |
| | 磷酸氢二钾 | — | — | 270 | 52 | — | — | — |
| | 磷酸二氢铵 | — | 115 | — | — | — | 153 | — |
| | 硫酸铵 | — | — | — | — | 33 | — | — |
| | 硫酸钾 | — | — | — | — | 218 | — | — |
| | 七水硫酸镁 | 693 | 493 | 500 | 185 | 247 | 493 | 246 |
| | 二水硫酸钙 | — | — | 500 | — | — | — | — |
| | 氯化钠 | — | — | — | 12 | — | — | — |
| | 盐类总计/（g/L） | 2315 | 2160 | 2570 | 1634 | 1891 | 2400 | 1222 |

续表

| 营养液配方名称及适用对象 | | Hoagland和Snyder通用 | Hoagland和Arnon通用 | Rothams-Teda pH 6.2通用 | 法国国家农业研究所普及NFT之用 | 荷兰温室作物研究所，岩棉滴灌用 | 日本园艺配方通用 | 华南农业大学农化室，果菜，pH 6.2~7.8 |
|---|---|---|---|---|---|---|---|---|
| 元素含量/（mmol/L） | $NH_4^+$ | — | 1.0 | — | 2.0 | 0.5 | 1.33 | — |
| | $NO^{3-}$ | 15.0 | 14.0 | 9.89 | 12.0 | 10.5 | 16.0 | 8.0 |
| | P | 1.0 | 1.0 | 3.75 | 1.1 | 1.5 | 1.33 | 0.74 |
| | K | 6.0 | 6.0 | 15.2 | 5.2 | 7.0 | 8.0 | 4.74 |
| | Ca | 5.0 | 4.0 | 2.9 | 3.1 | 3.75 | 4.0 | 2.0 |
| | Mg | 2.0 | 2.0 | 2.03 | 0.75 | 1.0 | 2.0 | 1.0 |
| | S | 2.0 | 2.0 | 2.03 | 0.75 | 2.5 | 2.0 | 1.0 |
| 备注 | | 世界著名配方，1/2剂量较妥 | 世界著名配方，1/2剂量较妥 | 1/2剂量较妥 | 法国代表配方 | 以番茄为主 | 1/2剂量较妥 | 也可通用 |

表3-2　营养液微量元素用量（各配方通用）

（李式军等，2011）

| 化合物名称 | 每升水含化合物毫克数（mg/L） | 每升水含元素毫克数（mg/L） |
|---|---|---|
| $Na_2Fe-EDTA$（含Fe14.0%）[1]或用$FeSO_4 \cdot 7H_2O+Na_2EDTA$代替 | 20 ~ 40[2]<br>[（13.9 ~ 27.8）+（18.6 ~ 37.2）] | 2.8 ~ 5.6[2]<br>（2.8 ~ 5.6） |
| $H_3BO_3$ | 2.86 | 0.5 |
| $MnSO_4 \cdot 4H_2O$ | 2.13 | 0.5 |
| $ZnSO_4 \cdot 7H_2O$ | 0.22 | 0.05 |
| $CuSO_4 \cdot 5H_2O$ | 0.08 | 0.02 |
| （$NH_4$）$_6Mo_7O_{24} \cdot 4H_2O$ | 0.02 | 0.01 |

注：①如购不到螯合铁（$Na_2Fe-EDTA$），可用$FeSO_4 \cdot 7H_2O$和$Na_2EDTA$两种物质自制以代之。

②易出现缺铁症的作物选用高用量。

## 三、设施栽培在药用植物生产上的应用

随着设施农业的不断发展，设施栽培开始在药用植物生产中应用。药用植物的设施栽培可以克服露地栽培的弊端，缩短栽培周期，根据药用植物的生长发育特性提供适宜的生长环境条件，减轻病虫危害和减少农药施用，实现统一播种、育苗、移植、栽培和采收的工厂化生产流程，从而达到提高药材产量和质量的目的。近年来，药用植物工厂在欧美、日本等国开始兴起，日本采用岩棉基质培养和毛管水培技术栽培柴胡，与传统露天栽培和

土壤栽培相比，柴胡产量和质量均明显提高。我国是药用植物的资源大国和生产大国，设施栽培在药用植物生产上的应用也越来越广泛，且朝着大型化、专业化和工厂化方向发展。下面以西洋参设施栽培为例介绍其荫棚棚式和管理技术要点。

西洋参（*Panax quinquefolium* L.）为五加科人参属药用植物，原产于北美洲，具养阴润肺，清心安神之功效。我国自20世纪80年代初引种成功后，先后在黑龙江、吉林、辽宁、北京、山东、河北、陕西等地推广种植。由于西洋参是阴生植物，忌强光直接照射，其光饱和点为5～15klx，光补偿点为170～700lx，因此，西洋参人工栽培时必须搭棚遮阴，即通过荫棚等设施栽培才能满足其生长发育对光照的要求。我国栽培西洋参所用荫棚，有的是参照人参大棚经验进行，有的则是根据种植地的气候、棚架材料资源和吸收国外棚架的特点等设计等。参照人参进行的搭棚，采用的是单透棚，棚式为单畦弓棚及叠斜式多畦联棚。因地制宜并吸收国外经验进行的搭棚，一般均是双透棚，是一种立柱较高的平棚，适宜土地较平坦的农田栽培使用。

## （一）荫棚棚式

### 1. 联结平棚

我国西洋参栽培使用的荫棚为联结平棚，棚高为1.8～2.3m（地面至棚盖间距离），整个田块连接成一个棚，棚的四周围上苇帘。棚内参床宽1.4～1.8m，参床间距40～50cm，参床高25～35cm。棚盖可根据具体情况，采用苇帘、竹帘、尼龙网等，透光率控制在20%左右。此种荫棚利于空气流通，生产成本低于单透棚，棚下可以机械作业，土地利用率高达78%。

架设时，按照3.6m的纵横间距埋立柱（木立柱或水泥立柱），纵横立柱各自埋在一条直线上，柱顶横床方向聚成凹口（水泥立柱具顶端10cm处留一个孔，以便捆绑和固定棚架），然后安放横杆（或8号铁线代之），并固牢。横杆上按1.90m间距固定顺杆，顺杆上安放透光帘。需要注意的是，由于是连片大棚，被风刮倒的危险性大，一定要建得牢固，边柱要用粗铁线与地柱严格加固。

### 2. 改良式高棚

由于我国部分地区西洋参种植夏季气温较高，北京怀柔地区与中国医学科学院药用植物研究所以联结平棚为基础共同创立了改良式高棚，以降低参棚内夏季的空气和土壤的湿度。其具体做法是将原来的2m高的立柱高度有一半或1/3的立柱高度改为2.5m，埋立柱时，按两排2m、两排2.5m相间埋设，或四排2m、两排2.5m相间埋设，立柱纵横间距均为3.6m，其他规格不变，这样把原来的等高平棚，改成了高低相间排列的平棚。

### 3. 复式大棚

集安人参研究所根据当地生产实际，参照美国、加拿大西洋参栽培的遮阴方式，研究设计了复式大棚。即下层是单畦拱棚，上层是全封闭的大棚。下层拱棚拱高120cm，只上一层厚0.06mm、宽2.4m的高光效人参专用膜，主要起防雨作用；上层大棚棚高180cm，立柱间距4.2m×5m，立柱顶端用12号铁线固定，只上一层透光60%的黑色遮阳网，主要起遮光和防止溅风雨的作用，由于该棚式分上下两层，故称"复式大棚"。

## （二）管理技术要点

### 1. 床面覆盖

床面覆盖是双透膜栽培西洋参的配套措施，具有保墒、护根预防病害发生的作用。播种或移栽后，床面覆盖一层稻草、树叶、麦秸、锯末屑等，覆盖厚度3~7cm，随西洋参生长年限而加厚，覆盖物必须年年覆盖年年撤，每次覆盖用新草。

### 2. 松土除草

没有床面覆盖的可结合松土进行除草，有床面覆盖只拔草不松土，拔草越早越好，最好随见随拔，要拔净。

### 3. 光照管理

目前西洋参荫棚帘多一层，透光量以夏季中午不被灼伤为标准。在春秋季光照不足时，应将棚帘空隙增大一倍，夏季光照强或高温时再附上一层帘，使棚下透光率降至15%。寒冷地区植株枯萎时，将棚帘撤掉，以便阳光能直射到床面及使床面积雪，起到增地温，防寒越冬的作用。

### 4. 灌溉排水

西洋参比较喜湿润。早春风大少雨，畦土干旱，易憋芽，要及时灌水。生长期适当浇水，可促根浆足、饱满。雨季要注意排水，杜绝水淹参床现象。

### 5. 适时追肥

基肥不能满足西洋参一生对营养元素的需求，3、4年生西洋参应适量追施饼肥、腐熟有机肥或专用复合肥。

### 6. 摘除花蕾

西洋参以收根为目的，应及时摘除花蕾。一般在6月中旬前后，花序柄长4~5cm时，将花序柄中间掐断、摘除。

### 7. 病虫害防治

危害西洋参严重的病害有立枯病、疫病、菌核病、黑斑病、锈腐病、碎倒病等。虫害有蝼蛄、蛴螬、地老虎、金针虫等。应坚持"预防为主、综合防治"的原则，农业防治、物理防治、生物防治和化学防治相结合。

### 8. 采收加工

一般4年生秋季初霜前收获，收后洗净泥土、烘干。

# 药用植物机械化生产技术及精准农业

## 一、农业机械化生产发展动态

农业生产工具的变革，促进了农业生产的发展和进步。简单手工木器、石器、铁器农具的发明，畜力的使用到电动机和拖拉机的发明应用，都是农业生产发生巨大变化的重要标志。目前，农业机械化程度成为传统农业向现代化农业转变的重要衡量标准之一。

农业机械化生产就是在农业生产过程中，用各种动力机械及其配套的作业机械装备农业，以机械工程技术与先进的农艺技术和农业系统科学经营管理密切结合，不断提高农业生产技术水平、经济效益和生态效益的过程。农业机械是农业机械化的核心内容，也是农业机械化的物化技术形态。农业生产应用的机械分为专用农业机械和通用农业机械。专用农业机械是指专门为农业生产而设计、生产的各类机械如农用拖拉机、深松机、中耕机、播种机、移栽机、喷雾机、联合收割机等；通用机械是指农业生产与其他行业都可以使用的机械，如内燃机、电动机、汽车、水泵等。

农业机械化在农业生产中的应用，实现了以机器替代人力，让劳动者从繁重的体力劳动中解放出来，并使劳动者在相同的时间内生产出更多产品。同时，机械装备提供了传统农业方式下人力、畜力所不能满足的生产力，使得农业规模化生产得以实现。

### （一）新中国成立后我国农业机械化的发展动态

#### 1. 创建起步阶段（1949~1980年）

新中国建立之初，由于长年战乱，我国农业发展较为落后，特别是农机具普遍缺乏。这一阶段，我国农机工业从制造新式农机具起步，从无到有逐步发展，奠定了我国农机工业的基础。

#### 2. 机制转换阶段（1981~1993年）

十一届三中全会以来，我国开始推动以家庭联产承包责任制为核心的一系列经济体制改革，对我国农业机械化的发展产生了一定的影响。家庭联产承包责任制的推行扩大了农民经营的自主权，但同时也使土地经营呈现小规模化，大中型农业机械需求大幅减少，出现了"包产到户、农机无路"的尴尬。为适应这一变化，农机工业开始规模结构调整，重点生产构造简单、价格便宜、功能单一的小型农机具、手扶拖拉机、农副产品加工机械和农用运输车等。

### 3. 市场导向阶段（1994~2003年）

1994年，我国提出经济体制改革的目标是建立社会主义市场经济体制，并在同年7月1日取消农用平价柴油。至此，国家在计划经济体制下出台的农机优惠政策全部取消，农业机械化进入了以市场为导向的发展阶段。

### 4. 依法跨越大发展阶段（2004年至今）

2004年以来，我国农业机械化取得了突破性发展，法律法规不断得到完善，农业机械资金投入逐年大幅增加，农机工业和装备水平有较大发展，农业机械化水平明显提高，农机社会化服务水平明显提高，建立了比较完善的农业机械化管理和科技支撑体系。

## （二）药用植物机械化生产发展现状

药用植物的生产是我国农业生产中传统而古老的产业。但是由于受到药用植物生产对机械需求多样性和农业机械发展技术瓶颈的影响，药用植物的机械化生产发展缓慢，一直落后于主要农作物。

进入21世纪以来，随着农业机械技术的发展和科研力量加大投入，药用植物的机械化生产水平开始进入快速发展阶段，农机装备数量、质量快速增长，机械化作业水平稳步提高。目前在药用植物生产上机械化的应用可以大致分为以下几个方面。

### 1. 土壤耕整机械

土壤耕整机械包括耕翻、深松、碎土、耙细、平畦等联合作业。土壤通过耕整后，将有效增加土壤的有机质含量，减少病虫害的发生，提高土壤的蓄水保墒能力，为培育优良种苗，提高药用植物的品质提供良好的生产条件，目前采用的土壤耕翻犁耕翻深度一般30cm左右，生产率 $0.4 \sim 0.5 hm^2/h$。

### 2. 播种机械

由于药用植物种类的不同，其种粒形状各异，需要研究能满足不同品种、株距、行距、施肥量及施肥深度的排种器和排肥器，进行精密播种，侧深施肥，达到省种、省工、增产和增收的效果。

### 3. 中耕、植保机械

中耕培土机械化技术是采用拖拉机配套机具进行松土、除草、施肥、培土作业，机械中耕培土可使土壤松碎透气，去除杂草，提高土壤保水保肥能力，为中药生长创造良好的条件。田间植保机械主要用于喷洒药液、除草剂、叶面肥和苗期施水等作业。

### 4. 收获机械

人工收获药用植物劳动强度大，作业效率低，对根茎损伤严重，降低药材质量。目前，深根茎药用植物可以通过对挖掘铲的结构参数进行合理选择，以及对松土分离栅的合理配置，完成挖掘、分离和收集等项作业。而花、叶、皮、果实和种子类药材的收获，多靠人工采摘收获。

## 二、机械化生产技术在药用植物生产中的应用

目前，我国药用植物的栽培面积达到182.74万公顷，栽培药材种类达到300种以上。随着我国药用植物栽培面积的扩大和劳动力成本的上涨，机械化作业在药用植物生产过程中的作用必将越来越重要。以新疆甘草基地的机械化生产技术为例介绍机械化生产技术在药用植物生产中的应用。

### （一）整地

#### 1. 机械化深耕

选择条件较好的砂壤地作为甘草田块，秋翻地先施底肥，亩施磷酸二铵15~20kg，硫酸钾10kg，硫酸锌2kg，采用东方红LX1000轮式拖拉机（100马力）配套深耕犁进行深耕作业，耕深28~35cm，再深松犁45~50cm为宜。

#### 2. 机械化耙耱

深耕后的地块进行精细耙耱。利用驱动往复钉齿耙进行耙耱作业。耙深15~18cm，耙耱深浅一致，耙后要上下平整，不漏耙、不拖堆，两相邻作业幅宽间的重耙量<16cm，要达到耙耱到头、土块碎细的农艺要求。整地要求达到"平整、洁净、细碎"。

#### 3. 封闭式喷药

采用立兴3WPX-1000型悬挂式喷药机进行喷药（图3-1）。春播前驱动耙整地后进行，喷施除草剂，确认药物质量、药量、水量、面积比例，要求喷雾均匀，合拢严密无空白点，标杆定位，边喷边查，保证封闭质量，喷药后随时调整一遍，搅土层不超过3cm。

图3-1 机械化喷药作业

### （二）播种

#### 1. 种子精选

利用石家庄绿炬种子机械厂产5XZ-1.0B型重力式种子精选机机械进行种子精选。精选种子与处理一般选用当年新种子，清除杂、秕种子。要求种子净度≥95%，发芽率≥98%。然后将种子和粗砂装入拌种器，摩擦种皮，使种子皮轻微磨损；再把摩擦处理后的种子置30~40℃温水中泡3~4小时，等种子膨胀后播种。

#### 2. 播种

播种采用膜下条状撒播或无膜条状撒播模式，宽幅均为3.8m，适播期4月中旬至5月中旬，无膜条状撒播，适播期5月中旬至6月上旬，条状撒播每亩用种量2kg。播种要求，

选用新疆天诚三膜六行式播种、覆膜、滴管一体机械（图3-2），采取双播轮均匀下种，1～3cm/株，亩保苗株数50 000～60 000株，播种机镇压轮滚动压实撒播的种子，使其入土1cm左右。

**3. 盖膜封土**

机械覆土，膜边压实，沿背行空隙点压土块，封土时应考虑便于揭膜，各种封土方式必须抗10级大风，

图3-2 甘草播种、覆膜、滴灌一体机械

同时防止封土过厚影响出苗，要保持膜面整洁透光。

## （三）田间管理

### 1. 放苗

膜下条播方式应认真观察出苗情况，待出苗率达到80%以上，看天气情况集中揭膜放苗，防止烫死幼苗，揭残膜时应抖净泥土，田间禁留残膜，保持田间整洁。同时要用固定器固定好滴灌带，防止大风刮起。

图3-3 水肥一体化施加装置

### 2. 肥水管理

采用新疆天露节水公司产8GSWZ-330型组合式滴灌水肥一体化施加装置进行（图3-3），播种后滴透出苗水，每亩用水约30～40m³，出苗后视土壤墒情及时补滴二遍水，每亩30m³左右，无膜播种地块务必保持地表湿润至出全苗为止。

### 3. 病虫害防治

甘草根腐病发病初期及时拔除病株，并喷50%托布津3000倍液淋根或50%甲基异柳磷2000倍液灌根，每15天灌1次，连续灌3～5次；甘草锈病用粉锈宁1500倍液喷雾防治；对地下虫害可用乐果乳油配制成毒沙土防治。

### 4. 收获

甘草在大田里生长2～3年开始收获。9月下旬，当地上的茎叶80%枯萎时，采用拖拉机配套根茎作物挖掘收获机进行作业（图3-4、图3-5）。该机利用矩形切割松土框架破土、切割，在限深调节轮的作用下，挖掘深松铲达到采挖深度，进行甘草挖掘层面的松土、切根，用梳齿式分离栅对土壤进行疏松和甘草的分离，将甘草铺放于拖拉机轨距内侧，然后人工捡拾处理。其挖掘深度45cm，工作幅宽160cm，挖净率≥97%，伤损率≤3%，漏挖率<3%，含杂率不超过4%。

图3-4 甘草的机械化收获    图3-5 甘草机械化采收

## 三、精准农业及其在药用植物生产中应用

精准农业是"Precision Agriculture"或"Precision Farming"的汉语意译，又称"精确农业"或"精细农业"，它是指以农业可持续发展为最终目标，以生态系统的理论为基础，以信息化技术、数字化技术、智能化控制技术和精准变量投入技术为装备，包括农业整个生产工艺过程实现精细化、准确化的农业微观经营管理的新思想。其目标是在区域内以最少的资源消耗和最优化的变量投入，实现最佳的产量、最优的品质、最低的农业环境污染和合理的生态环境，达到社会、经济、资源、环境协调，最终实现农业的可持续发展。

### （一）精准农业简介

精准农业技术体系包括信息获取与数据采集、数据分析与可视化表达、作业决策分析和精细农田作业的控制实施等主要组成部分，涉及信息技术、生物技术、农业工程技术及农机装备技术4个学科领域。精准农业的关键技术包括：全球导航卫星系统（global navigation satellite system，GNSS）、地理信息系统（geographic information system，GIS）、遥感技术（remote sensing RS）、农田信息采集与处理技术、变量作业控制技术等。

20世纪80年代初期，个人计算机技术的突破和应用逐步普及，发达国家的农学家为进一步揭示出农田内小区作物产量和生长环境条件的明显时空差异性，提出对作物栽培管理实施定位、按需变量投入，开始了有关作物生产定位管理技术思想的早期实践。到20世纪90年代中期，国际上将空间变量作物管理、定位管理、处方农业等名称统一为"Precision Agriculture"，在科技界与产业界广泛采用。近20年我国也开始了对精准农业的研究，在分析引进国外先进技术的基础上，根据不同地区实施精细农业的差异性，各地做出积极的努力。北京密云县采用GIS技术建立县级农业资源管理信息系统；中国农业大学成立精细农业研究中心，对相关技术领域进行研究，并与企业相合作；2000年，我国建立了全国首个精准农业示范区，即北京小汤山国家精准农业示范基地，随后，上海建立了适合南方种植模式的上海精准农业示范基地。2004年以来，广西武宣县实施"智能化精准施肥技术示范推广"项目，经过几年的努力，成功探索出适合自己的道路；吉林省也开发了"万维网地理信息系统"。

## （二）精准农业应用

2007年，梁宗锁教授与陕西天士力植物药业有限责任公司联合承担的"十一五"国家科技支撑计划项目"丹参精准化管理与远程信息控制集成与示范"启动，在陕西商洛开展了丹参精准化管理与远程信息集成与示范，建立了丹参生产的批号追溯管理系统、规范化GAP技术咨询与决策系统、数字化指纹图谱与质量控制系统以及精准化丹参生产的规范化操作规程。现具体介绍如下。

1. **建立了丹参的生长发育模型及其数据库**

通过控制影响丹参生产的水、肥因子，建立了丹参的生长发育模型及其数据库，通过分析产量品质与生境因子的关系，建立丹参生长发育与生境关键因子响应的动态模型，确定精准化管理技术指标，建立了丹参生产的规范化GAP技术咨询与决策系统、数字化指纹图谱与质量控制系统以及精准化丹参生产的规范化操作规程。

2. **研制了"基于物联网的农作物生长环境监测与生产指导系统"**

系统由无线感知节点、无线汇聚节点、通信服务器、基于WEB的监控中心、农业专家系统组成，众多的无线自组织感知节点实时采集空气温湿度、二氧化碳浓度、光照强度、土壤温湿度等作物生长环境及丹参长势等信息，无线汇聚节点通过GPRS或3G上传至互联网上的实时数据库，通过农业专家系统分析处理后提出精确的播种、施肥、灌溉、喷药等指导建议，以短消息方式通知农户。

3. **采用智能化控制下的烘干设备**

烘干过程中采用特制的高精度探头采集温度和相对湿度，设备根据设定的烘烤参数或曲线，全自动控制烘烤间内的温度和湿度，直至烘烤结束。

4. **建立了生产全过程溯源系统**

溯源系统通过对输入的成品批号查询，可以追溯到成品配比号，查询到配比号对应的原料批号，然后追溯到这些原料对应的农田代码，显示产生该成品的全部细节信息。包括农田基本情况，如基地行政区域，经、纬度，基地海拔，气候类型，土壤质地，土地状态情况等。

— 第三节 —
## 药用植物有机栽培技术

## 一、有机栽培发展动态

### （一）相关概念

#### 1. 有机农业（Organic Agriculture）

由于有机农业产生的国家背景不同，对于有机农业阐述的侧重点也不同。欧洲把有机农业概括为"一种通过使用有机肥料和适当耕作与养殖措施，以达到提高土壤长效肥力的系统；可以有限度使用矿物肥料，不许使用化学合成肥料；需通过自然的方法而不是通过化学物质控制病虫草害。美国农业部把有机农业概括为"一种基本不用或完全不用人工合成肥料、农药、生长调节剂和饲料添加剂的生产体系，此体系内，尽可能采用土壤轮作、作物秸秆、畜禽粪便、豆科作物、绿肥和农场以外废弃物，保持土壤生产力和肥力，采用生物防治手段防治病虫草害"。中国有机农业定义是："遵照特定的农业生产原则，在生产中不采用基因工程获得的生物及产物，不使用化学合成的农药、化肥、生长调节剂、饲料添加剂等物质，遵循自然规律和生态学原理，协调种植业和养殖业的平衡，采用一系列可持续发展的农业技术以维持持续稳定的农业生产体系的一种农业生产方式"。联合国食品法典委员会（CAC）对有机农业做出了肯定，认为有机农业是促进和加强农业生态系统健康，保证其生物多样性、生物循环和土壤生物活动的整体生产管理系统，这个生产系统有确定而严格的生产标准，致力于实现具有社会、生态和经济持续性最优化的农业生态系统。

有机农业应具有以下特征：①遵循生态学原理和自然规律。有机农业需充分发挥自然生态系统的调节机制，采取的生产措施应以实现系统内养分循环、系统内物质利用最大化为目的，采用优先选用抗病品种、合理耕作、多样性种植、种植绿肥、充分利用有机废弃物、生物或物理方法防治病虫草害等手段，提高系统内部自我调控能力，满足作物自然生长条件，保证栽培作物健康生长；②有机农业应注重种植业和养殖业有机结合和平衡，不只是追求单一生产周期的高产，而是在培肥土壤的基础上获得持续的产量，是种地与养地相结合、种植养殖相结合的可持续发展模式；③禁止使用基因工程获得的生物及产物，禁止使用人工合成的化学农药、化学肥料和饲料添加剂；④要求有1~3年的转换期和较好的缓冲带或隔离带。

#### 2. 有机中药材

有机中药材是按照有机农业相关理念和相关要求生产的有机产品，其来源于有机农业生产体系，是根据不同区域或国家有机农业生产要求和规则标准生产、采收、产地加工、销售，并且通过独立的有机产品认证的药用植物栽培产品。

有机中药材应具备以下几方面的特征：①产品来自于已经建立或正在建立的药用植物有机生产体系，或采用有机方式收获的天然产品；②中药材生产过程遵循相关有机产品要求；③药用植物栽培过程和中药材流通过程应建立生产销售档案和产品追溯体系；④获得独立有机产品认证机构审查。

## （二）有机农业及有机中药材的发展概况

针对农业发展带来的环境污染、农产品质量、土壤肥力下降等一系列问题，早在20世纪20年代德国和瑞士就提出了有机农业的概念，到20世纪30、40年代逐渐得到应用，1970年后有机农业理论与实践才得到有组织的展开。1972年国际有机农业运动联合会（IFOAM）在法国成立，由英国、瑞典、南非、美国和法国组成，快速推动了世界有机农业的发展；1978年IFOAM制定发布了有机生产和加工的基本标准（IBS），目前在100多个国家设立七百多个集体会员。1999年IFOAM与联合国粮农组织（FAO）共同制定了《有机农业产品生产、加工、标识和销售规则》，推动了有机农业的发展。2000年由美国农业部（USDA）发布了美国有机食品生产标准《NOP有机农业条例》，在2002年正式生效。德国是世界有机食品生产大国，占整个欧洲生产或进口有机食品50%以上；德国建立了完善管理体系，政府、协会、农民等组成部门职责清晰，其中有机农业协会在有机农业发展中发挥重要作用，农户要依靠协会进行有机食品生产；德国还专门成立了有机农业工作组（AGL），主要负责德国有机农业实施细则，建立有机农业标准体系，制订产品标准和易于操作的生产标准，监测机构独立监测并提交检测报告。日本于2000年发布了《日本有机农产品加工食品标准》《有机农产品加工制造者的认证技术标准》和《有机农产品及有机农产品加工食品的分装者的认证技术标准》，形成了日本有机产品系列标准。

我国农业生产历史悠久，形成了很多优良的传统农业技术，可以直接应用于有机农业生产。从1999年开始，国家环保总局（SEPA）邀请了农业、环境、林业和水产等领域专家制定了"有机食品生产和加工技术规范"，2001年末颁布实施，2001年同时正式发布了"有机食品认证管理办法"。农业部2002年发布《全面推进"无公害食品行动计划"的实施意见》，标志我国正式启动有机农业战略，国家把有机食品纳入到无公害食品行动管理中，从政府层面提倡发展有机农业。2003年国家认证认可监督管理委员会（CNCA）等九个部委联合公布了《关于建立农产品认证认可工作实施意见》，包括建立完善我国农产品认证认可工作体系，提高农产品认证评价的一致性和有效性，促进农产品质量水平提升，为农业结构调整、增加农民收入、改善生态环境、扩大农产品出口服务做出很大贡献。从2003年底CNCA依据国内国际有机农业发展状况，参考IFOAM标准、联合国食品法典委员会标准、欧盟的EU2092/91法规、美国NOP标准和日本有机JAS标准，制订了《有机产品》GB/T19630-2005标准，于2005年4月1日实施；2011年末国家质检总局和国家标准化管理委员会发布了修订后的《有机产品》系列国家标准，并于2012年3月1日实施。新标准对于有机产品生产（GB/T19630.1-2011）、加工（GB/T19630.2-2011）、标识和销售（GB/T19630.3-2011）、管理体系（GB/T19630.4-2011）的要求更加严格；细化了监督管理部门责任，明确了检查检验手段；增加了再认证、证书管理、投入品评估等内容，提高了评估的可操作性；要求认证机构建立有机产品追溯体系。目前我国进行有机认证栽培作物中水稻和茶叶占的比例较大，中药材种植及产品认证在我国开展较晚，但随着药用植物规范化种植技术的提高及对中药材质量的要求，中药材有机认证近年发展较快，一批具有地方特色或经济价值较高的药用植物获得国内外有机认证机构的认证，包括：人参、西洋参、铁皮石斛、山药、金银花、枸杞、灵芝、肉苁蓉、菊花、山药、玛卡、金线莲、葛根、黄芪、桔梗、罗布麻、沙棘、山茱萸、黄芩、天麻、绞股蓝、番红花、黄精等种类，其中人参、铁皮石斛、山药认证的面积较大。

## 二、有机种植对生态环境的要求及技术特点

### （一）药用植物有机种植对生态环境的要求

药用植物有机栽培主要按照我国对有机产品生产的产地环境要求选择种植地点，同时根据药材生产的道地性和药用植物对生产环境的特殊要求进行选择，种植基地要远离城区、工矿区、交通主干线、工业污染区和生活垃圾场。

#### 1. 土壤

土壤环境质量要符合土壤环境质量国家标准（GB15618）中二级标准，同时要满足不同药用植物生长对土壤肥力的要求，保证药材的品质符合国家药典标准。

#### 2. 农田灌溉水

符合国家农田灌溉水质标准（GB5084）规定，主要控制项目27项，药用植物控制项目应参照生食类蔬菜、瓜果和草本水果项目标准值控制，保证重金属和农残指标满足药典要求，保证产品质量。

#### 3. 环境空气

环境空气质量符合GB3095中二级标准。此外，有机种植基地与普通种植区的地块连接处应有100米以上的隔离带，最好选择大山、河流、沟壑、林带等天然隔离带。

### （二）药用植物有机种植技术要点

#### 1. 重视基地选择

由于药用植物种植目的是生产合格的有机中药材，除了满足以上生态条件外，还应注意以下几方面的问题。首先，应注意药用植物与生长环境的协调性，保持系统内营养物质

可持续循环利用，使有机废弃物资源化、减少污染、培肥地力，同时应考虑种植养殖的平衡；其次，应在分析基地土壤营养水平基础上制定适合药用植物生长发育的培肥措施，分析基地植被种类、分布、面积和生物组成，评估防控病虫草害投入成本，减少生产投入；再次，应进行生产基地内部环境分析，包括基地地势、镶嵌植被、水土流失状况及基地生物的多样性；最后，由于药用植物有机栽培产品的特殊性，应在分析不同区域中药材产品质量的基础上，选择药用植物的道地产区作为种植基地，保证有机中药材符合国家药典标准。

### 2. 使用合格种子和植物繁殖材料

应选择适合当地的土壤和气候条件、具有抗性的有机药用植物繁殖材料或品种，当市场无法获得有机种子种苗时，可选用未经禁止使用物质处理过的常规种子或繁殖材料，并制定获得有机种子及繁殖材料的计划，不使用经过禁用物质或方法处理的种子和繁殖材料。

### 3. 发挥立体栽培技术优势

在间作、套作、轮作等传统耕作模式基础上，利用生态学原理，充分利用药用植物对空间、时间及营养结果需求特点，进行合理组合，提高土壤肥力，改善基地小气候，创造有利于药用植物生长、利于天敌增殖繁衍、不利于病虫害发生的环境条件，达到较好的生态效益和经济效益。例如林药间作或人工抚育模式，粮药间套作模式。

### 4. 综合运用环境因素调控技术

对于药用植物有机栽培来说，水、肥、气、光、温是主要影响因素，可以在认证标准允许范围内，充分利用现代科学技术，进行温度、湿度、光照、空气的调控，保证药用植物健康生长，减少病虫害发生，稳定有机中药材品质和产量。

### 5. 采用可持续农业技术培肥土壤

由于有机中药材不能使用化学合成肥料，应注重有机肥使用技术和土壤培肥技术，包括增施有机肥、秸秆还田、残差覆盖、种植绿肥、合理耕作，改善土壤理化性状，满足药用植物对土壤养分的需求。

### 6. 预防为主，综合防控病虫害

有机中药材生产，不能使用化学合成农药，必须选择应用现代生物技术、优化药用植物生长环境、利用资源多样性、采用抗病品种、建立病虫害测报系统等手段综合防治病虫害。主要包括以下技术：①推广间作、混作、轮作，调整耕作制度，发挥物种间有益化感作用，减少病虫害发生；②建立有利于天敌增殖的生态条件；③建立病虫害生物防治技术，包括抗性诱导技术、拮抗微生物、农用抗生素、天敌防控技术；④天然药物防治技术，利用植物源农药防控病虫害。

### 7. 有机废弃物综合利用

有机农业强调在有机区域内建立物质循环体系，对生产基地内药用植物秸秆、枝叶等废弃有机物综合利用，进行无害化、资源化、能源化处理。包括沼气发酵工程、有机肥堆置技术、微生物处理技术、食用菌生产技术等。

**8. 设置中药材生产转换期**

转换期是按有机标准开始管理至产品获得有机认证时段，由常规生产向有机中药材生产发展需要经过转换，经过转换期后播种或收获的药用植物产品才能获准作为有机产品销售，在转换期内生产技术应完全满足有机产品生产要求。一年生药用植物栽培转换期至少为12个月，多年生药用植物转换期至少为36个月。已经处于转换期的地块，如果使用了禁用物品，应重新开始计算转换期。

## 三、药用植物种植的有机认证

药用植物种植的有机认证是指由认证机构证明中药材产品、服务和管理体系符合相关技术规范（国家标准GB/T 19630，或IFOAM标准，或EC834/2007欧盟委员会有机生产加工和标识条例，欧盟有机农业条例–有机产品种植、加工部分），按认证对象可分为体系认证和产品认证，中药材从终端产品来看，很难区分有机产品还是常规产品，其质量安全价值不能通过终端产品直观反映出来，只有通过生产过程和最终产品进行认证，并且通过特定标志来区别常规产品。

### （一）认证机构

中国国家认证认可监督管理委员会（CNCA）是国务院授权，履行行政管理职能，统一管理全国认证和认可工作的主管机构，中国合格评定国家认可委员会负责对认证机构、实验室和检查机构的认可工作。认证机构成立需由CNCA批准成立，经过中国认证认可协会（CCAA）注册后，方可从事有机产品认证活动。目前在我国境内从事认证机构包括北京中绿华夏有机食品认证中心（COFCC）、南京国环有机产品认证中心（OFDC）、杭州中农质量认证中心（OTRDC）等23家（截至2015年2月），其中北京爱科赛尔认证中心有限公司（ECOCERT）、南京英目认证公司（IMO）、上海色瑞斯认证公司（CEREC）、南京国环有机产品认证中心进行出口有机产品认证。

### （二）认证准备

#### 1. 选择基地

根据国家标准对药用植物种植基地进行大气、土壤、水资源环境评估，确定种植基地位置。具体要求：药用植物种植基地空气符合国家大气环境质量二级标准；土壤符合国家土壤二级标准；基地灌溉水符合国家农田灌溉水质量标准，每年至少检查一次。非公司所有土地，需签订基地建设和种植协议。

## 2. 文件体系编制

（1）项目基本情况资料：需准备申请人营业执照、组织机构代码、商标注册证等合法经营文件和生产许可证，操作人员健康证，土地合法使用证明，环境检测报告，有机生产加工管理者及内部检查人员资质证明材料，有机转换计划等。

（2）药用植物有机种植管理文件：管理文件需阐明管理方针和目标，涵盖内部自行检查计划和方法，原始记录保存与管理，客户反馈信息和处理，认证机构检查结果及改进处理意见。制订有机产品生产加工的标准和依据等内部规程。建立产品溯源系统和产品召回制度，保证有机产品生产、加工、经营的可追溯性。管理文件具体包括基地简介，引用标准，组织机构及相关人员责任书，有机质量目标，种植类别，管理体系，生产管理计划，内部检查程序，跟踪检查程序，文件记录管理程序，客户投诉处理及持续改进体系等。

（3）有机药用植物种植操作规程：严格按照有机生产要求建立一套完整的行之有效的栽培管理和加工技术生产体系，严禁使用化学农药，不添加化学合成物质，具有转换期限制。具体包括药用植物栽培规程、土壤肥力管理规程、基地病虫草害防治规程、基地生物多样性保持规程、药用植物采收规程、药用植物产地初加工规程、有机中药材批次代码及标识规程、相关标识管理程序等。

（4）有机药用植物种植记录资料：有机中药材生产、加工、经营过程应建立并保存记录，至少保存5年。包括田间管理该地块最后一次使用禁用物质时间及使用量，有机肥料制作及施用记录，种子种苗使用记录（来源和数量），药用植物病虫草害防治记录（来源、成分、使用方法、使用量），收获及产量记录，初加工记录、人员培训及内部检查记录。

## 3. 文件培训及体系运行

体系编制发布后，将体系文件（管理文件、操作规程和记录文件）集中发放对各环节人员进行培训。培训合格后，按文件体系组织人员根据制订的体系严格按规程进行运行，并填写好运行记录，根据实际情况科学改进，完善有机药用植物种植管理体系。

## 4. 有机药用植物种植的内部检查及审核

内审主要是验证管理体系是否符合标准要求，是否得到有效地保持、实施和改进。内审由专业检查员按照有机标准进行检查，并对违反部分内容提出修改意见。内审前应建立内审制度和年度内审计划，程序包括体系和现场检查、检查报告、相关会议、内审总结。检查结束后，明确是否提出认证申请。

## （三）有机药用植物种植审定程序

有机药用植物种植有机认证必须按照相关程序进行，各个认证机构相关程序存在一定差异。根据国家认监委《有机产品实施规则》的要求，认证程序一般包括认证申请和受理、检查准备与实施、合格评定和认证决定、监督管理等主要流程。

**1. 选择认证机构，进行认证申请**

选择符合条件的权威认证机构，索取资料，填写表格，提交相关资料，认证机构对申请者资料进行综合审查，对于材料齐全、符合要求的申请者决定受理后，签订认证合同。

**2. 准备提交相关认证材料，进行文件评审**

提交材料包括申请书、调查表、申请人基本情况、基地环境资料、质量管理体系文件、有机中药材生产管理手册、生产操作规程、种植记录、相关证明文件（产品检测、种苗来源、从业者资质证明、生产资料证明文件等）。提交后认证公司由认证机构根据申请方条件确定审核组成员，由项目负责人组织评审，审核通过经申请者确认后，上传到国家认监委信息系统的检查计划。

**3. 现场检查**

按照检查计划安排，对申请者实施相关条款核查，包括检查质量体系，核实生产环节与申请者提交文件的一致性，确认生产过程与认定依据的符合性，并现场抽取产品进行相关检测。

**4. 综合审查与认证决定**

根据申请者提供的申请材料、检查报告和样品检测结果进行综合评估，在风险评估基础上提出综合审查意见，确定是否颁发认证证书。一般审核结论有以下3种情况：推荐通过认证、有条件通过认证和不推荐通过认证。对于有条件通过认证的，必须在规定时间内进行纠正，才能向认证机构推荐通过认证。

**5. 证后管理**

获得有机中药材认定证书的申请者，必须接受行政监督部门和认证机构的监督和检查，及时通报变更信息，再认证需在有效期截止前3个月提出申请。复认证检查可一年1次，认证机构每年按一定比例对认定申请企业进行飞行检查，对产品不能持续符合认证要求的，可暂停使用或撤销认证，并予公布。

总之，通过对中药材的有机认证，可为确保中药材质量和可持续发展提供有效途径。

（杨太新　王华磊　董学会　郭玉海）

第四章

# 根及根茎类

# 白术
*/Atractylodes macrocephala* Koidz.

图4-1　白术植株（谢晓亮摄）

白术为菊科多年生草本植物白术（*Atractylodes macrocephala* Koidz.）的干燥根茎，素有"北参南术"之誉。白术味甘、苦、性温，有补脾健胃、燥湿利水、止汗安胎等功效，主治脾虚食少、消化不良、慢性腹泻、自汗、胎动不安等症。白术主产我国浙江省，目前河北、安徽、贵州、湖南、江西、湖北、江苏、四川、山东等地亦有栽培。白术植株如图4-1所示。

白术生产中存在的主要问题是品种退化、变异现象较严重，且病害频发。因此，选育白术抗病品种、稳定药材质量将是今后人工栽培面临的主要研究方向。

## 一、植株形态特征

白术为多年生草本，高30~80cm，根茎粗大，略呈拳状。茎直立，上部分枝，基部木质化，具不明显纵槽。单叶互生，茎下部叶有长柄，叶片3深裂，偶为5深裂，中间裂片较大，椭圆形或卵状披针形，两侧裂片较小，通常为卵状披针形，基部不对称；上部叶片的叶柄较短，叶片不分裂，椭圆形或卵状披针形，长4~10cm，宽1.5~4cm，先端渐尖，基部逐渐狭下呈柄状，叶缘均有刺状齿，上面绿色，下面淡绿色，叶脉突起显著。头状花序顶生，直径2~4cm；总苞钟状，总苞片7~8列，膜质，覆瓦状排列；基部叶状苞片1轮，羽状深裂，包围总苞；花多数，生于花托上；花冠管状，下部细，淡黄色，上部稍膨大，紫色，先端5裂，裂片披针状，外展或反卷；雄蕊5，花药线形，花丝离生；雌蕊1，子房下位，花柱细长，顶端中央有1浅裂缝。瘦果长圆状椭圆形，微扁，长约8mm，被黄白色茸毛，顶端有冠毛残留的圆形痕迹。花期9~10月，果期10~11月。

## 二、生物学特性

### （一）对环境条件要求

白术喜凉爽气候，怕高温湿热。白术种子在15℃以上开始萌发，20℃左右为发芽适温，35℃以上发芽缓慢，并发生霉烂。白术种子发芽需要有较多的水分。在一般情况下，吸水量达到种子质量的3~4倍时，才能萌动发芽。在白术生长期间，对水分的要求比较严格，既怕旱又怕涝。白术为喜光植物，但在7~8月高温季节应适当遮阴，减轻高温对植株的伤害。白术忌连作，前茬作物以禾本科植物为好，亦不能与有白绢病的白菜、玄参、花生、甘薯、烟草等轮作。

## （二）生长发育习性

白术植株于3～4月生长较快，6～7月生长较慢，当年可开花，但果实不饱满，11月以后进入休眠期。次年春季再次萌动发芽，3～5月生长较快，茎叶茂盛，分枝较多。9～10月为花期，10～11月为果期。2年生白术开花多，种子饱满。茎叶枯萎后，即可收获。

白术根茎生长可分为以下三个阶段。

### 1. 根茎增长始期

自5月中旬孕蕾初期至8月中旬，根茎发育较慢，营养物质的运输中心为有性器官，所以生产上多摘除花蕾以提高地下部根茎的产量。

### 2. 根茎生长盛期

8月中下旬花蕾采摘以后到10月中旬，根茎生长逐渐加快，据试验观察，平均每天增重达6.4%，8月下旬至9月下旬为膨大最快时期。

### 3. 根茎生长末期

10月中旬以后根茎生长速度下降，12月以后进入休眠期。

## 三、栽培技术

### （一）选地整地

根据种植地不同的气候环境和土壤质地，应选择适宜的地块。在平原地区要选土质疏松、肥力中等、排水良好的砂壤土。在南方地区种植，则应注意排水防涝。

### （二）繁殖技术

#### 1. 播前处理

白术的播种期，因各地气候条件不同而略有差异。南方以3月下旬至4月上旬为好。生产用种子应选择色泽发亮、颗粒饱满、大小均匀一致的种子。将选好的种子先用25～30℃的清水浸泡12～24小时，然后再用50%多菌灵可湿性粉剂500倍液浸种30分钟，然后取出晾至种子表面无水即可。这样既可使种子吸水膨胀，又可起到杀菌作用，减少生长期间病害的发生。

#### 2. 播种方法

播种主要采用条播或者撒播的方式。

（1）条播：在整好的畦面上开横沟，沟间距约为20cm，深3～5cm，将种子均匀撒于沟内。

（2）撒播：播种量5～8kg，将种子均匀撒于畦面，生产中多用杂草或者细土覆盖。播种后切记要保持土壤湿润，以利于出苗。

（3）移栽：应选顶芽饱满，根系发达，表皮细嫩，顶端细长，尾部圆大的根茎作种。栽种时可按大小分类，分开种植，出苗整齐，便于管理。

## （三）田间管理

### 1. 间苗

播种后约15天发芽，幼苗出土生长，应进行间苗工作，拔除弱小或有病的幼苗，苗的间距为4～5cm。

### 2. 中耕除草

幼苗期须勤除草，通常要进行4～5次，使苗床内不见有杂草生长。

### 3. 追肥

白术对氮、磷、钾总需求量，以亩为单位，一般为尿素50～60kg、过磷酸钙50～60kg、氯化钾12.5～17.5kg。结果期前后是白术整个生育期吸肥力最强、地下根茎迅速膨大的时期，此时追肥对白术的产量影响很大。

### 4. 排水

白术怕涝，土壤湿度过大，容易发病，因此雨季要清理畦沟，排水防涝。

图4-2　白术一年生植株　（谢晓亮摄）

### 5. 摘蕾

白术药用部位是根茎，而开花结籽要消耗大量的养分，影响块茎的形成和膨大。为了使养分集中供应根茎生长，除留种植株，都要摘除花蕾。于7月上、中旬头状花序开放前，摘除为宜，由于现蕾不齐，可分2～3次摘完。

### 6. 覆盖

白术有喜凉爽怕高温的特性。因此，根据白术的特性，夏季可在白术的植株行间覆盖一层草，以调节温度、湿度，覆盖厚度一般以5～6cm为宜。

白术一年生植株如图4-2所示；三年生植株如图4-3所示。

图4-3　白术三年生植株　（谢晓亮摄）

## （四）病虫害防治

### 1. 立枯病（*Rhizoctonia solani* kühn）

是白术苗期主要病害。发生普遍，受害苗茎基部初期呈水渍状椭圆形暗褐色斑块，地上部呈现萎蔫状，随后病斑很快延伸绕茎，茎部坏死收缩成线形，状如"铁丝病"，幼苗倒伏死亡。

🦪 防治方法

🍃 农业防治：与和本科作物轮作2～3年；加强苗期加强管理，及时松土和防止土壤湿度过大；发现病株及时拔除并深埋。

🍃 科学用药：土壤消毒，亩用50%多菌灵1～2kg在播种和移栽前处理土壤；发病初期及时喷淋防治，可用25%咪鲜胺或30%噁霉灵1000倍液，或10%苯醚甲环唑1500倍液，或其他登记药剂。7～10天喷淋1次，一般连续喷淋3次左右。

### 2. 斑枯病（*Septoria atractylodis* Yu et Chen）

是白术产区普遍发生的一种重要叶部病害。初期叶上生黄绿色小斑点，多自叶尖及叶缘向内扩展，常多个病斑连接成片，因受叶脉限制呈多角形或不规则形，很快布满全叶，使叶呈铁黑色，药农称为"铁叶病"。后期病斑中央呈灰白色，上生小黑点，为病原菌的分生孢子器。

🦪 防治方法

🍃 农业防治：与非寄主植物轮作2～3年；白术收获后清洁田园，集中处理残株落叶，减少来年侵染源；选择地势高燥、排水良好的土地，合理密植，降低田间湿度。

🍃 科学用药：发病初期喷1∶1∶100波尔多液，或80%代森锰锌（络合态）1000倍液，或20%氟硅唑·咪鲜胺（4%氟硅唑+16%咪鲜胺）2000倍液等喷雾。7～10天喷1次，连续3次左右。

### 3. 锈病（*Puccinia atractylodis* Syd）

为害叶片。受害叶初期生黄褐色略隆起的小点，以后扩大为褐色梭形或近圆形，周围有黄绿色晕圈。叶背病斑处聚生黄色颗粒状黏物体，当其破裂时散出大量的黄色粉末，为锈孢子。

🦪 防治方法

🍃 农业防治：雨季及时排水，防止田间积水，避免湿度过大；收获后集中处理残株落叶，减少来年侵染源。

🍃 科学用药：发病初期及时喷药，可选用唑类杀菌剂（10%苯醚甲环唑2000倍液、25%丙环唑2500倍液、25%戊唑醇2000倍液、20%三唑酮1000倍液、40%氟硅唑乳油5000倍液、30%

氟菌唑可湿性粉2000倍液、12.5%腈菌唑1500倍液等），或25%嘧菌酯1500倍液，或25%吡唑醚菌酯2500倍液喷雾，或其他相应唑类杀菌剂。一般7～10天喷1次，连续2次左右。

### 4. 根腐病（*Fusarium oxysporum* Schlecht.）

发病后，首先是细根变褐、干腐，逐渐蔓延至根状茎，使根茎干腐，并迅速蔓延到主茎，使整个维管束系统褐色病变，呈现黑褐色下陷腐烂斑，后期根茎全部变成黑褐色海绵状干腐，地上部萎蔫。

☙ 防治方法

🍃 农业防治：与禾本科作物进行轮作3年以上。

🍃 科学用药：用70%噁霉灵可湿性粉剂3000倍液浸泡1小时，或用25%咪鲜胺1000倍液，或10%苯醚甲环唑1500倍液等沾根15分钟移栽。发病初期用以上药剂及时淋灌根部，或用50%多菌灵600倍液，或70%甲基硫菌灵1000倍液浇灌病区。

## （五）留种技术

宜选茎秆健壮、叶片较大、分枝少而花蕾大的无病植株留种。1月上旬白术种子成熟，当头状花序（也称蒲头）外壳变紫黑色，并开裂现出白茸时，可进行采种。种子脱粒晒干后，置通风阴凉处贮藏备用。

# 四、采收与加工

## （一）采收

采收期在定植当年10月下旬至11月上旬，当茎秆由绿色转枯黄时即可收获。

## （二）初加工

加工方法有晒干和烘干两种。晒干的白术称生晒术，烘干的白术称烘术。

### 1. 生晒术

生晒术的加工方法比较简单。将收获运回的鲜白术，抖净泥土，剪去须根、茎叶，必要时用水洗去泥土，置日光下晒干，需15～20天，直至干透为止。

### 2. 烘术

将鲜白术放入烘斗内，每次150～200kg，最初火力较猛，约100℃，待蒸汽上升，外皮发热时，将温度降至60～70℃，缓缓烘烤2～3小时，然后上下翻动一次，再烘2～3小时，至须根干透，将白术从斗内取出，不断翻动，去掉须根。

将去掉须根的白术，堆放5～6天，让内部水分慢慢外渗，即反润阶段。开始火力宜强些，至白术外表发热，将火力减弱，控制温度为50～55℃，经5～6小时，上下翻动一次再烘5～6小时，直到七八成干时，将其取出，在室内堆放7～10天，使内部水分慢慢向外渗透，表皮变软。

将堆放返润的白术，按支头大小分为大、中、小三等。再用40～50℃文火烘干，大号的烘30～33小时，中号的约烘24小时，小号12～15小时，烘至干燥为止。

### （三）药材质量标准

白术以个大、体重、断面不平坦，有裂隙，菊花纹明显，棕色点状油室众多；气清香，浓郁，味甘，微辛，嚼之带黏性者为佳。白术药材及饮片见图4-4、图4-5。

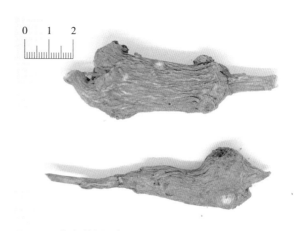

图4-4 白术药材 （谢晓亮摄）

商品分为四等。一等品：外观呈不规则团块状，体形完整；表面灰棕色或黄褐色，表皮光滑，紧致；断面棕黄色渐至淡棕黄色，菊花纹明显，油点多，有蜂窝状孔隙。二等品：外观呈不规则团块状，体形完整表面灰棕色或黄褐色，表皮有皱缩；断面黄白色渐至淡黄色，有菊花纹，油点较多。三等品：外观呈不规则团块状，体形完整表面灰棕色或黄褐色，表皮粗糙；断面黄白色渐至淡黄色，有菊花纹，油点较多。四等品：外观体形不计，间有程度不严重的碎块。表面灰棕色至灰白色，表皮粗糙。断面淡黄白色至白色，菊花纹不明显，油点少。

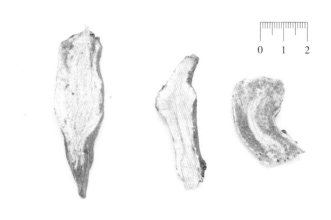

图4-5 白术饮片 （谢晓亮摄）

《中国药典》2015年版规定：白术药材水分不得过15.0%，总灰分不得过5.0%，二氧化硫残留量不得过400mg/kg，醇溶性浸出物不得少于35.0%。

（郑玉光）

# 白芷

/Angelica dahurica (Fisch. ex Hoffm.) Benth. et Hook.f.
var. formosana (Boiss.) Shan et Yuan
/Angelica dahurica (Fisch. ex Hoffm.) Benth. et Hook. f.

白芷为伞形科植物白芷〔*Angelica dahurica*（Fisch. ex Hoffm.）Benth. et Hook. f.〕或杭白芷〔*Angelica dahurica*（Fisch. ex Hoffm.）Benth. et Hook.f. var. *formosana*（Boiss.）Shan et Yuan的干燥根，生药称为白芷〔Angelicae Dahuricae Radix〕。白芷的主要化学成分有香豆素、挥发油及微量元素等，具解表散寒，祛风止痛，宣通鼻窍，燥湿止带，消肿排脓的功效，主治感冒头痛，眉棱骨痛，鼻塞流涕，鼻衄，鼻渊，牙痛，白带，疮疡肿痛等症。

图4-6　白芷苗期大田（杨太新摄）

白芷人工种植始于宋代，现全国各地均有栽培，主产河北、河南、四川、浙江等省，在流通领域里，习惯把河北产的白芷称为祁白芷；河南的称为禹白芷；浙江的称杭白芷；四川的称川白芷。近年来，在白芷的规范化栽培技术、适宜收获期、干燥方法等方面研究取得进展，如适时播种、控制水肥和摘心晾根等措施可以防止白芷早期抽薹，白芷采后直接晒干或烘干的香豆素含量高于硫黄熏蒸等传统干燥方法。研究白芷品质稳定的控制技术、进一步提高产量及创新初加工技术，仍是今后栽培研究的主要方向。白芷苗期大田如图4-6所示。

## 一、植株形态特征

### 1. 白芷

根属直根系，由肉质根、侧根和纤维根组成。肉质根粗大长圆锥形，表皮呈黄棕色、淡棕色或黄白色。茎直立，株高2~2.5m，主茎上部多分枝，各级分枝上均能抽生花薹；主茎圆柱形，中空，常带紫色，有纵沟纹，近花序处有短柔毛。茎生叶互生，叶柄基部扩大成半圆形叶鞘，叶鞘无毛，抱茎，常带紫色；幼苗时，叶簇生，呈莲座状；抽薹后主茎上的叶分为上、中、下三部分，下部叶大，有长柄；中部叶二至三回羽状分裂；上部叶小，无柄。复伞形花序，顶生或腋生，总花梗长10~30cm，伞幅18~70cm不等；小花白色，无萼齿，花瓣5枚，先端内凹；雄蕊5枚，花丝

图4-7　白芷开花期（杨太新摄）

长；子房下位，2室，花柱2枚，很短（图4-7）。双悬果扁平，椭圆形，无毛或有极少毛，分果具5棱，侧棱翅状。种子千粒重2.5～3.7g。

### 2. 杭白芷

为白芷的变种，形态与白芷很相近，但植株较矮，高度一般不超过2m。主根上部略呈四棱形，复伞花序密生短柔毛，伞幅10～27cm，小花黄绿色，花瓣5枚，顶端反曲，果实具毛。

## 二、生物学特性

### （一）对环境条件要求

白芷适应性很强，喜温暖、湿润、光照充足的环境。白芷生长的适宜温度为15～28℃，最适温度为24～28℃，超过30℃植株生长受阻。白芷幼苗耐寒力较强，能忍耐-6～-7℃低温，在北方严寒条件下可以宿根越冬。白芷生长发育以较湿润的环境为宜，干旱影响其正常生长发育，根易木质化或难于生长形成分叉；土壤过于潮湿或积水，通气不良，也易出现烂根。白芷是喜光药用植物，宜选择向阳地块栽培，荫蔽环境导致植株细弱，生长发育差，产量和质量较低。

白芷是喜肥植物，宜种植在土层深厚、疏松肥沃、排水良好的砂质壤土地。砂性过大的土壤，漏水漏肥，肥水缺乏，产量低。过于黏重的土壤，侧根多，根韧皮部相对变薄，质量降低。另外，白芷不宜在盐碱地栽培，不宜重茬。

### （二）生长发育特性

白芷用种子繁殖。新种子的发芽率为80%～86%，种子寿命为1年，超过1年后的种子发芽率很低或不发芽。种子在变温条件下的发芽率优于恒温，以10～30℃变温为佳，光有促进种子发芽的作用。

白芷春播后，低温稳定在10℃以上时，15天左右萌发出土。刚出土的白芷幼苗只有两片细长的子叶，半月后陆续长出根出叶。白芷播种当年一般不抽薹，秋季其肉质茎根头直径2cm左右，尚未达到优质药材的要求。秋末，随着气温下降，地上叶片逐渐枯萎，宿根休眠越冬。第二年春，越冬后的宿根萌芽出土，先长出根出叶，5月开始茎的生长抽薹。抽薹后生长迅速，1个月便可现蕾开花，进入花期后，植株边开花边长大。主茎顶端花序先开，然后自上而下地一级分枝顶端花序先开，最后是二级分枝顶端花序开放。7月后种子陆续成熟，种子成熟后易被风吹落。

白芷同一植株不同部位花序所结种子的质量不同。一般主茎顶端花序所结的种子饱满，但播种后长出的植株易出现早起抽薹现象；一级分枝上所结的种子，大小中等，播种后出苗率和成活率较高，抽薹率低；而二、三级分枝上所结种子的饱满度较差。因此，生产上多留一级分枝所结的种子做播种材料。

生产上，白芷播种多在秋季，播后10~15天出苗，并相继长出根出叶，入冬后进入休眠期。第二年春恢复营养生长，7~9月可收获根部入药。留种田不起收，入冬进入休眠期，第三年3~4月抽薹现蕾，5~6月开花，7月后果实陆续成熟。开花结实的白芷植株，根中贮藏的营养大量消耗，根部木质化，不能药用。生产上常因种子、肥水等原因，也有部分植株于第二年抽薹开花，导致根部腐烂或空心，严重影响白芷产量和品质。

## 三、栽培技术

### （一）栽培种

白芷在温带地区有野生种的分布。当前生产上栽培的白芷，因地域主要有祁白芷、禹白芷、杭白芷和川白芷等，对其亲缘关系研究认为，不同产地栽培白芷的遗传多样性水平较低，种质间的亲缘关系较近，4大类商品白芷不应做分类上的区别。生产中应根据产地环境选择适宜的种质类型和品种。

### （二）选地整地

选地是指对土壤及前作的选择。白芷对前作要求不严，一般棉花地、玉米地均适宜白芷种植。土壤以地势平坦，耕层深厚，疏松肥沃，排水良好的砂壤土为宜。前茬作物收获后，及时翻耕，深度为30cm。晒垡后再翻一次，然后耙细整平，做畦。排水差的地块可做高畦，宽100~200cm，高16~20cm，畦沟宽26~33cm。耕翻土地前，每亩施农家肥2000~3000kg，或生物有机肥400~500kg做基肥。

### （三）播种

白芷用种子繁殖。其折断根节也可萌发成为植株，但在生产上一般不采用。选择当年收获的白芷种子做播种材料，隔年陈种发芽率低，甚至不发芽，不可采用。

播种期是影响白芷产量和质量的重要因素之一。各地均在秋季白露前后播种。在河北安国有时也在清明前后春播，但春播者产量低，质量差。秋播不能过早或过迟，最早不能早于处暑，否则冬前幼苗生长过旺，第二年部分植株会提前抽薹开花，根部木质化，不能再做药用，从而影响产量；最迟不能晚于秋分，否则出苗和幼苗生长均缓慢，冬前苗瘦弱易受冻害，严重降低产量。各地因气候条件不同，一般冬前苗龄以4~6片真叶为宜。

播种白芷时，在整好的畦面上，按行距30cm开浅沟，深度1.0cm左右，将种子与细沙土混合，均匀地撒于沟内，覆土盖平，用锄顺行推一遍，压实，使种子与土壤紧密接触。注意覆土不能过厚，以能将种子盖住即可。每亩播种量为1.5~2.0kg。少数地区也有采用穴播的。

播种后，若条件适合，一般15～20天即可发芽。如天气干旱，土壤水分含量低，也有1个月左右发芽者，应注意及时浇水，以免影响发芽和出苗。

## （四）田间管理

### 1. 间苗、定苗

白芷幼苗生长缓慢，播种当年一般不疏苗，第二年早春返青后，苗高5～7cm时，开始第一次间苗，间去过密的瘦弱苗。条播每隔约5cm留1株，穴播每穴留5～8株；苗高10cm左右时进行第二次间苗，每隔约10cm留一株或每穴留3～5株。清明前后苗高约15cm时定苗，条播者按株距12～15cm定苗；穴播者按每穴留壮苗3株，呈三角形错开，以利通风透光。定苗时应将生长过旺，叶柄呈青白色的大苗拔除，以防止提早抽薹开花。

### 2. 中耕除草

每次间苗时都应结合中耕除草。第一次苗高3cm时用手拔草，只浅松表土，不能过深，否则主根不向下扎，叉根多，影响品质。第二次待苗高6～10cm时除草，中耕稍深一些。第三次中耕在定苗时，松土除草要彻底除尽杂草，以后植株长大封垄，不能再行中耕除草。

### 3. 追肥

白芷播种后第一年生长缓慢，一般春前少施或不施肥，以防苗期长势过旺，提前抽薹开花。春后营养生长开始旺盛，可追肥2～3次。第1、2次可结合间苗、中耕后进行，肥料种类以稀薄农家肥为主，每次亩施稀薄人畜粪水1500kg；第3次在定苗后和封垄前进行，可补充适量磷、钾肥，每亩追施过磷酸钙20～25kg，氯化钾5kg，或氮、磷、钾复合肥30kg，以促进根部生长发育。追肥次数和数量可依据植株长势而定，如即将封垄时叶片颜色浅绿，植株生长不旺，可追氮、磷、钾复合肥；若叶色浓绿，生长旺盛，则不再追肥。

### 4. 排灌

在白芷生长发育前期，遇干旱应注意灌水，保持土壤湿润，幼苗出土前保持畦面湿润利于出苗，秋播越冬前要浇透水一次，第二年春季可配合追肥适时灌水。在多雨地区和多雨季节，应注意排水防涝，特别注意防止地内积水，以免影响根的生长和引起根部发生病害。

### 5. 摘薹

白芷抽薹开花会消耗大量养分，引起根部重量下降，主根中空并逐渐腐烂。秋播白芷第二年5～6月若有植株抽薹开花，应及时摘除。

## （五）病虫害防治

### 1. 斑枯病（*Septoria dearnessii* Ell.et Ev.）

又名白斑病，主要危害叶片，病斑为多角形，病斑部硬脆。初期深绿色，后期为灰白色，上生黑色小点，即病原的分生孢子器。在白芷病叶上或留种株上越冬，来年由此而发病，分生孢子借风雨传播再次侵染。白芷一般5月发病，至收获均可感染，严重时造成叶片枯死。

☙ 防治方法

🌿 农业防治：在选留无病种子的基础上选择远离发病的白芷地块种植；白芷收获后及时将残留的根挖掘干净，集中处理，清除病残组织，集中烧毁，减少越冬菌源；生长期发病初期摘除病叶。

🌿 科学用药：临发病前或初期及时用1∶1∶100的波尔多液，或用80%络合态代森锰锌800倍液，或25%嘧菌酯悬浮剂1500倍液，或25%吡唑醚菌酯2500倍液喷雾防治。其他用药参照"白术斑枯病"。

### 2. 根结线虫病（*Meloidogyne hapla* Chitwood）

病原感染植物的根部，形成大小不等的根结，根结上有许多小根分枝呈球状，根系变密，呈丛簇缠结在一起，在生长季为害根部十分严重。

☙ 防治方法

🌿 农业防治：与非寄主植物实施轮作2年以上。

🌿 生物防治：用淡紫拟青霉或厚孢轮枝菌（2亿活孢子/g）3kg+海岛素1000倍混合拌土均匀撒施，或沟施、穴施。

🌿 科学用药：用1.8%阿维菌素1500倍液+海岛素（5%氨基寡糖素）1000倍混合进行穴灌根，7天灌1次，连灌2次，或亩用威百亩有效成分2kg沟施防治，或定植时亩沟施10%噻唑磷颗粒剂3kg+海岛素（5%氨基寡糖素）1000倍，覆土。

### 3. 紫纹羽病（*Helicobasidium mompa.*）

危害白芷根部。发病初期，可见白线状物缠绕在根上，后期菌索变为紫红色，成紫红色菌囊缠绕主根表皮，病根自表皮向内腐烂。排水不良的低洼地发生严重。

☙ 防治方法

🌿 农业防治：使用腐熟的有机肥、生物肥，配方和平衡施肥，合理补微肥，改良土壤，增强植株抗逆和抗病能；及时排除田间积水；发现病株及时拔除，并用5%石灰乳灌病区消毒。

🌿 科学用药：发病初期及时用80%络合态代森锰锌800倍液，或25%吡唑醚菌酯2500倍液，或30%噁霉灵+25%咪鲜胺（或25%吡唑醚菌酯）按1∶1复配1000倍液等喷淋或灌根。

### 4. 黄凤蝶（*Papilio machaon* L.）

属鳞翅目，凤蝶科，幼虫咬食叶片成缺刻，仅留叶柄。一年发生2～3代，6～8月幼虫为害严重。以蛹附在枝条上越冬。

☙ 防治方法

🍃 农业防治：虫害零星发生时进行人工捕杀幼虫和蛹，控制蔓延。

🍃 生物防治：卵孵化盛期或低龄幼虫期选用Bt（100亿活芽孢/g）乳剂200～300倍，或1.3%苦参碱1500倍液，或2.5%多杀霉素1000倍液，或20%虫酰肼1500倍液，或25%灭幼脲悬浮剂2000倍液等喷雾。

🍃 科学用药：幼虫低龄期及时喷药防治，可用1.8%阿维菌素1500倍液，或20%氯虫苯甲酰胺3000倍液，或10%联苯菊酯或50%辛硫磷或0.5%甲氨基阿维菌素苯甲酸盐1000倍液，或19%溴氰虫酰胺4000倍液等喷雾防治。

### 5. 蚜虫（*Aphis sp.*）

属同翅目，蚜科。以成虫、若虫危害嫩叶及顶部。若蚜、成蚜可群集叶和嫩梢上刺吸汁液，叶片卷缩变黄，严重时生长缓慢，甚至枯萎死亡。白芷开花时，若蚜、成蚜密集在花序为害。

☙ 防治方法

🍃 农业防治：保持白芷田土壤湿润，干旱地区适时灌水，可抑制蚜虫繁殖；清园，铲除白芷地周围的杂草，减少蚜虫迁入机会。

🍃 物理防治：黄板诱杀有翅蚜，可用市场上出售的商品黄板，或用40cm×60cm的纸板或木板，涂上黄色油漆，再涂一层机油，挂在行间或株间，每亩挂30块左右，当黄板粘满蚜虫时，再涂一层机油。

🍃 生物防治：用1.3%苦参碱乳剂1500倍液，或1.5%天然除虫菊素1000倍液等喷雾防治。

🍃 科学用药：可用新烟碱制剂［10%吡虫啉1000倍液、50%吡蚜酮1500倍液、25%噻虫嗪1200倍液，或25%噻嗪酮（保护天敌）2000倍液等］，或24%螺虫乙酯或20%呋虫胺5000倍液喷雾防治。

### 6. 红蜘蛛（*Tetranychus telarius* L.）

属蜘蛛纲，蜱螨目，叶螨科。以成虫、若虫危害叶片。该虫一年发生20代。6月开始为害，7～8月高温干旱危害更为严重。植株下部叶片先受害，逐渐向上蔓延，被害叶片出现黄白小斑点，扩展后全叶黄化失绿，最后叶片干枯死亡。

☙ 防治方法

🍃 农业防治：冬季清园，拾净枯枝、落叶烧毁。

🍃 生物防治：扩散前用0.36%苦参碱水剂500倍液，或2.5%浏阳霉素1500倍液喷雾。

🍃 科学用药：用30%乙唑螨腈（保护天敌）10 000倍液，或1.8%阿维菌素2000倍液，或15%哒螨灵1500倍液，或30%嘧螨酯4000倍液等喷雾防治。或相互合理复配使用。

### （六）留种技术

有原地留种和选苗留种两种方法。

**1. 原地留种法**

白芷收获时，留部分植株不挖，次年5～6月抽薹，开花结籽后收种。此法所得种子质量较差。

**2. 选苗留种法**

采挖白芷时，选单枝根较粗壮、主根无分叉、健壮无病虫害的根作种根，适当摊晾2～3天再进行栽种，可有效减少烂种。将种根按行距60～70cm，穴距25～30cm种植，每穴栽种1株。注意种根栽种后不露出且舒展不弯曲，回土平整后种根覆土1～2cm为宜。

种根栽种5～7天后，可施一次腐熟清粪水。出苗后加强除草等田间管理，北方地区入冬前，可每株上培土15cm防冻，翌春除去覆盖土。第二年苗高30cm左右时追抽薹肥，亩追氮磷钾复合肥30kg。5月抽薹后应及时进行控花修剪，剪除主茎顶端花序和二、三级侧枝花序，仅保留一级侧枝花序，保证一级侧枝花序的营养供给，使种胚发育成熟一致，缩小种子的个体差异。6～7月种子陆续成熟时分期分批采收。采收方法：待种子变成黄绿色时，将种穗分批剪下，挂阴凉通风处干燥，将干燥种子抖下或搓下，去杂后置通风干燥处贮藏。

## 四、采收与加工

### （一）采收

因产地和播种时间不同，白芷收获期各异。春播白芷当年采收，10月中下旬收获。秋播白芷第二年7～9月叶黄时采收。采收过早，植株尚在生长，地上部营养仍在不断向地下根部蓄积，糖分也在不断转化为淀粉，根条粉质不足，影响产量和品质；采收过迟，如果气候适宜，又会萌发新芽，消耗根部营养，同时淀粉也会向糖分转化，使根部粉性变差，也会影响产量和品质。

图4-8　白芷机械收获　（杨太新摄）

采收应选晴天进行，先割去地上茎叶，深挖出全根，抖去泥土，运回加工干燥。白芷机械收获见图4-8。

## （二）初加工

### 1. 晒干

将主根上残留叶柄剪去，摘去侧根另行干燥；晒1~2天，再将主根依大、中、小三等级分别晾晒，反复多次，直至晒干。晒时切忌雨淋。

### 2. 烘干

将主根上残留叶柄剪去，摘去侧根，低温烘干。张志梅等比较了不同干燥方法白芷中欧前胡素、异欧前胡素以及白芷断面性状的影响，认为35℃烘干是最佳方法，所需时间适中，干燥药材的外观性状较好，欧前胡素和异欧前胡素含量较高，且优于传统的硫黄熏干法。

## （三）药材质量标准

白芷以独支、条粗壮、质硬、体重、粉性足、香气浓者为佳。商品规格分成三等：一等：呈圆锥形，表面灰黄色或黄棕色，体坚，断面白色或灰白色，具粉性，有香气，味辛、微苦；每千克36支以内，无空心、黑心、芦头、油条；二等：每千克60支以内，余同一等；三等：每千克60支以上，顶端直径不得小于0.7cm，间有白芷尾、异状、油条、黑心，但数量比例不得超过20%。白芷药材及饮片见图4-9、图4-10。

图4-9 白芷药材 （谢晓亮摄）

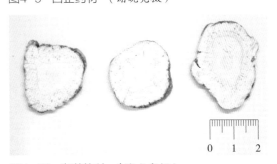

图4-10 白芷饮片 （谢晓亮摄）

《中国药典》2015年版规定：白芷药材水分不得过14.0%，总灰分不得过6.0%，醇溶性浸出物不得少于15.0%，按干燥品计算，含欧前胡素（$C_{16}H_{14}O_4$）不得少于0.080%。

（杨太新）

# 板蓝根

*Isatis indigotica* Fort.

图4-11 菘蓝植株 （谢晓亮摄）

板蓝根为十字花科植物菘蓝（*Isatis indigotica* Fort.）的干燥根，具有清热解毒、凉血利咽等功效，常用于温疫时毒、发热咽痛、温毒发斑、痄腮、烂喉丹痧、大头瘟疫、丹毒、痈肿等症。菘蓝的干燥叶亦可入药，称为"大青叶"，具有清热解毒、凉血消斑等功效，用于温病高热、神昏、发斑发疹等证；鲜叶还是青黛染料的原料。菘蓝在全国大部分地区均可种植，主产河北、江苏、安徽、陕西、河南、黑龙江等省。近几年，内蒙古、甘肃等地菘蓝种植发展较快，逐渐成为新的主产区。菘蓝植株如图4-11所示。

目前，我国种植的品种主要有板蓝根、小叶板蓝根、四倍体板蓝根，还有选育的新品种冀蓝1号、太空板蓝根等。板蓝根是大宗药材品种，需求量很大，因此提高药材产量和稳定其品质，选育优质高产的菘蓝品种是今后的主要研究方向。此外，我国还引种欧洲菘蓝（*Isatis tinctoria* L.），虽功效大致相同，但尚未在国内推广。

## 一、植株形态特征

菘蓝为二年生草本植物，株高50～120cm。主根长20～50cm，直径1～2.5cm，长圆柱形或圆锥形，肉质肥厚，外皮灰黄色。第一年植物只有基生叶，叶片较大，有柄，叶片倒卵形至倒披针形，长5～30cm，宽1～10cm。第二年抽薹并长出茎，茎直立略有棱，上部多分枝，稍带粉霜；茎生叶无柄，叶片卵状披针形或披针形，互生，基部重耳状，抱茎，长3～15cm，宽1～5cm。花序顶生，多分枝，由多数总状花序聚合成复总状花序，花黄色，花梗细弱，长4～8mm，花小，茎约2～3mm，花开后下弯成弧形。短角果长圆形或倒卵圆形，扁平；边缘有翅，长约10～14mm，宽约3.5～6mm，成熟时表面黑紫色，稍有光泽；先端微凹或平截；基部渐窄，具残存的果柄或果柄痕，两侧各有一中肋；种子1粒，稀2～3粒，呈长圆形，长3～4mm。花期4～5月，果期5～6月。

## 二、生物学特性

### （一）对环境条件的要求

菘蓝原产我国北部，对气候适应性很强，从黄土高原到长江以北的暖带为最适生长地区。其喜温暖环境，能耐寒，怕涝，宜选排水良好、疏松肥沃的砂质壤土。菘蓝对种植土壤要求不严，酸碱度在 6.5 ~ 8之间的土壤均能适应，以微碱性土壤为宜，耐肥性较强，肥沃和深厚的土层是菘蓝生长必要条件。地势低洼易积水的地块不宜种植。

## （二）生长发育习性

菘蓝种子在15 ~ 35℃均能正常萌发，适宜萌发温度为25℃。萌发后第一年为营养生长阶段（若种子经过低温春化处理，第一年便开花进入生殖生长阶段）。露地越冬经过春化阶段，第二年3月上旬为抽茎期，3月中旬至4月下旬为开花期，5月上旬至6月上旬为结果和果实成熟期，6月上旬即可收获种子。生产上一般以收获植株的根和叶片为目的，因此往往要延长营养生长时间，多于春季播种，秋季或冬初收根，期间还可收割1 ~ 3次叶片，以增加经济效益。

## 三、栽培技术

### （一）栽培种

生产上常用的栽培品种有小叶板蓝根和四倍体板蓝根。小叶板蓝根从根的外观质量、药用成分含量、药效等方面均优于四倍体板蓝根，而四倍体板蓝根叶大、较厚。因此，以收获板蓝根为主的可以选择小叶板蓝根，以收割大青叶为主的可以选择种植四倍体板蓝根。

生产上应选择果皮黑紫色、无虫蛀、无霉变、发芽率在80%以上的种子进行播种。

### （二）选地整地

菘蓝适应性较强，对土壤要求不严，适宜在土层深厚、疏松、肥沃的砂质壤土种植，排水不良的低洼地容易烂根，不宜选用。种植基地应选择不受污染源影响或污染物含量限制在允许范围之内，生态环境良好的农业生产区域，产地的空气质量符合GB 3095二级标准，灌溉水质量符合GB 5084标准，土壤中铜元素含量低于80mg/kg，铅元素含量低于85mg/kg，其他指标符合土壤质量 GB 15618 二级标准。

选好地后，每亩施腐熟的农家基肥2000kg，复合肥30 ~ 50kg，配合生物肥料100kg。深耕30cm左右，耙细整平作畦，作畦方式可按当地习惯操作。

### （三）播种

春播随着播种期后延，产量呈下降趋势，但也不是播种越早越好。因为菘蓝是低温春化植物，若播种过早遭遇倒春寒，会引起菘蓝当年开花结果，影响根的产量和质量。因此，菘蓝春季播种不宜过早，以清明以后播种为宜。此外，菘蓝也可在夏季播种，在6、7月份收完小麦等作物后进行。播种时，按25cm行距开沟，沟深2cm ~ 3cm，将种子按粒距

3cm ~ 5cm撒入沟内，播后覆土2cm，稍加镇压。每亩播种量1.5kg ~ 2kg。

## （四）田间管理

### 1. 间苗、定苗

当苗高4 ~ 7cm时，按株距8 ~ 10cm定苗，间苗时去弱留强，使行间植株保持三角形分布。

### 2. 中耕除草

幼苗出土后，做到有草就除，注意苗期应浅锄；植株封垄后，一般不再中耕，可用手拔除。大雨过后，应及时松土。

### 3. 追肥

6月上旬每亩追施尿素10 ~ 15kg，开沟施入行间。8月上旬再进行一次追肥，每亩追施过磷酸钙12kg，硫酸钾18kg，混合开沟施入行间。施肥后及时浇水。

### 4. 灌水排水

定苗后，视植株生长情况，进行浇水。如遇伏天干旱，可在早晚灌水，切勿在阳光曝晒下进行。多雨地区和雨季，要及时清理排水沟，以利及时排水，避免田间积水引起烂根。

## （五）病虫害防治

### 1. 白粉病（*Erysiphe cruciferarum*）

属子囊菌亚门，白粉菌属真菌，主要危害叶片，以叶背面较多，茎、花上也可发生。叶面最初产生近圆形白色粉状斑，扩展后连成片，呈边缘不明显的大片白粉区，严重时整株被白粉覆盖；后期白粉呈灰白色，叶片枯黄萎蔫。

🌼 防治方法

🌿 农业防治：前茬不选用十字花科作物；合理密植，增施磷、钾肥，增强抗病力；排除田间积水，抑制病害的发生；发病初期及时摘除病叶，收获后清除病残枝和落叶，携出田外集中深埋或烧毁。

🌿 生物防治：发病初期用2%农抗120（嘧啶核苷类抗菌素）水剂或1%武夷菌素水剂150倍液喷雾，7 ~ 10天喷1次，连喷2 ~ 3次。

🌿 科学用药：及时用25%戊唑醇2000倍液，或20%三唑酮或25%嘧菌酯1000倍液，或10%苯醚甲环唑1500倍液，或25%吡唑醚菌酯2500倍液等喷雾防治。

### 2. 菜青虫（*Pieris rapae* Linne）

属鳞翅目，粉蝶科，幼虫咬食叶片成缺刻，仅留叶柄。

🌼 防治方法

🌿 生物防治：菜粉蝶产卵期，每亩释放广赤眼蜂1万头，隔3 ~ 5天释放1次，连续放3 ~ 4

次。或于卵孵化盛期，用Bt制剂（100亿活芽孢/g）可湿性粉剂300～500倍液，或亩用100g～150g核型多角体病毒（10亿PIB/ml）悬浮液；或用5%氟啶脲2500倍液，或25%灭幼脲悬浮剂2500倍液，2.5%多杀霉素3000倍液，或24%虫酰肼1000～1500倍液喷雾防治。7天喷1次，连续防治2～3次。

🖋 科学用药：在低龄幼虫期用10%联苯菊酯或50%辛硫磷或0.5%甲氨基阿维菌素苯甲酸盐1000倍液，或19%溴氰虫酰胺4000倍液等喷雾防治。

### 3. 蚜虫（*Lipaphis erysimi.*）

属同翅目，蚜科，以成虫、若虫危害叶片。若蚜、成蚜可群集叶上刺吸汁液，叶片卷缩变黄，严重时生长缓慢，甚至枯萎死亡。蚜虫主要发生在花期，若蚜、成蚜密集在花序上刺吸汁液。

🐞 防治方法

🖋 物理防治：黄板诱杀蚜虫，有翅蚜初发期可用市场上出售的商品黄板，每亩挂30～40块。

🖋 生物防治：前期蚜量少时保护利用瓢虫、草蛉等天敌进行自然控制。无翅蚜发生初期，用0.3%苦参碱乳剂800～1000倍液，或50%抗蚜威可湿性粉剂2000～3000倍液等喷雾防治。

🖋 科学用药：用10%吡虫啉可湿性粉剂1000倍液，或3%啶虫脒乳油1500倍液，或2.5%联苯菊酯乳油3000倍液，其他有效药剂参照"白芷蚜虫"。要交替用药。

## （六）留种技术

菘蓝当年不开花，若要采收种子需待到第二年。菘蓝属于异花授粉，不同品种种植太近易发生串粉，导致品种不纯。目前，市场上的菘蓝品种的纯度较低，且大部分为非人为的杂交种子，表现为地上部分多分枝、产量低、药用成分含量不稳定等。因此，菘蓝繁种要注意以下几个方面。

首先，选择无病虫害、主根粗壮、不分叉且纯度高的菘蓝作为留种田，并确保周围1公里范围内无其他菘蓝品种。其次，第二年返青时，每亩施入基肥1000～2000kg；在花蕾期要保证田间水分充足，否则种子不饱满。另外，待种子完全成熟后（种子呈现紫黑色）进行采收，割下果枝晒干，除去杂质，存放于通风干燥处待用。

## 四、采收与加工

### （一）采收与加工

在北方由于种植习惯，一般不收割大青叶。若收割大青叶，以不显著影响板蓝根的产量和药用成分含量为前提。试验表明，大青叶第一次收割应在7月底或8月初，若在6月份割叶会引起板蓝根产量显著下降，与不割叶相比降幅达38.43%。第二次收割可在收获板蓝根时进行，这样不会对板蓝根产量及成分含量产生明显的影响。

板蓝根适宜采收期的选择主要看其产量和药用成分含量。试验表明，板蓝根的产量随生长期延长而增高，10月和11月产量增加不明显，板蓝根药用成分含量随生长期延长先增高后降低，10月中旬达到峰值。因此，板蓝根的适宜采收期在种植当年10月中下旬。平原种植的板蓝根可以选择大型的收割机械，收割深度在35cm即可，这样不仅提高了效率，还大大节约了人工成本；山区种植不能采用收割机械的，应选择晴天从一侧顺垄挖采，抖净泥土晒干即可。

## （二）药材质量标准

板蓝根商品呈细长圆柱形，表面淡黄白色。全体有细纵皱纹及纵沟，并有棕黄色点状细根痕；顶端常留有黄棕色根茎残基；上端稍细，中部略粗，下部渐细。质脆，易折断，断面皮部浅黄白色，木部黄色。商品规格分成三等：一等：根圆柱形，无分枝，身长30cm以上，直径2.0cm以上，表面黄白色，质脆，易折断，断面皮部浅黄白色，木部黄色；二等：根圆柱形，偶有分枝，身长20~30cm，直径1.0~2.0cm，表面黄白色或黄棕色，质脆，易折断，断面皮部浅黄白色，木部黄色；三等：根圆柱形，分枝较多，身长20cm以下，直径1.0cm以下，表面黄棕色，质脆，易折断，断面皮部浅黄白色，木部黄色。《中国药典》2015年版规定：板蓝根药材水分不得过15.0%，总灰分不得过9.0%，酸不溶性灰分不得过2.0%，醇溶性浸出物不得少于25.0%，按干燥品计算，含（$R$，$S$）-告依春（$C_5H_7NOS$）不得少于0.020%。板蓝根药材及饮片如图4-12、4-13所示。

图4-12 板蓝根药材 （谢晓亮摄）

图4-13 板蓝根饮片 （谢晓亮摄）

大青叶商品外形多皱缩卷曲，偶有破碎，颜色呈暗灰绿色，上表面有的可见色较深稍突起的小点。《中国药典》2015年版规定：大青叶药材水分不得过13.0%，醇溶性浸出物不得少于16.0%，按干燥品计算，含靛玉红（$C_{16}H_{10}N_2O_2$）不得少于0.020%。

（田　伟）

# 半夏

/Pinellia ternata (Thunb.) Breit.

图4-14　半夏植株（谢晓亮摄）

半夏为天南星科植物半夏Pinellia ternata（Thunb.）Breit. 的干燥块茎，味辛、性温，归脾、胃、肺经，有毒，能燥湿化痰，降逆止呕。生用消疖肿；主治咳嗽痰多、恶心呕吐；外用治急性乳腺炎、急慢性化脓性中耳炎。兽医用以治锁喉癀。

半夏广泛分布于中国长江流域以及东北、华北等地区。除内蒙古、新疆、青海、西藏尚未发现野生的外，全国各地广布，海拔2500m以下，常见于草坡、荒地、田边或疏林下，是旱地中的杂草之一。半夏人工栽培历史较短，始于20世纪70年代的山东和江苏等地，多年来从半夏生物学特性、生态适宜条件、遗传多样性、繁殖方式、栽培技术及有效成分等方面开展了较广泛的研究，并已积累了丰富的生产经验，但在新品种培育和病虫害防治的研究工作还有待加强。半夏主产于四川、湖北、河南、贵州、安徽等省，其次是江苏、山东、江西、浙江、湖南、云南等。半夏植株如图4-14所示。

随着家种半夏面积不断扩大，栽培中出现了大田生态环境和半夏野生属性不相适应的新问题。原单株或小群体的野生半夏分散生长在夏季气温和湿度适宜的河边池旁及疏生林下或草丛中的疏松地中，周围病原也极少；家种后变为较大群体集中生长在夏天高温、不旱就涝及病原较多的大田生态环境中，特别是在长期干旱大水漫灌或涝天造成土壤板结的土中生长易死根、烂母、病害严重，产量极低或绝产。

## 一、植株形态特征

半夏块茎圆球形，直径1～2cm，具须根。叶2～5枚，有时1枚。叶柄长15～20cm，基部具鞘，鞘内、鞘部以上或叶片基部（叶柄顶头）有直径3～5mm的珠芽，珠芽在母株上萌发或落地后萌发；幼苗叶片卵状心形至戟形，为全缘单叶，长2～3cm，宽2～2.5cm；老株叶片3全裂，裂片绿色，背淡，长圆状椭圆形或披针形，两头锐尖，中裂片长3～10cm，宽1～3cm；侧裂片稍短；全缘或具不明显的浅波状圆齿，侧脉8～10对，细弱，细脉网状，密集，集合脉2圈。花序柄长25～35cm，长于叶柄。佛焰苞绿色或绿白色，管部狭圆柱形，长1.5～2cm；檐部长圆形，绿色，有时边缘青紫色，长4～5cm，宽1.5cm，钝或锐尖。肉穗花序：雌花序长2cm，雄花序长5～7mm，其中间隔3mm；附属器绿色变青紫色，长6～10cm，直立，有时"S"形弯曲。浆果卵圆形，黄绿色，先端渐狭为明显的花柱。花期5～7月，果期8～9月。

## 二、生物学特性

### （一）对环境条件的要求

半夏喜温暖湿润的生长环境。发芽温度为8～10℃，出苗温度为13～14℃，15～25℃是最适宜的生长气温。高于30℃时生长缓慢，连续32℃以上的高温只需1周左右即可发生倒苗的情况。倒苗半夏生长过程中遇到高温、低温、干旱等不良情况，发生地面叶片及花薹枯死现象。但半夏的块茎仍然在土中活着，是一种生理上的休眠。遇到生长条件适宜时，又重新会长出地面部分，开始新的生长。

半夏喜湿润的土壤，在干旱的条件下生长不良。如发生干旱，在春天会推迟和延长其发芽的时间。在高温条件下会促进其倒苗；半夏又惧水淹和土壤较长期过多的水分。水淹和过多的水分会造成病虫害的发生以及根和块茎的腐烂，从而使产量受到很大的影响。

半夏的生长需要一定的阳光。在海拔2000m左右的高山地区，夏季强烈的日照也不能使其大量倒苗。半夏对光照时间没有明显的临界日照长度，每天8～13小时的光照都能正常生长发育。

半夏是喜肥植物，喜欢肥沃的土壤条件，对氮、磷、钾和其他的肥料都有较高的需求，多施有机底肥和多次追肥，能促进其叶片和块茎的肥大，从而高产；贫瘠的土壤条件会造成生长不良，叶片瘦小发黄，块茎和珠芽都很小，从而产量低。

半夏受生态因子的影响是综合性的。各因子之间的影响存在着相互促进，相互制约的关系。如环境温度在32℃以下时，强光照不能使半夏倒苗，但干旱和强光照却能促使半夏倒苗；在32℃以上时，荫蔽和水分条件较好，半夏也有不倒苗的。因此，在注意某一环境因子的作用时，必须同时注意其他因子的相互影响。

### （二）生长发育习性

半夏为多年生植物，有三种繁殖方式：一种是种子繁殖，即由佛焰苞上产生的种子落到地面或土中后，长出新的植株；二是由叶柄上产生的珠芽繁殖成新的植株，珠芽长到一定的阶段，在接触土壤的情况下，无论是否离开母体，均可发芽；三是由块茎裂变，长出新的植株。由于半夏的种子很小，入土较深时很难长出地面，另外由于营养原因，要长成大的植株需要较长的时间，故不是栽培半夏的主要繁殖材料。半夏裂变的块茎很少，而半夏的珠芽个体较大，每个叶柄均可长出珠芽，因此，珠芽是半夏的主要繁殖材料。

半夏在植株个体小，营养积累很少的情况下，叶片多为单叶。到生长的第二年或营养积累较多的情况下，生长的叶片为3片小叶的复叶，且可以长出较多的叶片。半夏的营养生长好，珠芽和块茎就大，在人工栽培的情况下，叶柄上长出的珠芽可达到1cm以上，块茎直径可达3.5cm以上。半夏块茎直径在1cm以下的，很少开花。能够开花的多是积累了一定养分的较大的植株。半夏在春季的开花多于夏季和秋季。半夏在土中生长的时间太长，部分大块茎容易在地里腐烂。

半夏块茎一般于8～10℃萌动生长，13℃开始出苗。随着温度升高出苗加快，并出现珠芽。15～26℃最适宜生长，30℃以上生长缓慢，超过35℃而又缺水时开始出现倒苗，秋后低于13℃以下出现枯叶。

## 三、栽培技术

### （一）选地和整地

半夏宜选湿润肥沃、保水保肥力较强、质地疏松、排灌良好的砂质壤土或壤土地种植，亦可选择半阴半阳的缓坡山地。前茬选豆科作物为宜，可与玉米地、油菜地、麦地、果木林进行间套种。

地选好后，于10～11月深翻土地20cm左右。结合整地，每亩施农家肥5000kg，饼肥100kg和过磷酸钙60kg，翻入土中作基肥。南方雨水较多的地方宜作成宽1.2～1.5m、高30cm的高畦，畦沟宽40cm，长度不宜超过20m，以利灌排。北方浅耕后可作成宽0.8～1.2m的平畦，畦埂宽、高分别为30cm和15cm。畦埂要踏实整平，以便进行春播催芽和苗期地膜覆盖栽培。

### （二）播种

#### 1. 繁殖方式

生产上半夏的繁殖方法以采用块茎和珠芽繁殖为主，亦可用种子繁殖，但种子生产周期长，一般不采用。

（1）块茎繁殖：2月底至3月初，当5cm地温达8～10℃时，催芽种茎的芽鞘发白时即可栽种。在整细耙平的畦面上开横沟条播。行距12～15cm，株距5～10cm，沟宽10cm，深5cm左右，沟底要平，在每条沟内交错排列两行，芽向上摆入沟内，并覆土。

（2）珠芽繁殖：夏秋间，当植株倒苗、珠芽成熟时，可收获珠芽进行条播。按行距10cm，株距3cm，条沟深3cm播种。播后覆以厚2～3cm的细土及草木灰，稍加压实。

（3）种子繁殖：当佛焰苞萎黄下垂时，采收种子，夏季采收的种子可随采随播，秋末采收的种子可以砂藏至次年3月播种。但此种方法出苗率较低，生产上一般不采用。

#### 2. 播前处理

播种前，要对播种的块茎进行人工筛选。除去有霉变、破损和劣质的半夏种茎或珠芽中的杂质。播种前的块茎要进行消毒处理，用50%多菌灵可湿性粉剂800倍液浸种3～5分钟，沥干后播种。

#### 3. 播种时期、播种量

雨水至惊蛰期间，5cm地温达8～10℃时最适宜栽种。适宜播种量100～140kg/亩，为防杂草孳生，可适度增加播种量。

### 4. 播种方式

播种分撒播和点播两种。

（1）撒播：在做好的畦上，将选好的种茎均匀散播，芽眼向上，密度约5cm×3cm。

（2）点播：按株行距5cm×3cm，在畦面上摆好种茎，不要错行，点第二行的时候要与第一行的种茎在一条直线上。

## （三）田间管理

### 1. 中耕除草

半夏植株矮小，在生长期间要经常松土除草，避免草荒。中耕深度不超过5cm，避免伤根。因半夏的根生长在块茎周围，其根系集中分布在12～15cm的表土层，故中耕宜浅不宜深，做到除早、除小、除了。半夏早春栽种，为保墒可进行地膜覆盖，但在其出苗的同时，狗尾草、马唐草、牛筋草、画眉草、香附草、苋菜、小旋花、灰灰菜、马齿苋、车前草等十余种杂草也随之出土，且数量多，易造成揭膜后出苗困难，影响半夏的产量，因此除人工除草外，可选用安全高效除草剂防除半夏芽前杂草。

乙草胺是一种旱田作物低毒性、选择性芽前除草剂，主要用于作物出土前防除一年生禾本科杂草。早春地面喷洒再盖上地膜，对多种杂草有很好的防除效果（具体用法用量按药品说明书中规定）。除此之外，在人工栽培半夏中，根据季节不同还可选用不同的除草剂，如春播半夏的除草剂宜选择稳杀特，秋播选用稳杀特和乙草胺均可，在播种覆土后喷药，稳杀特还可在杂草出苗初期施药。

### 2. 水肥管理

半夏喜湿怕旱，无论采用哪一种繁殖方法，在播前都应浇1次透水，以利出苗。出苗前后不宜再浇，以免降低地温。立夏前后，天气渐热，半夏生长加快，干旱无雨时，可根据墒情适当浇水，浇后及时松土。夏至前后，气温逐渐升高，干旱时可7～10天浇水一次。处暑后，气温渐低，应逐渐减少浇水量。经常保持栽培环境阴凉而又湿润，可延长半夏生长期，推迟倒苗，有利光合作用，多积累干物质。若遇久晴不雨，应及时灌水，若雨水过多，应及时排水，避免因田间积水，造成块茎腐烂。

除施足基肥外，半夏生长期注意追施肥料。春播4月上旬齐苗后，每亩撒施尿素3～4kg催苗；5月下旬珠芽形成期，每亩施用氮磷钾复合肥15～20kg；半夏生长中后期，可视生长情况每亩叶面喷施0.2%的磷酸二氢钾溶液50kg。

### 3. 培土

珠芽在土中才能生根发芽，在6～8月间，有成熟的珠芽和种子陆续落于地上，此时要进行培土，从畦沟取细土均匀地撒在畦面上，厚约1～2cm，追肥培土后无雨，应及时浇水，一般应在芒种至小暑时培土二次，使萌发新株。二次培土后行间即成小沟，应经常松土保墒。

半夏生长中后期，根外喷施0.2%磷酸二氢钾溶液，有一定的增产效果。

### 4. 摘花蕾

为了使养分集中于地下块茎，促进块茎的生长、有利增产，除留种外，应于5月抽花葶时分批摘除花蕾。此外，半夏繁殖力强，往往成为后茬作物的顽强杂草，不易清除，因此必须经常摘除花蕾。

半夏幼苗如图4-15所示。

图4-15 半夏幼苗 （谢晓亮摄）

## （四）病虫害防治

### 1. 根腐病（*Fusarium sp.*）

受害症状为块茎部分或全部腐烂，有干腐和湿腐2种表现，在半夏种植和贮藏期都可发生。病菌通过土壤或种茎传染。

♣ 防治方法

🍃 农业防治：在采收留种时精选，剔除带病、被虫伤或机械损伤的种茎。

🍃 科学用药：播种前可用50%多菌灵可湿性粉剂500倍液浸种20分钟再播种；播种前用生石灰对土壤进行消毒，半夏出苗后或发病初期用50%多菌灵600倍液，或70%甲基硫菌灵800倍液，或80%代森锰锌络合物800倍液，或30%噁霉灵+25%咪鲜胺按1∶1复配1000倍液或用枯草芽孢杆菌（10亿活芽孢/g）500倍液灌根，其他有效药剂参照"白术根腐病"。7天喷灌1次，喷灌3次以上。

### 2. 叶斑灰霉病

为半夏叶斑病，以叶点霉属（*Phyllosticta*）、链格孢属（*Alternaria*）为主，危害叶片，初染病时叶片呈水渍状褪色病斑，有的呈灰白色点状或条状病斑，后多病斑愈合，扩大呈褐色不规则大型病斑，通常造成叶扭曲，或覆盖全叶造成叶过早枯死，叶背面病斑湿度大时形成灰色霉层病原孢子。

♣ 防治方法

🍃 农业防治：及时清洁田园，压低菌源。

🍃 生物防治：临发病前或初显症状时，用3%多抗霉素1000倍液，或2%武夷菌素200倍液等喷雾防治。

🍃 科学用药：发病初期用80%代森锰锌络合物800倍液，或50%的利霉康（多菌灵·福美双·乙霉威）1000倍液，或50%腐霉利可湿性粉剂或50%灰必克（40%福美双·10%异菌脲）1500倍液，或1.8%辛菌胺醋酸盐1000倍液等喷雾防治，每7～10天1次，交替连喷3次左右。

### 3. 缩叶病、花叶病

半夏缩叶病毒为芋头花叶病毒（*Dasheen mosaic* virus），属病毒的马铃薯Y病毒组；半夏花叶病毒为黄瓜花叶病毒（*Cucumber mosaic* virus）。主要危害症状为叶片皱缩、花叶，植株矮化，甚至整株死亡；并通过昆虫、与病株摩擦和种茎传毒等方式传播。

🐛 防治方法

🍃 农业防治：选用无病毒的种茎；田间操作注意不要人为造成病健株摩擦传染。

🍃 科学用药：预计临发病前或最初期及时喷施抗病毒药剂，可选喷海岛素（5%氨基寡糖素）免疫诱抗剂1000倍液，或6%低聚糖素水剂1500倍液，或20%病毒A（盐酸吗啉双胍＋醋酸铜）500倍液，或32%核苷溴吗啉胍1200倍液，或1.5%植病灵（十二烷基硫酸钠、硫酸铜、三十烷醇）800倍液，或20%毒克星（吗啉胍＋乙酸铜）可湿性粉剂500倍液等喷雾防治，隔7天施药1次，连续2次左右。

### 4. 天蛾［*Pergesa elpenor* Lewisi（Butler）］

是半夏红天蛾。

🐛 防治方法

用2.5%三氟氯氰菊酯乳油1500倍液，或90%敌百虫晶体1000倍液，或50%辛硫磷乳油1000倍液，或20%氯虫苯甲酰胺3000倍液等喷雾，其他有效化学药剂参照"板蓝根菜青虫"。每7天左右喷1次，连续喷2次左右。

### 5. 蓟马

属缨翅目（*Thysanoptera*）。

🐛 防治方法

🍃 农业防治：清除田间杂草，减少蓟马的迁移危害。

🍃 生物防治：用1.3%苦参碱水剂1000倍液，或2.5%多杀霉素3000倍液等喷雾防治。

🍃 科学用药：用50%辛硫磷乳油1500倍液，或10%吡虫啉可湿性粉剂或3%啶虫脒乳油1000倍液，或25%噻虫嗪水分散粒剂3000倍液，或2.5%联苯菊酯乳油2000倍液，或24%螺虫乙酯或20%呋虫胺5000倍液喷雾防治。

### 6. 跳甲

属鞘翅目（*Coleoptera*），叶甲科（*Chrysomelidae*）。

🐛 防治方法

🍃 农业防治：及时清除田间残株落叶，铲除杂草，播前深翻晒土，造成不利于幼虫发育的环境，并消灭部分虫蛹。

🍃 科学用药：在发生初期，用20%氯虫苯甲酰胺3000倍液，或10%联苯菊酯或50%辛硫磷或

0.5%甲氨基阿维菌素苯甲酸盐1000倍液，或19%溴氰虫酰胺4000倍液等喷雾防治。

## 四、采收与加工

### （一）采收

采挖在白露前后，时间8月中下旬至9月初，采收前至少有1周的晴天。否则，土壤太湿会造成半夏和泥土黏着太紧不易挑出来，影响采收速度。

### （二）加工

#### 1. 放置

把采挖好的半夏搬运室内或者阴凉处，忌曝晒，进行堆放或者筐内盖好；放置时间不宜过长，否则水分散失量大，块茎不易去皮。

#### 2. 筛选

用分级筛对半夏进行分级筛选，分级标准分为直径大于2.0cm、1.0～2.0cm和小于1.0cm三个等级。除了直径小于1.0cm可留作种外，其余2种规格均按商品药材来处理。

#### 3. 去皮

将分级的半夏分装麻袋、编织袋，浸入流水中，穿胶靴在袋上用脚踩揉搓或者用带上橡胶手套的手来揉搓，进行多次去皮。然后倒出漂洗，除去碎皮，表面去皮不尽，继续装入袋中在流水中去皮，直至块茎无表皮残存，颗粒洁白为止。

#### 4. 干燥

人工干燥有晾晒和烘干两种方法。

（1）晾晒：将去皮的半夏块茎，摊放在席子上、水泥地上或者其他便于收集的地方，晒干，并不断翻动，晚上收回平摊室内晾干，反复再取出晒至全干。

（2）烘干：烘干温度不宜过高，控制在35～60℃。要微火勤翻，燃烧物气体要用管道排放，避免污染半夏。切忌用急火烘干，造成外干内湿，会致使半夏发霉变质。

### （三）药材质量标准

呈类球形，有的稍偏斜，直径1～1.5cm。表面白色或浅黄色，顶端有凹陷的茎痕，周围密布麻点状根痕；下面钝圆，较光滑（图4-16）。质坚实，断面洁白，富粉性。气微，味辛辣、麻舌而刺喉。《中国药典》2015年版规定：半夏药材水分不得过14.0%，总灰分不得过

图4-16  半夏药材  （谢晓亮摄）

4.0%，水溶性浸出物不得少于9.0%，按干燥品计算，含总酸以琥珀酸（$C_4H_6O_4$）不得少于0.25%。

（刘　铭）

# 北苍术

/*Atractylodes lancea* (Thunb.) DC.
/*A. chinensis*（DC.）Koidz.

图4-17　北苍术植株（杨太新摄）

中药材苍术为菊科植物茅苍术*Atractylodes lancea*（Thunb.）DC. 或北苍术*A. chinensis*（DC.）Koidz. 的干燥根茎。北苍术别名枪头菜，华苍术，含挥发油，油中主要有效成分为苍术素、茅术醇、$\beta$-桉油醇、榄香油醇、苍术酮、3-$\beta$-羟基苍术酮和苍术素醇等。苍术味辛、苦，性温。有健脾燥湿、祛风辟秽的功能。主治湿阻脾胃、食欲不振、消化不良、寒湿吐泻、胃腹胀满、风寒湿痹及水肿等症。北苍术植株如图4-17所示。

北苍术主要分布于东三省，河北、山东、内蒙古、宁夏、甘肃等地也有野生资源分布。目前吉林、河北北部有少量驯化栽培，种植面积未能形成规模效应。研究北苍术生长发育对环境条件的要求及人工栽培技术，提高产量和稳定质量是今后栽培研究的主要方向。

## 一、植株形态特征

北苍术为多年生草本，株高40～50cm。根状茎肥大，呈结节状。茎单一或上部稍分歧。叶互生，下部叶匙形，基部呈有翼的柄状，基部楔形至圆形，边缘有不连续的刺状牙齿，齿牙平展，叶革质，平滑。头状花序生于茎梢顶端，基部叶状苞披针形，边缘为长栉齿状，比头状花稍短，总苞长杯状，总苞片7～8列，生有微毛，管状花，花冠白色。瘦果长形，密生银白色柔毛，冠毛羽状。花期7～8月，果期8～10月。

## 二、生物学特性

### （一）对环境条件要求

北苍术生于低山阴坡疏林边，灌木丛中或草丛中。喜凉爽、昼夜温差较大、光照充足的气候，最适生长温度是15～22℃，耐寒，生活力很强，对土壤要求不严，荒山、坡地、瘠土都可生长，但以疏松肥沃，排水良好者生长最好，低洼地不宜种植。

### （二）生长发育习性

种子的生理特性，属短命型，室温下贮藏，寿命只有6个月，隔年种子不能使用；低温保存可延长种子寿命，在0～4℃低温条件下贮藏1年，种子发芽率可保持在80%以上。北苍术种子属低温萌发类型，最低萌发温度为5～8℃，最适温度为10～15℃，高于25℃种子萌发受到抑制，超过45℃种子几乎全部霉烂。

种子萌发出土时为2枚真叶，下胚轴膨大，逐渐形成根茎，随着植株的生长，叶片增多增大，枯萎前1年生苗莲座状，根茎鲜重3～6g；2年生植株开始形成地上茎，根茎扁圆形，长2～2.8cm，根茎上生长1～5个更新芽，鲜重10～15g；3年生植株开始抽薹开花，根茎增粗长，鲜重达25g左右。种子繁殖生长3～4年可收获药材。

## 三、栽培技术

### （一）选地整地

以半阴半阳、土层深厚、疏松肥沃、富含腐殖质、排水良好的砂质壤土栽培为宜。在选择好的地块上底施化肥或农家肥。亩施化肥磷酸二铵20kg、有机肥2000kg。然后耙平耙细，打床，在打床之前，还要在地面撒施一些杀虫药，防止地下害虫危害幼苗。整地后做床，床宽1.2m，高度20cm。搂平搂细，拣出石块等杂物。

### （二）繁殖方式

#### 1. 种子繁殖

4月上、中旬，按照行距20～25cm，亩播种量4～5kg，播深1cm，均匀条播；或拌上种子体积5倍的细沙，尽量要搅拌均匀，把种子均匀地撒在床面，覆土1cm左右。用粗眼的筛子往床面筛土，覆土均匀，覆盖完土后，要用木滚压一下床面，以利保湿。

播种完成后，可在床面上覆盖松针或稻草等覆盖物，既可保湿，又可避免床面被雨水冲刷而漏出种子。白术出苗前，杂草会先于出土，可人工除草，或用农达或克无踪等化学除草。播种后20天左右出苗，当苗大部分出土后，把覆盖物撤掉，可以边撤边除草，撤覆盖物要选择阴天或晴天的下午3点之后，防止强光晒坏幼苗。

#### 2. 分株繁殖

于秋季地上部分枯萎或春季萌芽前，将白术种根挖出，抖去泥土，将种根纵切成小块，每小块带1～3个芽，然后按行株距35cm×15cm开沟栽植，覆土3cm左右，栽后及时灌水。

## （三）间管管理

### 1. 间苗定苗

白术出苗后，苗高3cm时间苗，苗高10cm左右定苗，定植株距10cm。

### 2. 中耕除草

幼苗期应勤除草松土，定植后注意中耕除草。如干旱，要适时灌水，也可以结合追肥一起进行。

### 3. 追肥

一般每年追肥3次，结合中耕培土进行，可防止倒伏。第一次追肥在5月，每亩10kg尿素；第二次在6月苗生长盛期时施入硫铵肥，每亩施用5kg；第三次追肥则应在8月开花前，喷施0.2%磷酸二氢钾溶液。

### 4. 摘蕾

在7~8月现蕾期，对于非留种地的苍术植株应及时摘除花蕾，以利地下部生长。

## （四）病虫害防治

### 1. 根腐病（*Fusarium oxysporum* Schlecht）

一般在雨季严重，在低洼积水地段易发生，为害根部。

🐛 防治办法

🍃 农业防治：进行轮作；选用无病种苗；生长期注意排水，以防止积水和土壤板结。

🍃 科学用药：发病期用70%噁霉灵可湿性粉剂3000倍液浸泡，或25%咪鲜胺1000倍液，或10%苯醚甲环唑1500倍液等沾根5~10分钟移栽。发病初期用以上药剂及时淋灌根部，或用50%多菌灵600倍液，或70%甲基硫菌灵1000倍液，或25%吡唑醚菌酯2500倍液等灌根。

### 2. 蚜虫（*Aphis* sp.）

北苍术在整个生长发育过程中，均易受蚜虫为害，以成虫和若虫吸食茎叶汁液。

🐛 防治方法

🍃 物理防治：黄板诱杀，有翅蚜初发期开始用黄板诱杀，每亩挂30~40块。

🍃 生物防治：前期蚜量少时保护利用瓢虫、草蛉等天敌进行自然控制。无翅蚜发生初期，用植物源药剂1.3%苦参碱乳剂1500倍液，或1.5%天然除虫菊素1000倍液等喷雾防治。

🍃 科学用药：用新烟碱制剂［10%吡虫啉1000倍液、50%吡蚜酮1500倍液、25%噻虫嗪1200倍液，或25%噻嗪酮（保护天敌）2000倍液等］，或2.5%联苯菊酯乳油2000倍液，或24%螺虫乙酯或20%呋虫胺5000倍液喷雾防治。要交替轮换用药。

3. 小地老虎

一般为小地老虎（*Agrotis ypsilon*）和黄地老虎（*Agrotis segetum* Schiffermtiller）。

🐛 **防治方法**

🍃 **农业防治**：清晨查苗，发现叶片有新的被害状甚至严重的出现断苗时，在其附近扒开表土捕捉幼虫。

🍃 **物理防治**：成虫活动期用糖醋液（糖：酒：醋：水=2：1：4：100）放在田间1m高处诱杀，每亩放置5~6盆；或田间放置黑灯光诱杀。

🍃 **科学用药**：一是毒饵诱杀，每亩用50%辛硫磷乳油0.5kg，加水8~10kg，喷到炒过的40kg棉籽饼或麦麸上制成毒饵，傍晚撒于秧苗周围。二是毒土诱杀，每亩用90%敌百虫粉剂1.5~2kg，加细土20kg拌匀，顺垄撒施于幼苗根际附近。三是淋灌防治，用20%氯虫苯甲酰胺3000倍液，或0.5%甲氨基阿维菌素苯甲酸盐1000倍液，或19%溴氰虫酰胺4000倍液，或用90%敌百虫晶体或50%辛硫磷乳油1000倍液喷灌防治幼虫。

## 四、采收与加工

### （一）采收

家种的苍术需生长3年后才可收获。北苍术春、秋两季都可采挖，但以秋后至翌年初春苗末出土前采挖的质量好。若是野生北苍术，春、夏、秋季都可进行采挖，以8月份采收的质量最好。

### （二）初加工

北苍术挖出后，除去茎叶和泥土，晒到五成干时装进筐中，撞去部分须根，表皮呈黑褐色；晒到六七成干时，再撞1次，以去掉全部老皮；晒到全干时最后撞1次，使表皮呈黄褐色，即成商品。北苍术以个大、质坚实、断面采砂点多、香气浓者佳（图4-18）。

图4-18 北苍术药材 （杨太新摄）

### （三）药材质量标准

《中国药典》2015年版规定：北苍术药材水分不得过13.0%，总灰分不得过7.0%，按干燥品计算，含苍术素不得少于0.30%。

（孙艳春 白 红）

# 北沙参

*/Glehnia littoralis* Fr.Schmidt ex Miq.

图4-19　珊瑚菜植株（谢晓亮摄）

北沙参为伞形科植物珊瑚菜（*Glehnia littoralis* Fr.Schmidt ex Miq.）的干燥根。北沙参的主要化学成份有生物碱、补骨脂素、佛手柑内酯、挥发油、淀粉等。有润肺止咳，养胃生津等功效，主治肺燥干咳，热病伤津、口渴、支气管炎等症。珊瑚菜植株如图4-19所示。

北沙参主产于河北、山东、内蒙古、辽宁等省，江苏、浙江、福建、台湾、广东等沿海各省也产。在商品流通中，习惯把河北安国产的北沙参称为祁沙参。其他产地统称为北沙参。近年来在北沙参的规范化栽培技术、适期采收、产地加工等研究方面取得进展，如采用秋季播种解决冬季种子砂藏处理、配方施肥改变大水大肥、蒸汽进行鲜品去皮等问题。研究北沙参增产提质技术和去皮加工方法仍是今后研究方向。

## 一、植物形态特征

北沙参为多年生草本植物，根属直根系，由肉质根、侧根和纤维根组成，肉质根细长，圆柱形，长10~70cm，根皮浅黄色，横环皱纹。株高10~50cm，全株密被灰褐色绒毛。茎直立不分枝。基生叶肉质而有光泽。叶柄圆柱状，表面有纵条紫红色带，基部成卷鞘，边缘近似膜质。叶片卵形，三出羽状分裂或二至三回羽状全裂或深裂；叶缘锯齿状；叶片上面深绿色，下面淡绿色。复伞形花序顶生；花梗基部有披针形苞片。花萼具5裂片，绿色，密生绒毛，呈狭三角状披针形。花瓣5枚、白色，先端骤尖状，向内卷曲。雄蕊5枚，雌蕊1枚，子房下位，二室，每室倒生胚珠1枚。双悬果圆球形或椭圆形，表面具白色或紫红色粗毛，果棱翅状，成熟时呈黄褐色。花期5~6月，果期6~7月。

## 二、生物学特性

### （一）对环境条件要求

北沙参原野生于海边沙滩，多栽培于海滨砂土、砂壤土，抗旱力较强。喜温暖向阳环境，但耐寒，能在田间越冬。怕积水，怕涝。对土壤要求不严，适宜在排水良好的砂土及砂质壤土种植，根扎得深，表皮光滑。黏土、涝洼积水地不宜种植。不可重茬。

### （二）生长发育习性

种子属于低温型种子，有胚后熟休眠特性，收获时胚长约为胚乳长的1/7，需在温暖湿润条件下，经0～5℃左右的低温处理才能顺利发芽。发芽率随着低温处理时间的延长而增加。在室温下干藏的隔年种子发芽率仅1%～6%，第三年发芽率基本上全部丧失。经低温处理种子在春季气温升高至一定程度后，即可萌发出土。在温暖湿润条件下，植株生长发育快，出土一个月左右长出真叶，地下部分开始变粗。怕高温酷暑，秋播者第三年才开花结果。冬季地上部分枯萎，根部能露地越冬。

## 三、栽培技术

### （一）栽培种

北沙参经长期的自然选择与人工优选，在植株外部形态和药材产量、质量上产生了较明显的变异，主要有"白银条"和"大红袍"两个农家品种。河北安国北沙参农家种叫"一柱香"，根细长，品质较好。

白银条叶柄绿色，叶片革质，叶面光亮，根部细长、白色、粉性足，产量高，适于加工出口；大红袍植株壮，叶柄红色，叶片绿色、革质、光亮，叶面无粉状物，根部比较粗大、白色、粉性足，药材产量最高，较白银条耐干旱。另外，在白银条和大红袍两个品种之间，还存在着叶柄颜色、叶缘缺刻等特征各异的中间类型。初步的测定结果表明，白银条的溶性糖、粗多糖、总糖、水浸出物和醇浸出物含量较高，而大红袍的欧前胡素含量较高。

### （二）选地整地

选择土层深厚，土质疏松、肥沃，向阳，排水良好的砂壤土或淤砂土、风砂土。质地松散、成土母质为云母和片麻岩性的山丘地亦可。低洼积水与土壤黏重的地块不宜种植。忌连作，可实行3年以上的轮作。前茬以小麦、玉米、谷子或生荒地为好，大豆、花生、白菜茬较差。

地块选好后需深翻50cm以上，并要做到匀、细。整地粗糙，参根易出叉。若地片较大，要在中间开挖数条排水沟，使参地呈台田状，以免受涝。耕翻时亩撒施捣碎的土杂肥或充分腐熟的农家肥4000～5000kg，加施豆饼25～50kg（事前要充分捣碎或沤制）；或亩施有机肥500kg，氮、磷、钾复合肥75kg。肥料一般在整地时一次施足，生长期不再追肥。氮肥施用量不宜多，否则会因地上部生长过盛，参根生长不良，产量下降。增施钾肥有利于提高参根产量。地翻耕好后做成2.5～3m的平畦，以利播种。

### （三）播种

北沙参用种子繁殖，分秋播和春播两种方法。每亩需用种量5～6kg。

### 1. 秋播

霜降前后（上冻前）在翻耕整好畦的地内先灌一次水，4～5天干湿适宜时浅锄（或用小旋耕机松土）一次耧平，而后顺畦按行距18～20cm划深1.5～2cm深的浅沟，将新收获的种子均匀的播入沟内，覆土将种子埋严，镇压一遍，耧平浇水；上冻前再浇一次大水，有条件盖一层圈肥。目前生产上大面积种植都采用专用播种机械进行机械化播种，机械化播种速度快质量好，是今后推广规范化、基地化生产的主要播种方法。

### 2. 春播

新收的种子必须在当年上冻前进行砂藏冬化处理。处理方法是：在背阴处挖30～40cm左右深的坑，长、宽视种子多少而定；事前将种子用50℃左右的温水浸泡24～36小时，每12小时要更换一次水，将种子充分泡透。出水后趁湿将一份种子掺三份砂土混均匀，放到坑内，浇水，最上屋表面再盖一层柴草以利保湿。第二年清明至谷雨节刨出，每天搅拌一次，将要发芽时筛净砂土进行播种。春播宜在土地解冻后进行，河北安国一般在3月上中旬播种；方法同秋播。为了保墒，便于出苗，亦可于播种后顺行间开沟分土，使种垄高于地面，然后顺沟浇水，待种子将要出苗时再耧成平畦。

## （四）田间管理

### 1. 冬春季管理

冬播的在下雪后有利于保墒。参田经冬季雨雪冰冻，第二年春天解冻后，表土常常出现板结，因此，在"惊蛰"前后，幼苗出土前，用铁耙轻轻荡一遍，使土壤疏松还能起到镇压的作用，以利出苗。如土壤过湿不可镇压。

### 2. 间苗定苗

参苗出土后，可用小抓钩轻轻划破地皮，并结合清除杂草，使表土疏松，以利幼苗生长。参苗长出2～3个真叶时，按三角形留苗法进行间苗，株距3cm左右，苗高3～4cm时定苗，株距4～6cm，缺苗时要补苗。留苗过稀过密都不好，过稀参根粗而质松，质量不好；过密生长不良。不太干旱时不要浇水，加强中耕除草保墒，以利蹲苗，田间作业时由于植株较密，茎叶脆嫩易断，除草时要注意避免伤苗；如太干旱需要浇水应浇小水。

### 3. 排灌

北沙参抗旱力较强，最怕涝。一般轻度春旱，有利于根向下生长，根条长。春涝，参根长得慢，根条粗短，所以有"春季涝，不出条"的说法。春季如遇严重干旱时，可适当浇水，以浇透地为度。在北沙参的生长后期及雨季，特别注意及时排除积水，防止烂根。

### 4. 追肥

在基肥充足的情况下，一般不进行追肥。当幼苗发育不良时，可施催苗肥，以氮肥为主，配合施用磷、钾肥。生长期追肥对药材产量的提高有促进作用，6月中下旬每亩追施氮、磷、钾复合肥50kg，以后酌情追肥。施用生物肥料有助于保证药材的质量。

### 5. 摘蕾

除留种植株外，出现花蕾要及时摘除，以减少养分消耗，促进根部生长。

## （五）病虫害防治

### 1. 锈病 (*Puccinia Pbellopteri Syd.*)

又名黄疸。病原是真菌中担子菌亚门、柄锈属真菌。主要为害叶片，叶柄、茎、花穗也受害。发病初期叶面出现不很明显的圆形或不规则形的黄绿色病斑，后期病斑明显，叶面稍凹陷，叶背稍隆起，叶两面都布有棕褐色、点状、凸起的胶黏状物，即病原菌的夏孢子堆，呈粉状。最后病斑处呈褐色穿孔，严重时整片枯死。

病斑发生在叶尖或叶缘时可使叶片卷缩变形。叶柄、茎及花穗受害后产生凸起的棕褐色病斑，严重时叶柄和茎弯曲，花穗不能结实，甚至枯死。病原菌主要以夏孢子越冬，第二年条件适宜时萌发芽管，侵入寄主，在叶内、叶柄及茎上形成病斑，并产生大量的夏孢子散出。夏孢子主要借气流飞散传播，进行重复侵染，借雨水也能传播。北沙参留种田5月初开始发病，大田7月中旬开始发病，立秋前后为害严重。夏孢子在有水或高湿的条件下才能萌发，所以春季雨水多病害发生严重；低洼积水的地块发病重；管理不善，氮肥施用过多，植株生长嫩弱，有利于发病；多雨多雾，土壤潮湿，易结露的条件也有利于发病。

☘ 防治方法

🍃 农业防治：北沙参收获后及时清洁田园，清除田间病残体，特别是留种田内更应彻底清扫干净，集中烧毁，减少越冬菌原；合理施肥，增施磷钾肥，提倡使用腐熟的有机肥、生物肥，合理补微肥，提高植株抗逆和抗病力；雨季及时排水降低田间湿度，可减轻发病。

🍃 科学用药：突出适期早用药，预计临发病前或发病初期，用50%多菌灵可湿性粉剂600倍液，或70%甲基硫菌灵1000倍液，或80%代森锰锌络合物800倍液等保护性杀菌剂喷雾防治。发病初期选用唑类杀菌剂（25%戊唑醇2000倍液、20%三唑酮1000倍液、10%苯醚甲环唑1500倍液、25%丙环唑2000倍液、40%氟硅唑5000倍液、25%腈菌唑3000倍液等），或25%嘧菌酯1000倍液，或25%吡唑醚菌酯2500倍液等喷雾治疗性防治。

### 2. 花叶病 (*Shanhucai mosaic virus*)

病原是一种病毒。5月上中旬发生。一般种子田发生较重。发病时叶片皱缩扭曲，生长迟缓，植株短小畸形，影响参根和种子产量。

☘ 防治方法

在用吡虫啉、啶虫脒、噻虫嗪、烯啶虫胺等化学药剂或苦参碱、除虫菊素等植物源药剂控制蚜虫危害不能传毒的基础上，预计临发病前或最初期及时喷施抗病毒药剂，可选喷海岛素（5%氨基寡糖素）1000倍液，6%低聚糖素1500液，或20%病毒A（盐酸吗啉双胍+醋酸铜）500倍液，或32%核苷溴吗啉胍1200倍液，或1.5%植病灵（十二烷基硫酸钠、硫酸铜、三十烷醇）800倍液，或20%毒克星（吗啉胍+乙酸铜）可湿性粉剂500倍液，或10%混合脂肪酸（NS83增抗剂）水剂100倍液，或25%菌毒清（甘氨酸取代衍生物）400倍液喷雾或喷淋，隔7天施药1次，连用2次左右。

### 3. 根结线虫病

病原为垫刃目、异皮科、根结线虫属南方根结线虫（*Meloidogyne incognita.*）。病害一般在5月份开始发生，线虫侵入植株根端，并在根部寄生，吸取植物中的养分，使分叉根部密生隆起的病瘿（内有雌雄线虫）。主根歪扭成畸形，不能正常向下生长，并逐步发展使植株发黄死亡，降低药材产量与品质。线虫发生一般于5月份开始发生，多发生于连作或上年为花生茬地块。通过种根和土壤传播，为害程度与土质有一定关系，砂性重的土壤，透气性较好，对线虫发育有利，线虫病较重。

🌿 **防治方法**

🍃 农业防治：忌连作，宜与禾本科作物轮作；实施植物检疫，不从病区调入种根。

🍃 生物防治：用淡紫拟青霉或厚孢轮枝菌（2亿活孢子/g）3kg+海岛素1000倍混合拌土均匀撒施，或沟施、穴施。

🍃 科学用药：亩用威百亩有效成分2kg沟施防治，或定植时亩沟施10%噻唑磷颗粒剂3kg+海岛素（5%氨基寡糖素）1000倍处理土壤，或用1.8%阿维菌素1500倍液+海岛素（5%氨基寡糖素）1000倍混合进行穴灌根，7天灌1次，连灌2次。

### 4. 钻心虫（*Epinotia leucantha* Meyrick）

为鳞翅目，小卷叶蛾科害虫。幼虫为害植株的根、茎、叶、花等各部位。在幼苗期，幼虫吐丝将心叶缩成簇，对心叶进行为害。尤喜向根茎部钻蛀，将根茎蛀空，造成枯心，在被害处留有橙黄色粪便。为害留种株时，幼虫将花蕾咬成缺刻或缺花，并常将小花结成簇，于花内取食，或钻入花茎中蛀食，将花茎蛀空，严重时咬断花茎，直接影响种子产量。

北沙参钻心虫一年可发生4~5代，以蛹在种子田及秋季未刨收的植株根际土表或在叶柄、根茎等被害处越冬，尤以2年以上的种子田内越冬虫量最多。各代发生很不整齐，有世代重叠现象。各代成虫发生盛期为：越冬代4月中旬，第一代6月中旬，第二代7月中旬，第三代8月中旬，第四代9月中旬。各代幼虫发生盛期为：第一代5月上中旬，第二代6月下旬至7月上旬，第三代7月下旬至8月上旬，第四代9月上、中旬，第五代10月上、中旬。第一、二代幼虫发生的盛期正值种子田植株孕蕾期，而大田中一年生植株沿处幼苗期，故此时主要集中于种子田为害，一年生的参田受害较轻。第三代幼虫主要为害一年生参株，并继续为害种子田。第四代幼虫为害将收刨的一年生参株及采种后返青的种子田。

第五代幼虫为害种子田及二年生参株。其中以第三、四代幼虫虫口密度最大，危害最重。

🌸 **防治方法**

🍃 物理防治：成虫期成方连片进行灯光诱杀成虫；收获时，把铲下的北沙参秧立即翻入20cm深的土内，叶柄基部的蛹或幼虫同时带入土内，翌年成虫就不能出土羽化，以此压低该虫的越冬基数；人工摘除一年生北沙参蕾及花，消灭大量幼虫。

🍃 生物防治：卵孵化盛期用0.3%苦参碱乳剂800～1000倍液，或1.5%天然除虫菊素1000倍液，或0.3%印楝素500倍液，或2.5%多杀霉素悬浮剂1000～1500倍液喷雾防治。

🍃 科学用药：在钻心虫未钻蛀前及时用菊酯类（4.5%氯氰菊酯1000倍液、2.5%联苯菊酯乳油2000倍液等），或20%氯虫苯甲酰胺3000倍液，或0.5%甲氨基阿维菌素苯甲酸盐1000倍液，或19%溴氰虫酰胺4000倍液，或用90%敌百虫晶体或50%辛硫磷乳油1000倍液喷雾防治，注意喷洒在北沙参秧苗的心叶处，7天喷1次，连喷1～2次。

### 5. 蚜虫

北沙参主要种类有桃蚜（*Myzus persicae*）、北沙参蚜（*Aphis beishashencola*）和胡萝卜微管蚜（*Semiaphis heraclei*），又名腻虫、蜜虫。属同翅目蚜科。以成虫、若虫吸食北沙参植株茎、叶、花中的液汁，并传播病毒，导致病毒病严重发生，以致植株皱缩畸形，生长迟缓，种子田受害重者不能开花结种，降低沙参及种子的产量。一般在5～6月发生，在气温22～26℃、湿度60%～80%的条件下发生猖獗。

🌸 **防治方法**

🍃 物理防治：黄板诱杀蚜虫，有翅蚜初发期可用市场上出售的商品黄板；或用60cm×40cm长方形纸板或木板等，涂上黄色油漆，再涂一层机油，挂在行株间，每亩挂30～40块。

🍃 生物防治：前期蚜量少时保护利用瓢虫等天敌，进行自然控制。无翅蚜发生初期，用0.3%苦参碱乳剂800～1000倍液或1.5%天然除虫菊素1000倍液等喷雾防治。

🍃 科学用药：发生期及时用新烟碱制剂［10%吡虫啉1000倍液、3%啶虫脒乳油1500倍液、50%吡蚜酮1500倍液、25%噻虫嗪1200倍液，或25%噻嗪酮（保护天敌）2000倍液、50%烯啶虫胺4000倍液等］，或2.5%联苯菊酯乳油2000倍液，或24%螺虫乙酯或20%呋虫胺5000倍液喷雾防治。要交替轮换用药。

### 6. 蛴螬（*Holotrichia oblita* Fald）

以华北大黑鳃金龟甲为主，蛴螬取食根茎，形成缺苗断垄；并形成缺刻或孔穴，根茎短少，且去皮后咬食部分变为黑褐色，影响产量和品质。

🌸 **防治方法**

🍃 农业防治：冬前将栽种地块深耕多耙，杀伤虫源、减少幼虫的越冬基数。

🍃 生物防治：施用乳状菌和卵孢白僵菌等生物制剂，乳状菌每亩用1.5kg菌粉，卵孢白僵菌每平方米用$2.0 \times 10^9$孢子。

✍ **物理防治**：利用成虫的趋光性，在其盛发期城方连片用黑光灯或黑绿单管双光灯（发出一半黑光一半绿光）或黑绿双管灯（同一灯装黑光和绿光两只灯管）诱杀成虫（金龟子），一般50亩地安装一台灯。

✍ **科学用药**：一是毒土防治，每亩用50%辛硫磷乳油0.25kg与80%敌敌畏乳油0.25kg混合，均匀撒施田间后浇水，提高药效；或用3%辛硫磷颗粒剂3～4kg混细沙土10kg制成药土，在播种时撒施。二是喷灌防治：用90%敌百虫晶体，或50%辛硫磷乳油800倍液等灌根防治幼虫。成虫期用菊酯类（4.5%氯氰菊酯1000倍液、2.5%联苯菊酯乳油2000倍液等），或20%氯虫苯甲酰胺3000倍液，或0.5%甲氨基阿维菌素苯甲酸盐1000倍液，或19%溴氰虫酰胺4000倍液等喷雾防治。

### （六）留种技术

选择植株健壮、根长无叉的参根，去掉叶片，保留中心嫩芽。在整好的畦内按行距30cm，株距18～20cm，将参根挖穴栽植，以使沙参头似露不露为好，一般以根顶低于地面3cm为宜，随后埋实浇小水踏实。栽后10余天长出新叶，"霜降"后植株地上部分枯萎。翌年4月返青抽薹，开花时可每亩追施尿素10～15kg或三元素复合肥20～30kg。7月份（入伏前后）当果实呈黄褐色时种子成熟，随熟随采。采下果实晒干或置通风处阴干，去果柄和杂质，装于麻袋内，放干燥处保存，以备播种。

## 四、采收与加工

### （一）采收

北沙参的种植周期可分为1年、2年、3年，采收的具体时间对保证药材质量非常重要，过早、过迟均不宜。1年收者在白露至秋分之间进行；2年或3年收者在"夏至"前后5天内进行。此时采收的药材，质坚实，粉性足，质量好，产量高。

采挖时，于参田一端开挖深沟，使参根部露出，用手提起，去掉地上部及须根，待加工。目前在北沙参产区河北安国普遍采用大型机械采挖，该机械可深耕40cm将参根筛土刨出，一台机械每天可采挖北沙参30亩左右，大大提高了生产效率，适合于大面积基地化采收。

### （二）初加工

加工时选晴天，将参根按粗细分开，洗净泥土，每2～2.5kg扎一小捆。用大锅烧开水，拿着参捆粗头，将参尾稍放开水中，顺锅转2～3圈，约6～8秒，再把全捆散开放入锅内，不断翻动，并连续加火，使锅内水保持沸腾，约经2～3分钟，先取出几条检查一下，如中部能捋下皮，立即捞出，摊于席上冷晾，待冷却后立即捋皮。捋皮时不可折断参条。捋皮后伸直参条，摆于席箔上曝晒。如当天晒不干，夜晚将席箔搬于室内，第二天继续晒。干后放屋内堆放3～5天，使其回潮。然后按等级标准扎成小把，垛起来，稍压几天，再选晴天搬到室外稍晾。如遇连续阴雨天，以火炕烘干，以免变色霉烂，干后即可供药用。

### （三）药材质量标准

以根条圆柱形、偶有分枝，长10～45cm、直径0.2～1.2cm；表面略淡黄白色、坚实、粉性足、无虫蛀者为佳。药材以粗细均匀、长短一致、去净栓皮、色黄白者为佳。

北沙参商品常分为三等。一等：干货。呈细长条柱形，去净栓皮，表面黄白色，质坚而脆。断面皮部淡黄白色，有黄色木质心。微有香气，味微甘。条长34cm以上，上中部直径0.3～0.6cm。无芦头、细尾须、油条、虫蛀、霉变。二等：干货。条长23cm以上。余同一级。三等：干货。条长23cm以下。粗细不分，间有破碎。余同一级。

图4-20　北沙参药材（张广明摄）

《中国药典》2015年版规定：药材呈细长圆柱形，偶有分枝，长15～45cm，直径0.4～1.2cm；表面淡黄白色，略粗糙，偶有残存外皮，不去外皮的表面黄棕色。全体有细纵皱纹和纵沟，并有棕黄色点状细根痕；

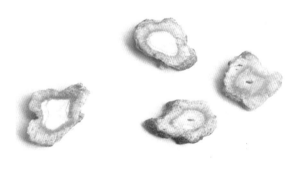

图4-21　北沙参饮片（谢晓亮摄）

顶端常留有黄棕色根茎残基；上端稍细，中部略粗，下部渐细。质脆，易折断，断面皮部浅黄白色，木部黄色（图4-20、图4-21）。气特异，味微甘。

（寇根来）

# 柴胡

*/Bupleurum chinense DC.*
*/Bupleurum scorzonerifolium Willd.*

图4-22 北柴胡植株 （谢晓亮摄）

柴胡为伞形科植物柴胡*Bupleurum chinense* DC.或狭叶柴胡*Bupleurum scorzonerifolium* Willd.的干燥根。按性状不同，分别习称"北柴胡"和"南柴胡"。柴胡的主要化学成分有柴胡皂苷、甾醇、挥发油（柴胡醇、丁香酚等）、脂肪酸（油酸、亚麻油酸、棕榈酸、硬脂酸等）和多糖、黄酮、多元醇、香豆素和微量元素等。柴胡具疏散退热、疏肝解郁、升举阳气的功效，主要用于治疗感冒发热、寒热往来、胸胁胀痛、月经不调、子宫脱垂、脱肛等症。北柴胡植株如图4-22所示。

柴胡已有2000多年的药用历史，《神农本草经》列为上品。历史上柴胡以产地划分为津柴胡、会柴胡及汉柴胡。津柴胡产于太行山之东，以河北涉县、易县、涞源、平山所产质佳；此外，山西长治的太行山区、内蒙古凉城、大青山地区均产，因集散于天津，故称"津柴胡"。会柴胡主产于河南伏牛山区，以嵩县、卢氏、栾川等地品质特佳。汉柴胡主产于湖北省郧西、郧县、竹山、竹溪、陕西省丹凤、商南、商州、河南省西峡、内乡、桐柏，尤以三省交界的紫荆关所产为佳，有"紫荆关柴胡"之称。柴胡人工种植只有20多年的历史，目前柴胡种植规模和市场供应量最大的是甘肃、陕西和山西、黑龙江、内蒙古、吉林、河南、河北、四川等省也有少量栽培。近年来，在柴胡规范化栽培技术、适宜采收期及品种选育等方面研究取得进展，如中柴2号的选育成功，粮药间作、雨季套种、蕾期割薹、病虫害防治等措施可显著提高柴胡播种出苗率及产量。开展柴胡品种选育、进一步提高产量、稳定柴胡有效成分等仍是今后栽培研究的方向。

## 一、植株形态特征

### 1. 柴胡

多年生草本，株高50～85cm。主根较粗大，灰褐色至棕褐色，质坚硬。茎单一或2～3枝丛生，表面有细纵槽纹，实心，上部多分枝，略作之字形曲折。基生叶倒披针形或狭椭圆形，长4～10cm，宽0.6～1.2cm，顶端渐尖，基部收缩成柄，早枯落；茎生叶倒披针形或广线状披针形，长5～16cm，宽0.6～3cm，顶端渐尖或急尖，有短芒尖头，基部收缩成叶鞘抱茎，脉7～9，叶表面鲜绿色，背面淡绿色，常有白霜；茎顶部叶同形，较小。复伞形花序很多，梗细，常水平伸出，形成疏松的圆锥状，伞辐3～9cm，稍不等长，长1～3cm；总苞片2～4，常大小不等，狭披针形，长1～5mm，宽0.5～1mm，3脉；小总苞片5，稀6，披针形，长2.5～4mm，宽0.5～1mm，顶端尖锐，3脉，向叶背凸出；小伞形花序具花5～12；花柄长0.8～1.2mm；小花直径1.2～1.8mm；花瓣鲜黄色，花柱基深黄色，宽于子房。果椭圆形，棕色至棕褐色，两侧略扁，长约3mm，宽约2mm，果棱明显，每棱槽油管3，合生面4。花期7～9月，果期9～10月。种子为双悬果果实，宽椭圆形、左右扁平、表面粗糙，黄褐色或褐色。

### 2. 狭叶柴胡

多年生草本，高30～60cm。叶互生，线形或狭线形，长7～17cm，宽2～6mm，先端渐尖，具短芒，基部最窄，有5～7条纵脉，具白色骨质边缘。复伞形花序多数，集成疏松圆锥花序；总苞片1～3，条形；伞幅3～8；小总苞片5，狭披针形；花梗6～15；花黄色。双悬果宽椭圆形。花期7～9月，果期8～10月。

## 二、生物学特性

### （一）对环境条件要求

柴胡多野生阴坡和半阳坡或林间草地，亦喜欢生长林缘、林中隙地、草丛及沟旁等地，对土壤的要求不十分严格，壤土、砂质壤土或腐殖土的土壤地块均适宜柴胡生长。

柴胡耐旱性较强，种子萌发时需要充足水分，在全生育期中，不遇严重干旱，一般不需浇水。生长期怕洪涝积水，遇涝要及时排除。

### （二）生长发育习性

#### 1. 分蘖特性

柴胡具有明显的分蘖特性，根茎部位是柴胡生长发育和分蘖发生的关键部位。上年经越冬后枯萎的植株，在春季3月上旬，从根茎部萌发分蘖，形成春生根茎分蘖苗，之后分化形成花薹；秋季7月中下旬，已经开花结实的植株。再次从根茎部萌发分蘖，并发育形成秋生分蘖苗。伴随着分蘖的发生，柴胡在其生长发育过程中形成3种不同时期的植株幼苗。

（1）种子苗：上年成熟的种子落入地表草丛中，经冬季雨雪、春夏降雨击落与滋生地土壤接触，随气温回升，种子发芽出苗而形成的幼苗，称为种子苗。种子苗当年只进行营养生长，不抽薹开花。其生长点经越冬通过春化，而大部分叶片由于越冬而干枯，至次年3月中旬长出新叶，到5月底6月初形成8～10片基生叶后，开始抽薹、现蕾、开花、结实。

（2）春生根茎分蘖苗：上年已抽薹开花的植株，经越冬地上部枯萎，以根茎处的腋芽经过越冬低温春化，至次年2月下旬腋芽开始萌发分蘖，3月中旬前后长出新叶，形成春生根茎分蘖苗。春生根茎分蘖苗到5月底6月初形成8～10片基生叶后，开始抽薹、现蕾、开花、结实。

（3）秋生根茎分蘖苗：当年已抽薹开花的植株，于7月中下旬，其根茎处的腋芽开始萌发分蘖，长出新叶，形成秋生根茎分蘖苗，秋生根茎分蘖苗至10月中下旬长出6～10片基生叶后进入越冬，经越冬，其地上部叶片大部干枯，而生长点经越冬通过低温春化，至次年2

月下旬返青生长，到5月底6月初形成8~10片基生叶后，开始抽薹、现蕾、开花、结实。

### 2. 生育期及发育模式图

柴胡生长发育过程中，需经过一定的低温春化才能开花结实，其生长发育历经种子萌发、苗期、越冬期、返青期、抽薹期、现蕾期、开花期、结实期和休眠期。种植柴胡当年种子苗形成于6月中下旬，由于当年未通过低温春化，种子苗当年只生基叶和茎，只有很少植株开少量花，尚不能产籽，经越冬后次年6月中下旬开始抽薹，7月中旬现

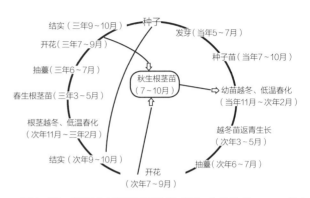

图4-23　柴胡生长发育历程模式图　（贺献林，2015年）

蕾，8~9月开花，同时在根茎处萌发秋生分蘖苗，但这种根茎分蘖苗当年不抽薹开花，10月中下旬形成种子（图4-23）。

### 3. 根系生长特点

柴胡根系第一年生长缓慢，第二年缓慢增长；根粗在返青（4月15日）至开花期（7月15日）呈快速增长趋势，之后增长缓慢；根重从返青至现蕾期增长缓慢，之后随着花期根重增长迅速，开花期出现一个小高峰，之后增长变缓，到结实期即秋生分蘖苗形成期再次进入快速增长期，至越冬前根重回落。

### 4. 种子特性

柴胡种子为双悬果果实。果实形状为椭圆形，颜色大致为黄褐色至黑褐色，有5个明显的果棱。其果皮与种皮紧密连接，成为种子的抵御外界不良环境条件的天然屏障，这种结构使种皮牢牢包被于种子外，而种皮内含有发芽抑制物质，不利于种子萌发。

柴胡种子为子叶出土型，种子萌动时胚根从发芽口伸出，胚轴伸长，逐渐将子叶顶出土而出苗。柴胡属阴性植物，在种子出土和初生幼苗时期，必须保证地面形成阴湿的田间小气候环境，才能保证种子的发芽和幼苗的顺利生长。柴胡种子籽粒较小，发芽时间长（在土壤水分充足且保湿20天以上，温度在15~25℃时方可出苗），发芽率低，出苗不齐。

## 三、栽培技术

### （一）栽培种

柴胡生产中栽培的主要是地方品种如涉县柴胡、山西万荣柴胡、中柴2号。

#### 1. 涉县柴胡

是从涉县偏城镇小峧村野生柴胡种质中筛选出的地方品种，种子椭圆形，深褐色，

千粒重1.2g，种子较中柴2号略小，长约2.6mm，宽约1.0mm，发芽适宜温度15～25℃；植株半松散型，株高85cm左右，茎基浅紫色，主茎略带紫色条纹，叶绿色，根褐色，须根少，有少量分枝，根长14.3cm，根茎粗0.72cm，1.5年生单根重2.14g，涉县第一年7月上旬播种，第二年秋后可采收，一般亩产50～60kg。有效成分柴胡皂苷（a+d）一般为0.47%～0.69%。

**2. 山西万荣柴胡**

山西万荣县家种柴胡，种子椭圆形，种子褐色，千粒重0.86g，种子较小，长约2.2mm。宽约0.85mm，发芽适宜温度15～25℃；植株半松散型，株高80cm左右，茎绿色至浅紫色，叶绿色，根黄褐色，须根较少，根长18.2cm，根茎粗0.57cm，1.5年生单根重2.33g，涉县引种后第一年7月上旬播种，第二年秋后可采收，一般亩产50~60kg。有效成分柴胡皂苷（a+d）一般为0.34%～0.35%。

**3. 中柴2号**

种子椭圆形，千粒重1.6g，种子较大，长约3.3mm，宽约1.6mm，种子发芽适宜温度范围大，一般在7.5～30℃均可发芽，以15～25℃为宜，发芽快而整齐。北京地区春播生育期180天左右，株高80cm左右，株型属半松散型；茎绿色，叶绿色；根深褐色，须根少，根长15cm左右。

## （二）选地整地

柴胡属耐阴植物，其种子个体小，野生条件下，是在草丛中阴湿环境中发芽生长，种植栽培时应为其创造阴湿环境，选择已栽种玉米、谷子或大豆等秋作物的地块进行套种。利用秋作物茂密枝叶形成天然的遮阴屏障，并聚集一定的湿气，为柴胡遮阴并创造稍冷凉而湿润的环境条件。也可选择退耕还林的林下地块或山坡地块，利用林地的遮阴屏障或山坡地上的杂草、矮生植物遮阴。

柴胡一般采取与玉米、谷子或大豆等作物在雨季套播，因此应在玉米、谷子或大豆播种前结合深耕施足底肥，达到一肥两用，一般每亩施用腐熟有机肥2500～3500kg，复合肥80～120kg，柴胡播前要先造墒，浅锄划，然后播种。没造墒条件的旱地，应在雨季来临之前浅锄划后播种等雨。

## （三）播种

播种时一要掌握好播种时间，柴胡出苗时间长，雨季播种原则为宁可播种后等雨，不能等雨后播。最佳时间为6月下旬至7月下旬。二要掌握好播种方法，待玉米长到40～50cm时，先在田间顺行浅锄一遍，然后划1cm浅沟，将柴胡种子与炉灰拌匀，均匀地撒在沟内，镇压即可，也可采用耧种，或撒播。用种量2.5～3.5kg/亩，一般20～25天出苗。

## （四）田间管理

### 1. 疏苗

前茬作物收获后，将秸秆清理至田外，进行一次疏苗间苗，一般亩留苗8万～10万株。

### 2. 追肥

一是在6月下旬至7月初结合割薹亩施含磷、钾肥为主的复合肥20kg。二是在柴胡繁种田的花果期，结合病虫害防治，可喷施1%磷酸二氢钾及少量的微肥，促进果实成熟。

### 3. 割薹

在非留种田第二年的6～7月，将柴胡的花薹全部割掉，割薹时将植株茎叶割去，留茬高度5~10cm。被割去的茎叶，带出田间，晾干后，可切成3～5cm左右的小段，作为柴胡全草出售。由于割薹时节已渐入雨季，柴胡割薹后遇雨，易引发根腐病。因此，要选择晴天割薹，或者割薹后，喷施多菌灵、噁霉灵等广谱杀菌剂。

## （五）病虫害防治

### 1. 根腐病（*Fusarium spp.*）

属半知菌亚门瘤座菌目镰刀菌属，多发生于二年生植株和高温多雨季节。初感染于根的上部，病斑灰褐色，逐渐蔓延至全根，使根腐烂，严重时成片死亡。

🐚 防治方法

🌿 农业防治：选择未被污染的土壤，使用充分腐熟的有机肥和生物肥，增施磷钾肥，合理控制氮肥，配方和平衡施肥，合理补微肥；与禾本科作物轮作；及时割薹，减少田间郁闭，注意排水。

🌿 科学用药：发病初期用50%多菌灵600倍液，或70%甲基硫菌灵800倍液，或80%代森锰锌络合物800倍液，或30%噁霉灵+25%咪鲜胺按1∶1复配1000倍液或用枯草芽孢杆菌（10亿活芽孢/g）500倍液灌根，其他有效药剂参照"白术根腐病"。隔7天灌1次，连续灌2次左右。

### 2. 斑枯病（*Septoria dearnessii sp.*）

斑枯病为属半知菌亚门白芷壳针孢菌，夏秋季易发生，8月为发病盛期。主要危害茎叶。茎叶上病斑近圆形或椭圆形，发病严重时，病斑汇聚连片，叶片枯死，影响柴胡正常生长。

🐚 防治方法

🌿 农业防治：入冬前彻底清园，及时清除病株残体并集中烧毁或深埋；加强田间管理，及时中耕除草，合理施肥与灌水，雨后及时排水。

🌿 科学用药：发病初期用50%多菌灵可湿性粉剂600倍液，或70%甲基硫菌灵可湿性粉

800～1000倍液，或80%代森锰锌络合物1000倍液，或20%氟硅唑·咪鲜胺（4%氟硅唑+16%咪鲜胺）2000倍液，或25%嘧菌酯悬浮剂1500倍液，或25%吡唑醚菌酯2500倍液喷雾防治。视病情把握用药次数，间隔10～15天防治1次。

### 3. 伞双突野螟及法氏柴胡宽蛾

伞双突野螟（*Sitochroa palealis*）属鳞翅目，螟蛾科，前期以幼虫取食柴胡叶片，常吐丝缀叶成纵苞，严重时将叶片全部吃光，影响柴胡正常生长；柴胡现蕾以后，幼虫吐丝做茧，将花絮纵卷成筒状，潜藏其内取食花絮连续危害，严重影响植株开花结实，或咬断细小花柄，或取食花柄的表皮，造成咬食部位上方植株死亡，危害严重的地块可造成上部全部死亡，留种田种子基本绝收。

法氏柴胡宽蛾（*Depressaria falkovitchi* Lvovsky）属鳞翅目小潜蛾科，为国内新纪录种，以幼虫取食刚抽薹现蕾的柴胡生长点的嫩叶、花柄、花蕾及未成熟的果实。

🌺 防治方法

🍃 农业防治：采取抽薹后开花前及时割除地上部的茎叶，并集中带出田外，晾干后作柴胡苗出售。利用幼虫受惊吓掉落假死的习性，可进行人工捕杀，集中消灭，或直接从柴胡植株上采集幼虫加以消灭。

🍃 生物防治：孵化盛期或低龄幼虫未钻蛀前，用0.36%苦参碱800倍液，或25%灭幼脲悬浮剂2500倍液，或25%除虫脲悬浮剂3000倍液，或5%虫酰肼乳油2500～3000倍液等喷雾防治。

🍃 科学用药：用菊酯类（4.5%氯氰菊酯1000倍液、2.5%联苯菊酯乳油2000倍液等），或20%氯虫苯甲酰胺3000倍液，或0.5%甲氨基阿维菌素苯甲酸盐1000倍液，或19%溴氰虫酰胺4000倍液，或5%辛硫磷乳油1000倍液等喷雾防治，于早晨露水干后至10点之前或下午5点后进行防治，首次用药后7～10天再进行一次扫残防治。

### 4. 赤条蝽［*Graphosoma rubrolineata*（Westwood）］

赤条蝽属半翅目蝽科，以成虫在田间枯枝落叶、杂草丛中或土下缝隙里越冬。5月下旬至6月上旬，越冬成虫开始危害已抽薹的柴胡。主要危害期在6～10月上旬。以若虫、成虫危害北柴胡的嫩叶和花蕾，造成植株生长衰弱、枯萎，花蕾败育，种子减产。

🌺 防治方法

🍃 农业防治：秋冬季清除柴胡种植田周围的枯枝落叶及杂草，沤肥或烧掉，消灭部分越冬成虫，于卵期采摘卵块，集中处理。

🍃 生物防治：初孵幼虫期用植物杀虫剂500～800倍液或15%茚虫威悬浮剂2500倍液等喷雾防治。

🍃 科学用药：8～9月在成虫和若虫为害盛期，选用菊酯类（4.5%氯氰菊酯1000倍液、2.5%

联苯菊酯或5.7%百树菊酯2000倍液等），或20%氯虫苯甲酰胺3000倍液，或0.5%甲氨基阿维菌素苯甲酸盐1000倍液，或19%溴氰虫酰胺4000倍液等喷雾防治，高峰期5～7天喷一次，连续防治2～3次。收获前依照农药安全间隔期适时停止用药。

### 5. 蚜虫

柴胡蚜虫主要有胡萝卜微管蚜（*Semiaphis heraclei*）、桃粉蚜（*Hyalopterus arundirus*），属同翅目蚜科。柴胡田间蚜虫危害有两种类型。一类在秋季越冬前、早春柴胡返青后以成虫、若虫危害柴胡的基生叶，可群集叶和嫩梢上刺吸汁液，叶片卷缩变黄，严重时生长缓慢，甚至枯萎死亡。一类以成虫、若虫危害抽薹后柴胡的嫩茎，开花后危害花梗，严重时造成嫩茎及花梗枯萎。

**☘ 防治方法**

🍃 生物防治：前期蚜量少时，保护利用瓢虫、草蛉等天敌，进行自然控制，无翅蚜发生初期，用0.36%苦参碱800倍液或1.5%天然除虫菊素2000倍液，或50%抗蚜威可湿性粉剂2000～3000倍液等喷雾防治。

🍃 科学用药：用新烟碱制剂［10%吡虫啉或3%啶虫脒乳油1000倍液、50%吡蚜酮1500倍液、25%噻虫嗪1200倍液、25%噻嗪酮（保护天敌）2000倍液等］，或24%螺虫乙酯或20%呋虫胺5000倍液，或2.5%联苯菊酯乳油3000倍液等喷雾防治，视虫情把握防治次数，间隔7～10天，要交替用药。

🍃 物理防治：参照"北沙参蚜虫"。

## （六）草害防治

柴胡田间杂草种类很多，一年四季都有发生，有些杂草根系发达，植株高大，田间养分消耗多，占有空间大，抑制柴胡的生长发育，严重影响产量。据调查，柴胡田间杂草主要有：蒲公英、山苦荬、猪毛蒿、刺儿菜、黄花蒿、藜、田旋花、打碗花、秃疮草、荠菜、夏至草、反枝苋、凹头苋、紫花地丁、车前、朝天委陵菜、地黄、附地菜、狗尾草13科19种。

主要防治措施：①播种前可用20%草铵膦1500倍液，或10%草铵膦800倍液，或亩用41%草甘膦异丙胺盐200ml喷雾进行灭生性除草，5天后即可播种或移栽。②适时早播，确保冬前壮苗。合理密植，确保苗全苗齐，不留窟窿田；苗前和苗后人工除草。前茬作物收获后，根据田间苗情，中耕一遍，起到除草作用，如果田间苗小，人工拔除田间杂草即可；以后每年的4～5月，浅锄一遍，起到除草、保墒双效；5月后，随着柴胡的生长，田间封垄，可抑制杂草生长，不用下锄。③改撒播为成行种植，便于田间人工除草，这样也可在封垄前把握技术（药械喷头带专用防护罩）用草甘膦或草铵膦实施行间局部集中用药灭草，不能伤害植物。④越冬前、早春返青期是防治越冬杂草的关键时期，要及时采取人工除草；夏季割薹后是防治夏季杂草快速生长的关键时期，要及时防治。

### （七）留种技术

柴胡种子田一般在播种后的第2年或第3年进行采种，种子采收一般在9～10月，当种子颜色由黄褐色变为棕褐色时进行，剪下果穗，也可整株收获，摊晾至干，脱粒，去除杂质。

## 四、采收与加工

### （一）采收与初加工

柴胡一般春、秋采收。采收时，先顺垄挖出根部，留芦头0.5～1cm，剪去干枯茎叶，晾至半干，剔除杂质及虫蛀、霉变的柴胡根，然后分级捋顺捆成0.5kg的小把，再晒干。

### （二）药材质量标准

柴胡根一般呈圆柱形或长圆锥形，长6～15cm，直径0.3～0.8cm。根头膨大，顶端残留3～15个茎基或短纤维状叶基，下部分枝。表面黑褐色或浅棕色，具纵皱纹，支根痕及皮孔。质硬而韧，不易折断，断面显纤维性，皮部浅棕色，木部黄白色（图4-24）。气微香，味微苦。分级标准：直径0.5cm以上，长25cm以上为一级；直径0.2～0.4cm，长20cm为二级；直径0.2cm，长18cm为三级。

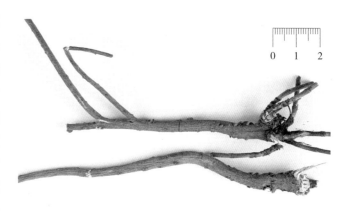

图4-24　北柴胡药材　（谢晓亮摄）

《中国药典》2015年版规定：柴胡药材水分不得过10.0%，总灰分不得过8.0%，酸不溶性浸出物不得少于3.0%，醇溶性浸出物不得少于11.0%，按干燥品计算，含柴胡皂苷a（$C_{42}H_{68}O_{13}$）和柴胡皂苷d（$C_{42}H_{68}O_{13}$）的总量不得少于0.30%。

（贺献林　陈玉明　王丽叶）

# 丹参

*/Salvia miltiorrhiza Bge.*

丹参为唇形科植物丹参*Salvia miltiorrhiza* Bge. 的干燥根和根茎。生药称为丹参〔Salviae Miltiorrhizae Radix Et Rhizoma〕。丹参的主要化学成分为脂溶性的二萜类化合物和水溶性的多聚酚酸类成分两大类。脂溶性成分有丹参酮Ⅰ、丹参酮Ⅱ$_A$、隐丹参酮等。水溶性成分包括丹参素、丹参酸甲、丹参酸乙、丹参酸丙、原儿茶酸、原儿茶醛等。此外，还含黄酮类、三萜类和甾醇等成分。它具有活血祛瘀、通经止痛、清心除烦、凉血消痈的功效。

**图4-25　丹参植株（温春秀摄）**

用于胸痹心痛，脘腹胁痛，癥瘕积聚，热痹疼痛，心烦不眠，月经不调，痛经经闭，疮疡肿痛。

丹参广泛分布于华北、华东、中南、西北、西南。一般认为山东、河南和四川丹参质量好优于其他地区。我国中药材生产有70%来自野生，随着人们对丹参药用价值的了解和需求量的增加，丹参野生资源日趋减少。为保证国内用药量的需求，全国许多地区开展了丹参的引种栽培，但多就地取材，因而造成由于不同产地栽培引起的质量差异十分显著。虽然人工栽培的丹参已纳入药典，但在生产实际中丹参种质资源比较混杂，种植技术不科学，管理不规范，导致药用成分含量差异较大，而且产量的差别也很大。对现有栽培种质进行系统评价和优选，从中筛选出高产、优质、药效成分高的新品种，探索开展科学的栽培技术的研究依然是今后丹参生产中急需解决的问题。丹参植株如图4-25所示。

## 一、植株形态特征

丹参为多年生草本植物，高达 30 ~ 120cm，全株密被白色柔毛。根圆柱形，砖红色或鲜红色。茎直立，四棱形。奇数羽状复叶，叶柄长 1 ~ 7cm，小叶 3 ~ 7，顶端小叶较大，小叶卵形或椭圆状卵形，长 1.5 ~ 8cm，宽 0.8 ~ 5cm，先端钝尖，基部宽楔形或斜圆形，边缘具圆锯齿，背面被白色柔毛较密。轮伞花序有花 6 至多朵，组成顶生或腋生的总状花序，密被腺毛和长柔毛；花萼钟状，褐红色，先端二唇形，密被白色柔毛；花冠蓝紫色或淡紫色。花期为 5 ~ 8 月，果期 8 ~ 9 月，果为坚果。

## 二、生物学特性

### （一）对环境条件的要求

栽培丹参主要分布于河南、山东、四川、河北、陕西等地，野生丹参适于林缘坡地、沟边草丛、路旁等阳光充足、空气湿度大、较湿润等环境。生长最适温度 20 ~ 26℃，最宜空气相对湿度 80%，一般年平均气温 11 ~ 17℃，海拔 500m 以上，年平均降水量

500mm 以上。丹参根部发达，长度可达 60～80cm，怕旱忌涝，忌在排水不良的低洼地种植。对土壤酸碱度要求不严，从微酸性到微碱性均可栽培丹参，但以地势向阳、土层深厚、中等肥沃、排水良好的砂质壤土栽培较好。

### （二）生长发育习性

丹参自然生长是多年宿生性草本，12月份地上部分开始枯萎。实生苗或留地的老苗于次年3月开始返青，用根繁殖的于一个月后萌发出土。育苗移栽第一个快速增长期出现在返青后30～70天。从返青到现蕾开花需约60天，这时种子开始形成。种子成熟后，植株生长从生殖生长再次向营养生长过渡，叶片和茎秆中的营养物质集中向根系转移，出现第一个生长高峰。8～10月是根部增长的最快时期。

## 三、栽培技术

### （一）栽培种

唇形科鼠尾草属植物丹参为历版《中华人民共和国药典》收载的中药丹参的唯一来源基原。在我国鼠尾草属植物资源调查显示，有 78 种，24 变种，8 变型，分布于全国各地，尤以西南为最多。商品丹参以唇形科植物丹参的根为主。另外，南丹参及甘肃丹参的根也被广泛的应用。云南尚有同属多种植物，即滇丹参、三叶鼠尾、长冠鼠尾和毛地黄鼠尾的根。在民间应用和地方入药中，以其同属多种植物的根均作丹参用。

李建秀等报道，在药用植物资源调查中，发现山东丹参类药用植物有 2 种、1 变种和 1 变型，即丹参、山东丹参、单叶丹参和白花丹参。山东丹参为新种，单叶丹参为山东分布最广泛，白花丹参为山东特产；张兴国等研究认为川丹参有大叶型、小叶型和野生型品种资源类型；将不同种源的丹参引种到江苏省进行种质资源比较，得出四川中江家种、安徽亳州家种为江苏地区最适合种植的丹参品种。温春秀等通过系统选育的方法，选育出丹参优良品种冀丹1号、冀丹2号、冀丹3号新品种，通过杂交育种的方法，培育出丹杂1号、丹杂2号丹参新品种，作为优良品种在生产中广泛应用，其有效成分的含量均符合《中国药典》2015年版规定标准。

### （二）选地整地

根据丹参的生活习性，应选择光照充足、排水良好、土层深厚，质地疏松的砂质壤土。土质黏重、低洼积水、有物遮光的地块不宜种植。每亩施入充分腐熟的有机肥2000～3000kg作基肥，深翻30～40cm，耙细整平，做畦，地块周围挖排水沟，使其旱能浇、涝能排。

### （三）播种繁殖方法

丹参种植一般分春季、夏季和秋季。春季栽种在3月下旬至4月上旬；秋季栽种在10月下旬至11月上旬；秋季丹参种子成熟后即可播种。低山丘陵区采用仿野生栽培丹参时，可在7~8月雨季播种。

丹参有四种繁殖方法，包括种子繁殖、分根繁殖、芦头繁殖和扦插繁殖。生产上多采用种子繁殖和分根繁殖。

**1. 种子繁殖**

丹参种子发芽率为30%~65%左右。幼苗期间只生基生叶，2龄苗才会进入开花结实阶段，种子千粒重为1.4~1.7g。

（1）春播：于3月下旬在畦上开沟播种，播后浇水，畦面上加盖塑料地膜，保持地温18~22℃和一定湿度，播后半月左右可出苗。出苗后在地膜上打孔放苗，苗高6~10cm时间苗，5~6月可定植于大田。

（2）秋播：6~9月种子成熟后，分批采下种子，在畦上按行距25~30cm，开1~2cm深的浅沟，将种子均匀地播入沟内，覆土荡平，以盖住种子为宜，浇水。约半月后便可出苗。

**2. 分根繁殖**

开5~7cm沟，按株距20~25cm，行距25~30cm将种根撒于沟内，覆土2~3cm，覆土不宜过厚或过薄，否则难以出苗。栽后用地膜覆盖，利于保墒保温，促使早出苗、早生根。每亩用丹参种根60~75kg。

**3. 芦头繁殖**

按行株距25cm挖窝或开沟，沟深以细根能自然伸直为宜，将芦头栽入窝或沟内，覆土。

**4. 扦插繁殖**

于7~8月剪取生长健壮的茎枝，截成12~15cm长的插穗，剪除下部叶片，上部保留2~3片叶。在备好的畦上，按行距20cm开斜沟，将插穗按株距10cm斜放入沟中，插穗入土2~3cm，顺沟培土压实，浇水，遮阴，保持土壤湿润。一般20天左右便可生根，成苗率90%以上。待根长3cm时，便可定植于大田。

### （四）田间管理

丹参田间管理主要包括中耕除草、追肥、排灌水和摘花等。一般中耕除草3次，第1次在返青时或苗高约6cm时进行，第2次在6月份，第3次在7、8月份，封垄后不再行中耕除草。丹参以施基肥为主，生长期可结合中耕除草追肥。雨季注意排水防涝，积水影响丹参根的生长，降低产量、品质，甚至烂根死苗。丹参开花期，除准备收获种子的植株外，必须分次将花序摘除，以利根部生长，提高产量。

### （五）病虫害防治

生产上丹参根腐病和根结线虫病危害严重。贯彻"预防为主，综合防治"的植保方针，通过选用抗性品种，培育壮苗，加强栽培管理，科学施肥等栽培措施，综合采用农业防治、物理防治、生物防治、结合科学用药的方法将有害生物危害控制在允许范围以内。农药安全使用间隔期遵守GB/T 8321.1-7，没有标明农药安全间隔期的农药品种收获前30天停止使用。

#### 1. 根腐病（*Fusarium equiseti* Sacc.）

危害植株根部。发病初期须根、支根变褐腐烂，逐渐向主根蔓延，最后导致全根腐烂，外皮变为黑色，随着根部腐烂程度的加剧，地上茎叶自下而上枯萎，最终全株枯死。

🌱 防治方法

🍃 农业防治：合理轮作；选择地势高燥、排水良好的地块种植，雨季注意排水；选择健壮无病的种苗。

🍃 生物防治：预计临发病前或发病初期用枯草芽孢杆菌（10亿活芽孢/g）500倍液灌根。

🍃 科学用药：发病初期用50%多菌灵600倍液，或70%甲基硫菌灵800倍液，或80%代森锰锌络合物1000倍液，或25%咪鲜胺或30%噁霉灵1000倍液，或10%苯醚甲环唑1500倍液，或30%噁霉灵+25%咪鲜胺按1：1复配1000倍液等灌根。7天喷灌1次，连续喷灌3次左右。

#### 2. 根结线虫病（*Meloidogyne hapla* Chitwood.）

该病为北方根结线虫病，在须根上形成许多瘤状结节，植株地上部矮小萎黄。

🌱 防治方法

🍃 农业防治：建立无病留种田，并实施检疫，防止带病繁殖材料进入无病区。与禾本科作物轮作2年以上。

🍃 科学用药：用药种类和方法参照"白芷线虫病"。

#### 3. 叶斑病（*Alternaria zinniae* Pape）

该病7～8月发生。危害叶片，病斑黄色或黄褐色，严重时整个叶片变成灰褐色枯萎死亡。

🌱 防治方法

发病初期用50%多菌灵可湿性粉剂600倍液，或3%广枯灵（噁霉灵+甲霜灵）600～800倍液，或80%代森锰锌络合物800倍液，或25%咪鲜胺可湿性粉剂1000倍液等喷雾防治。其他有效药剂参照"柴胡斑枯病"。

#### 4. 地下害虫

地下害虫主要包括蝼蛄（蝼蛄科*Gryllotalpidae*）、金针虫（叩甲总科*Elateroidea*）、金龟子（金龟甲科*Scarabaeidae*）。

🌸 **防治方法**

🍃 农业防治：冬前深耕多耙，破坏其洞穴，提高对卵及低龄幼虫的杀伤力。不施用未腐熟的有机肥，减少对蝼蛄引诱危害的情况。

🍃 物理防治：利用蝼蛄、金龟子（蛴螬成虫）、叩头虫（金针虫成虫）的趋光性成方连片利用黑光灯诱杀，每50亩安装一盏灯。

🍃 科学用药：一是毒土防治。每亩用50%辛硫磷乳油0.25kg与80%敌敌畏乳油0.25kg混合，均匀撒施田间后浇水，提高药效；或用3%辛硫磷颗粒剂3～4kg混细沙土10kg制成药土，在播种时撒施。二是集中灌洞穴：用90%敌百虫晶体，或50%辛硫磷乳油800倍液，或2.5%联苯菊酯乳油2000倍液，或20%氯虫苯甲酰胺3000倍液，或0.5%甲氨基阿维菌素苯甲酸盐1000倍液，或19%溴氰虫酰胺4000倍液等灌害虫洞穴。三是毒饵防治：把100kg麦麸或磨碎的豆饼炒香后，用90%敌百虫晶体1kg，或用20%氯虫苯甲酰胺或19%溴氰虫酰胺100g，或0.5%甲氨基阿维菌素苯甲酸盐200g，加水15kg拌入炒香的麦麸或饼糁2.5～3kg，或拌入切碎的鲜草10kg拌匀制成毒饵，每亩用撒施2～3kg施于地表，或用80%敌百虫可湿性粉剂10g加水1.5～2kg，拌炒过的麸皮5kg，于傍晚时撒于田间诱杀幼虫。如先浇灌后撒毒饵，效果更好。

### （六）留种技术

6月至7月上旬，当良种繁育田的丹参果穗2/3果壳变枯黄时，剪下果穗，捆扎成束，置通风处晾3～5天，及时脱粒，然后对种子进行清选，去掉其中的秕粒、杂草种子、病虫粒、破损粒以及其他杂质，经检验合格后贮存以备播种。丹参种子要随采随播，长时间存放会降低发芽率。

## 四、采收与加工

### （一）采收与加工

分根繁殖的丹参，种植当年秋季霜后或第2年春天萌芽前采收。种子繁殖的丹参一年半采收。采收时从垅的一端顺垄挖采；也可采用深耕犁机械采挖，注意尽量保留须根，采挖后晒干或烘干即可，忌用水洗。

### （二）药材质量标准

丹参药材根茎短粗，顶端有时残留茎基。根数条，长圆柱形，略弯曲，有的分枝并具须状细根，长10～20cm，直径0.3～1cm。表面棕红色或暗棕红色，粗糙，具纵皱纹。老根外皮疏松，多显紫棕色，常呈鳞片状剥落。质硬而脆，断面疏松，有裂隙或略平整而致密，皮部棕红色，木部灰黄色或紫褐色，导管束黄白色，呈放射状排列。气微，味微苦涩。

图4-26 丹参药材 （谢晓亮摄）

栽培品较粗壮，直径0.5～1.5cm。表面红棕色，具纵皱纹，外皮紧贴不易剥落。质坚实，断面较平整，略呈角质样。丹参药材见图4-26，饮片见图4-27。

图4-27 丹参饮片 （谢晓亮摄）

《中国药典》2015年版规定：丹参药材水分不得过13.0%，总灰分不得过10.0%，酸不溶性灰分不得过3.0%，水溶性浸出物不得少于35.0%，醇溶性浸出物不得少于15.0%，丹参酮类按干燥品计算，含丹参酮$II_A$（$C_{19}H_{18}O_3$）、隐丹参酮（$C_{19}H_{20}O_3$）和丹参酮$I$（$C_{18}H_{12}O_3$）的总量不得少于0.25%，含丹酚酸B（$C_{36}H_{30}O_{16}$）不得少于3.0%。重金属及有害元素照铅、镉、砷、汞、铜测定法（原子吸收分光光度法或电感耦合等离子体质谱法）测定，铅不得过5mg/kg；镉不得过0.3mg/kg；砷不得过2mg/kg；汞不得过0.2mg/kg；铜不得过20mg/kg。水溶性浸出物不得少于35.0%。

（温春秀）

# 地黄

*/Rehmannia glutinosa* Libosch.

**图4-28 地黄植株 （谢晓亮摄）**

地黄为玄参科植物地黄（*Rehmannia glutinosa* Libosch.）的新鲜或干燥块根。始载于《神农本草经》，被列为上品。地黄味甘、苦；性寒；归心、肝、肾经。鲜者入药称"鲜地黄"；干燥者称"生地黄"，习称"生地"。酒浸拌蒸制后再干燥者称"熟地黄"，习称"熟地"。鲜地黄有清热、生津、凉血的功效；生地有滋阴清热、凉血止血的功效；熟地则有滋阴补血的功效。现代药理研究证明，地黄尚有抗辐射、保肝、降血糖、强心、止血、利尿、抗炎、抗真菌的作用。地黄含有多种苷类成分，其中以环烯醚萜苷类为主，如梓醇、二氢梓醇、乙酰梓醇、桃叶珊瑚苷、单密力特苷、地黄苷A、B、C、D等。此外，地黄中含有糖类，其中地黄多糖是地黄中兼具免疫与抑制肿瘤活性的有效成分，并含有20种氨基酸、甘露醇、β-谷甾醇、豆甾醇、地黄素等，还含有多种微量元素、卵磷脂及维生素A类。我国栽培地黄历史至少有900余年。地黄植株见图4-28。

地黄已成为我国重要的创汇产品之一，产品远销东南亚地区及日本等国，在国际市场上享有盛誉。近年来，有关地黄规范化栽培和新品种选育，已取得较大进展，组培脱毒育苗技术也日臻成熟，由于地黄种植不能重茬，收获后需在8~10年后方可再种，严重限制了道地产区地黄的生产与发展。随着用量扩大、产区的发展，地黄药材的质量控制与优质高效栽培技术是今后研究的主要方向。

## 一、植株形态特征

地黄是多年生草本，高10~40cm，全株密被灰白色柔毛和腺毛。块根肉质肥厚，圆柱形或纺锤形，有芽眼。花茎直立。叶多基生，莲座状，叶片倒卵状披针形至长椭圆形，长3~10cm，宽1.5~4cm，先端钝，基部渐狭成柄，柄长1~2cm，叶面皱缩，边缘有不整齐钝齿；无茎生叶或有1~2枚，远比基生叶小。总状花序单生或2~3枝；花多少下垂，花萼钟状长约1.5cm，先端5裂，裂片三角形，略不整齐，花冠筒稍弯曲，长3~4cm，外面暗紫色，内面杂以黄色，有明显紫纹，先端5裂，略呈二唇状，上唇2裂片反折，下唇3裂片直伸；雄蕊4，二强；子房上位，卵形，2室，花后渐变1室，花柱单一，柱头膨大。蒴果卵形，外面有宿存花萼包裹。种子多数。花期4~6月，果期5~9月。

## 二、生物学特性

### （一）对环境条件要求

地黄对气候适应性较强，在阳光充足，年平均气温15℃，极端最高温度38℃，极端最低温度-7℃，无霜期150天左右的地区均可栽培。地黄是喜光植物，光照条件好、阳光充足时，则生长迅速，因此种植地不宜靠近林缘或与高秆作物间作。地黄种子为喜光种子，在黑暗条件下，即使温度、水分适合，也不发芽。

地黄根系少，吸水能力差，潮湿的气候和排水不良的环境，都不利于地黄的生长发育，并会引起病害。过分干燥也不利于地黄的生长发育。幼苗期叶片生长速度快，水分蒸腾作用较强，以湿润的土壤条件为佳；生长后期土壤含水量要低；当地黄块根接近成熟时，最忌积水，地面积水2～3小时，就会引起块根腐烂，植株死亡。

地黄为喜肥植物。喜疏松、肥沃、排水良好的土壤条件，砂质壤土、冲积土、油砂土最为适宜，产量高，品质好。如果土壤黏、硬、瘠薄，则块根皮粗、扁圆形或畸形较多，产量低。地黄对土壤的酸碱度要求不严，pH 6～8均可适应。

### （二）生长发育习性

地黄为多年生药用植物。实生苗第二年开花结实，以后年年开花结实；地黄种子很小，千粒重约0.19g。地黄种子为光萌发种子，在室内散射光条件下只要温度适宜种子都能发芽。播于田间，在25～28℃条件下，7～15天即可出苗，8℃以下种子不萌发。块根播于田间，在湿度适宜，温度大于20℃时10天即可出苗；日平均气温在20℃以上时发芽快，出苗齐；日平均温度在11～13℃时出苗需30～45天。日平均温度在8℃以下时，块根不萌发。夏季高温，老叶枯死较快，新叶生长缓慢。全生育期为140～180天。

地黄块根萌蘖能力强，但与芽眼分布有关。顶部芽眼多，发芽生根也多，向下芽眼依次减少，发芽生根也依次减少。地黄为地下块根，无主根，须根也不发达，一般先长芽后长根。春"种栽"种植，前期以地上生长为主，4～7月为叶片生长期，7～10月为块根迅速生长期，9～10月为块根迅速膨大期，10～11月地上枯萎，霜后地上部枯萎后，自然越冬，当年不开花。田间越冬植株，第二年春天均会开花。

## 三、栽培技术

### （一）栽培种

地黄属植物在我国有6个种，1个种供药用，并有2个栽培变种，即怀庆地黄和苋桥地黄。目前大面积栽培主要是怀庆地黄，主要品种如下。

#### 1. 温85-5

河南温县农科所用金状元和山东单县151杂交育成的新品种。株型中等，叶片较大呈半直立状，叶面皱褶较少，心部叶片边沿紫红色，块根呈块状或纺锤形，断面髓部极不规则，周边呈白色。产量高，加工成货等级高，抗斑枯病一般，有花叶病，耐干旱。该品种是怀药产区生产上种植面积最大的优良品种。

### 2. 北京1号

中国医学科学院药物研究所用金状元和武陟一地方品种杂交育成的品种。株型较小，整齐，叶柄较长，叶面皱褶较少，地下块根膨大较早，生长集中，便于收获。该品种抗斑枯病差，有花叶病，但对土壤肥力要求不严，适应性广，产量高。目前生产上有一定的种植面积。

### 3. 金状元

是一个传统的品种。块根粗长，皮细色黄个大，多呈不规则纺锤形，髓部极不规则，产量高，加工等级高，缺点是抗病性差，折干率低。目前该品种退化严重，生产上种植面积很小。

### 4. 白状元

株型大、半直立、叶片较少，块根似金状元而略短小、集中、皮细色白。特点是产量高但不稳定，抗涝性强，抗病能力差。生产上种植面积较小。

### 5. 小黑英

植株较小，叶子和地下块根同时生长，块根为球形，单株产量较低，可适当密植，叶片含水分低，叶内组织较老化，抗病和抗涝性较强。

### 6. 邢疙瘩

体形大，生育期长，抗逆性较差，需肥多，产量和折干率低。宜于在疏松肥沃的砂质壤土作旱地黄栽培。本品种分布不广，仅河南省武陟、温县的部分地区栽培。

## （二）选地整地

### 1. 选地

地黄宜在土层深厚、土质疏松、腐殖质多、地势干燥、能排能灌的中性和微酸性壤土或砂质壤土中生长，黏土中则生长不良。不宜连作，连作植株生长不好，病害多。河南产地认为地黄应经6～8年轮作后，才能再行种植。前茬以蔬菜、小麦、玉米、谷子、甘薯为好。花生、豆类、芝麻、棉花、油菜、白菜、萝卜和瓜类等不宜作地黄的前作或邻作。否则，易发生红蜘蛛危害或感染线虫病。

### 2. 深耕与施底肥

产区于秋季深耕30cm，结合深耕施入腐熟的有机肥料4000kg／亩，次年3月下旬亩施饼肥约150kg。灌水后（视土壤水分含量酌情灌水）浅耕（约15cm），并把细整平做成畦，畦宽120cm，畦高15cm，畦间距30cm，习惯垄作，垄宽60cm，以利灌水和排水。

## （三）繁殖方法

包括种子繁殖、块根繁殖和脱毒种苗繁育。通过种子繁殖可以复壮，防止品种退化，而块根繁殖则是地黄生产中的主要手段，因怀地黄病毒病严重，可进行种苗脱毒以获取脱毒种栽。

### 1. 种子繁殖

是在田间选择高产优质的单株，收集种子播在盆里或地里，先育一年苗，次年再选取大而健壮的块根移到地里继续繁殖，第三年选择产量高而稳定的块根繁殖，如此连续数年去劣存优，可以获得优良品种，产量往往高于当地品种的30%~40%。种子繁殖在3月中、下旬至4月上旬于苗床播种，播前先进行浇水，待水渗下后，按行距15cm条播，覆土0.3~0.6cm，以不见种子为度，出苗前保持土壤有足够水分。苗现5~6片叶时，就可移栽大田。移栽时，行距为30cm，株距15~18cm，栽后浇水，成活后应注意除草松土，到秋天可采收入药。种子繁殖后代不整齐，甚至混杂，生产上不易直接采用，仅在选种工作中应用。

### 2. 块根繁殖

地黄块根繁殖能力强，其块根分段或纵切均可形成新个体。块根部位不同，形成新个体的早晚和个体发育状况不一样，产量也有很大的差异。块根顶端较细的部位芽眼多，营养少，出苗虽多，但前期生长较慢，块茎小，产量低；块根上部直径为1.5~3cm部位芽眼较多，营养也丰富，新苗生长较快，发育良好，是良好的繁殖材料；块根中部及中下部（即块根膨大部分）营养丰富，出苗较快，幼苗健壮，块根产量较高但种栽用量大，经济效益不如上段好；块根尾部芽眼少，营养虽丰富但出苗慢，成苗率低。一般选用中段直径4~6cm、外皮新鲜、没有黑点的肉质块根留种繁殖。

### 3. 脱毒种苗繁育

种苗繁育选择优良品种温85-5、北京1号、红薯王等品种作为脱毒材料。取怀地黄茎顶部2~3cm的芽段，剪去较大叶片，消毒后在超净工作台内解剖镜下剥离茎尖培养，诱导茎尖苗，待苗长至3~4片叶时移至营养钵内进行病毒检测，获得的脱毒苗通过切断快繁和丛生快繁获得脱毒试管苗，通过多代繁育应用于大田。良种繁殖田的种植栽培管理同普通怀地黄一样，但使用田块应为无病留种田。另外，脱毒怀地黄连续在生产上使用两年后应更换一次新种栽。

## （四）田间管理

### 1. 栽植

地黄多春栽，早地黄（或春地黄）在北京地区4月中旬栽植；河南地区4月上旬栽植，晚地黄（或麦茬地黄）于5月下旬至6月上旬栽植。南方地区地黄的栽植期比北方要早。栽植时按行距30cm开沟，在沟内每隔15~18cm放块根1段（每亩6000~8000段，20~30kg），然后覆土3~4.5cm，稍压实后浇透水，15~20天后出苗。主要产区药农有"早地黄要晚，晚地黄要早"的经验，即说明适时播种的重要性。从地黄种栽发芽所要求的温度看，日平均温度达10℃以上即可播种，18~21℃时播种较好。另外，适当密植能够增产，一般以6000~8000株/亩较好，但不同品种间有差异。

## 2. 查苗、补苗

在苗高3~4cm，即长出2~3片叶时，要及时间苗。块根可长出2~3株幼苗，间苗时从中留优去劣，每穴留1株壮苗。发现缺苗时及时补栽。补苗宜早不宜晚，最好选阴雨天进行，以提高补苗的成活率。补栽用苗要尽量多带原土，补苗后要及时浇水，以利幼苗成活。

## 3. 中耕除草

出苗后到封垄前应经常松土除草。幼苗期浅松土两次。第一次结合间苗进行浅中耕，不要松动块根处；第二次在苗高6~9cm时可稍深些。地黄茎叶快封行，地下块根开始迅速生长后，停止中耕，杂草宜用手拔，以免伤根。

## 4. 摘蕾、去"串皮根"和打底叶

地黄出苗后一个月左右，地下根茎其余的芽眼也会长出2~3个芽，这些芽发育较晚，必须摘去，每株只留1个壮苗。为减少开花结实消耗养分，促进块根生长，当地黄孕蕾开花时，应结合除草及时将花蕾摘除，且对沿地表生长"串皮根"应及时去掉，集中养分供块根生长。8月当底叶变黄时也要及时摘除黄叶。

## 5. 灌溉排水

地黄各个生长发育阶段对水分要求不尽相同，种栽发芽需要一定的水分，保持土壤含水量15%~25%时，种栽即可发芽。前期，地黄生长发育较快，需水较多；后期块根大，水分不宜过多，最忌积水。生长期间保持地面潮湿，宜勤浇少浇。在生产中视土壤含水量适时、适量灌水，且对雨后或灌后的积水，应及时排除。地黄适宜在含水量15%~20%的土壤中生长，广大药农总结的经验是：土壤手握成团，抛地即散。土壤过湿，根茎生长不良；过于干旱，则影响整个植株的生长。适时适量浇水是怀地黄生产中的关键技术，产区群众总结为"三浇三不浇"的经验，即施肥后浇水，久旱无雨浇水，夏季暴雨后浇井水，地皮不干不浇水，中午烈日下不浇水，天阴欲雨时不浇水。地黄怕涝，在生产中注意排水工作（尤其在夏季），地黄田间积水一天就会引起根腐病、枯萎病或疫病发生，甚至造成大面积的死亡。

## 6. 追肥

地黄为喜肥植物，在种植中以施入基肥为主。适时适量对其进行追肥也有助于生长发育和根茎肥大，在产区，药农采用"少量多次的追肥方法"。齐苗后到封垄前追肥1~2次，前期以氮肥为主，以促使叶茂盛生长，一般每亩施入硫酸铵7~10kg。生育后期根茎生长较快，适当增加磷、钾肥。生产上多在小苗4~5片叶时每亩追施硫酸铵10~15kg，饼肥75~100kg。

## （五）病虫害防治

### 1. 斑枯病（*Septorira digitalis* Pass.）

一般于6月中旬发生，初期病情发展缓慢；7月下旬进入第一个发病高峰期；8月由于高温的抑制作用，斑枯病处于稳定发展期或潜伏期；进入9月，随着气温降低，又有利于此病的发展，形成第二个发病高峰，持续到10月上中旬，此时在田间很容易看到斑枯病引起的卷叶症状。地黄多基部叶片先发病，受害叶片出现受叶脉限制的不规则大斑，病斑连片时，导致叶缘上卷，叶片焦枯。高温多湿发病严重。

🌸 防治方法

🍃 农业防治：地黄收后，及时清园，集中烧毁病残株；加强田间管理，雨后立即疏沟排水，降低田间湿度；施用腐熟的有机肥、生物肥，配方和平衡施肥，适当增施磷肥、钾肥，合理补微肥，提高植株抗逆和抗病能力。

🍃 科学用药：发病初期用1∶1∶150的波尔多液或65%代森锌可湿性粉剂500~600倍液喷雾防治，其他有效药剂参照"柴胡斑枯病"，隔10天喷药1次，连续2~3次。

## 2. 枯萎病（*Fusarium oxysporum* Schl）

又称干腐病。引起叶柄腐烂，根茎干腐，细根干腐脱落，地上部枯死。6月中旬可见零星病株，成片蔓延速度很快，尤其在阴雨天气有利于病害的发生，7~8月份为发病盛期，地势低洼积水、大水漫灌的田块，发病严重，有时甚至造成地黄绝收。施用未腐熟的农家肥，发病严重。

🌸 防治方法

🍃 农业防治：与禾本科作物轮作；选用无病栽子；加强田间管理，起垄种植，增加大田的通风透气性，雨季及时排水，防止水淹，施用腐熟的有机肥、生物肥，适当增施磷、钾肥，配方和平衡施肥，合理补微肥，增强植株抗逆和抗病能力。

🍃 科学用药：种前亩用50%多菌灵可湿性粉剂1kg处理土壤，同时，用海岛素（5%氨基寡糖素）800倍+30%噁霉灵（或25%咪鲜胺1000倍液或80%乙蒜素3000倍液）浸栽子5~10分钟。发病初期用以上药剂，或25%吡唑醚菌酯2500倍液+海岛素（5%氨基寡糖素）1000倍液浇灌病区。

## 3. 轮纹病（*Phoma herbarum*）

主要为害叶片，病斑较大，圆形，或受叶脉所限呈半圆形，直径2~12mm，淡褐色，具明显同心轮纹，边缘色深；后期病斑易破裂，其上散生暗褐色小点。

🌸 防治方法

🍃 农业防治：一是选用抗病品种，如北京2号等抗病品种，减轻病害发生。二是秋后清除田间病株残叶并带出田外烧掉；合理密植，保持田间通风透光良好。

🍃 科学用药：一是临发病前或发病初期摘除病叶的基础上，及时喷洒1∶1∶150波尔多液，或80%络合态代森锰锌或70%甲基硫菌灵800倍液，或50%多菌灵可湿性粉剂600倍液保护性防治。二是发病初期及时选用25%嘧菌酯1500倍液，或25%吡唑醚菌酯2500倍液，或

24%噻呋酰胺1500倍液，或70%二氰蒽醌水分散粒剂1000倍液等喷雾治疗性防治，7～10天喷1次，连续喷2～3次。

### 4. 胞囊线虫病（*Heterodera glycines* Ichinche）

危害根茎部，影响地黄根茎正常膨大，从而细根丛生，地上部生长不良。

🏵 **防治方法**

🍃 农业防治：与禾本科作物轮作；选无病栽子；采用倒栽法留种，去掉病虫栽子。

🍃 科学用药：用药种类和方法参照"白芷线虫病"。

### 5. 红蜘蛛（*Tetranychus cinnabarinus*）

为朱砂叶螨，多群集于叶片背面吐丝结网为害。红蜘蛛的传播蔓延除靠自身爬行外，风、雨水及操作携带是重要途径。

🏵 **防治方法**

🍃 农业防治：冬季清洁田园。

🍃 生物防治：发生初期及时用0.36%苦参碱水剂500倍液，或2.5%浏阳霉素1500倍液等喷雾。

🍃 科学用药：用30%乙唑螨腈（保护天敌）10 000倍液，或1.8%阿维菌素2000倍液，或15%哒螨灵1500倍液，或57%炔螨特乳油2500倍液，或30%嘧螨酯4000倍液等喷雾防治。相互合理复配使用。

### 6. 地老虎

一般为小地老虎（*Agrotis ypsilon*）和黄地老虎（*Agrotis segetum* Schiffermtiller），幼虫将幼苗近地面的茎部咬断，使整株死亡，造成缺苗断垄。

🏵 **防治方法**

🍃 农业防治：清晨查苗，发现植株叶片有被害状甚至有断苗时，在其附近扒开表土捕捉幼虫。

🍃 物理防治：成虫产卵以前成方连片利用黑光灯诱杀，每50亩安装一盏灯，或用糖醋液（糖∶酒∶醋∶水=2∶1∶4∶100）放在田间1m高处诱杀，每亩放置5～6盆。

🍃 科学用药：一是毒饵诱杀，用鲜蔬菜或青草∶熟玉米面∶糖∶酒∶敌百虫=10∶1∶0.5∶0.3∶0.3的比例混拌均匀，或每亩用50%辛硫磷乳油0.5kg，加水8～10kg，喷到炒过的40kg棉籽饼或麦麸上制成毒饵，于晴天傍晚撒在秧苗周围。二是毒土诱杀，低龄幼虫期用50%辛硫磷乳油0.25kg与80%敌敌畏乳油0.25kg混合，拌细土30kg，或用3%辛硫磷颗粒剂3～4kg，混细沙土10kg制成药土，在播种或栽植时均匀撒施田间后浇水。或每亩用90%敌百虫粉剂1.5～2kg，加细土20kg制成的，顺垄撒施于幼苗根际附近。三是药液灌根，用90%敌百虫晶体或50%辛硫磷1000倍液，或20%氯虫苯甲酰胺3000倍液，或0.5%甲氨基阿维菌素苯甲酸盐1000倍液，或19%溴氰虫酰胺4000倍液等喷淋或灌根。

## （六）留种技术

收获时，一般选用中段直径4~6cm、外皮新鲜、没有黑点的肉质块根留种作为种栽。种栽来源有：① 窖藏种栽，是头年地黄收获时，选择无病虫害根状茎，在地窖里贮藏越冬的种栽；② 大田留种，是头年地黄收获时，选留一部分不挖，留在田里越冬，翌春刨出，作种栽；③ 倒栽，即头年春栽地黄，于当年7月下旬刨出，在别的地块上再按春栽方法栽植一次，秋季生长，于田间越冬，翌春再刨留作种栽。三种种栽，以倒栽的种栽最好，生活力最强，粗细较均匀，单位面积栽用量少。栽植前，挑选无病虫害和霉烂的块根，折成5cm左右长的小段，以备栽植。后两种留种法，只适于较温暖的地区应用。

# 四、采收与加工

## （一）采收

采收以秋后为主，春季亦可采收。一般在叶逐渐枯黄，茎发干、萎缩，停止生长，根开始进入休眠期，嫩的地黄根变为红黄色时即可采收。采收期因地区、品种、栽植期不同而异。浙江春地黄7月下旬起收，夏地黄在12月收获。广西春种地黄立秋前后采收；秋种地黄在冬末初春采收。一般栽培地黄在10月上旬至11月上旬收获。收获时先割去地上植株，在畦的一端采挖，注意减少块根的损伤。

## （二）加工

### 1. 生地加工

生地加工方法有烘干和晒干两种。

（1）晒干：指块根去泥土后，直接在太阳下晾晒，晒一段时间后堆闷几天，然后再晒，一直晒到质地柔软、干燥为止。由于秋冬阳光弱，干燥慢，不仅费工，而且产品油性小。

（2）烘干：将地黄按大、中、小分等，分别装入焙干槽中（宽80~90cm，高60~70cm），上面盖上席或麻袋等物。开始烘干温度为55℃，2天后升至60℃，后期再降到50℃。在烘干过程中，边烘边翻动，当烘到块根质地柔软无硬芯时，取出堆堆，"堆闷"（又称发汗）至根体发软变潮时，再烘干，直至全干。一般4~5天就能烘干。烘干时，注意温度不要超过70℃。当80%地黄根体全部变软，外表皮呈灰褐色或棕灰色，内部呈黑褐色时，就停止加热。通常4kg鲜地黄加工成1kg干地黄。

### 2. 熟地加工

取干生地洗净泥土，并用黄酒浸拌（每10kg生地用3kg黄酒），将浸拌好的生地置于蒸锅内，加热蒸制，蒸至地黄内外黑润，无生芯，有特殊的焦香气味时，停止加热，取出置于竹席或帘子上晒干，即为熟地。

地黄药材如图4-29所示。

图4-29　地黄药材（谢晓亮摄）

### （三）药材质量标准

加工好的药材，生地以货干、个大柔实，皮灰黑或棕灰色，断面油润、乌黑为好。商品规格规定，无芦头、老母、生心、杂质、虫蛀、霉变、焦枯的生地为佳品。并按大小分五等。《中国药典》2015年版规定：生地黄水分不得过15.0%，总灰分不得过8.0%，酸不溶性灰分不得过3.0%，水溶性浸出物不得少于65.0%；生地黄按干燥品计，含梓醇（$C_{15}H_{22}O_{10}$）不得少于0.20%，含毛蕊花糖苷（$C_{29}H_{36}O_{15}$）不得少于0.020%。

（蔡景竹）

# 防风

/*Saposhnikovia divaricata* (Turcz.) Schischk.

图4-30　防风植株（寇根来摄）

防风为伞形科植物防风［*Saposhnikovia divaricata*（Turcz.）Schischk.］的干燥根。生药称防风，防风的主要化学成分有挥发油类戊醛、己醛等；酚类亥茅酚等；苷类升麻苷、升麻素、亥茅酚苷等；内脂类补骨脂内脂、香柑内脂、珊瑚菜内脂等，还有东莨菪素、木蜡酸、D-甘露醇等。具有发汗解表、祛风除湿、止痛的功效；主治风寒感冒、头痛无汗、风寒湿痹、关节疼痛、皮肤瘙痒、荨麻疹、破伤风、头痛目眩、脊痛颈强等症。防风植株如图4-30所示。

防风种植年代并不久远，主要是在改革开放前后才大面积进行人工种植。研究防风不同产地的药材质量及优质高产栽培技术是今后的工作重点。

## 一、植物形态特征

防风的根属直根系，由肉质根、侧根和纤维根组成。肉质根圆柱状粗长，表面淡棕色、散生棕色或黄白色凸出皮孔，茎基密生褐色纤维状的叶柄残基。茎直立，二歧分枝，表面有棱。基生叶丛生，有长柄，基部扩大成鞘状，叶片2～3回羽状全裂，最终叶片条形至披针形，全缘；顶生叶简化，具扩展叶鞘。复伞形花序。总花梗长2～5cm，无总苞片，少有一片；伞幅5～9，小总苞4～5枚，条形至披针形，花梗4～9根。萼齿5，短三角形，花瓣5，白色；雄蕊5枚，雌蕊1枚。双悬果卵形平滑，背部稍扁长椭圆形，主棱锐尖，棱槽宽，悬果瓣长椭圆形，长4～5mm，宽2～3mm。花期7～8月；果期8～9月。种子千粒重4g左右。

## 二、生物学特性

### （一）对环境条件的要求

防风野生于草原、山坡或林缘，耐寒性强，可耐受−30℃以下的低温。适宜生长的温度20～25℃，高于30℃生长缓慢。苗期耐旱性差，成株期耐旱性强，怕水涝，水大易烂根。喜阳光充足、凉爽的气候条件，适宜在土层深厚、排水良好的砂质壤土中生长，pH6.5～7.5生长良好。耐盐碱，固沙能力强。高温闷热、光照不足及水大会使叶片枯黄，生长停滞。

防风喜温暖湿润气候，耐旱，耐寒，怕涝。过于潮湿的土地生长不良。土壤以疏松、肥沃、土层深厚，排水良好的砂质壤土为优。黏土及白浆土种植，根短支根多，质量差；涝洼、重盐碱地不宜种植。

### （二）生长发育习性

防风属多年生草本植物，播种后种子发芽较慢，且不整齐，大约1个月才能出苗。第一年地上部位只长基生叶，生长缓慢；第二年基生叶长大，个别植株抽薹开花结果；第三年全部抽薹开花结果。返青期5月上旬，茎叶生长期5月至6月，开花期6月至7月中旬，结果期7月中旬至8月下旬，果熟期8月上旬至9月上旬，枯萎期9月下旬至10月上旬。野生种开花结果较晚，生长年限长。

地下部分根的生长习性较为特殊，防风为深根性植物，一年生根长13～17cm，二年生根长50～66cm，根具有萌生新芽和产生不定根、繁殖新个体的能力。植株生长早期怕干燥，以地上部茎叶生长为主。植株开花结果后根部木质化，中空，甚至全株枯死。

种子发芽率较低，寿命较短，隔年种子不发芽。新鲜种子发芽率为50%～75%，贮藏1年以上的种子，发芽率极低，不能做种用。种子在20℃，水分充足时2周出苗，15～17℃

时3周出苗。水分不充足时需1个多月才能出苗，同时出苗不整齐。种子以当年采收当年播种为好。

## 三、栽培技术

### （一）栽培种

据调查，全国野生及人工栽培种均系一种，人工培育的品种较少，栽培品种都是当地野生变家种或从产地引种后多年种植人工选育的农家种，未经系统选育和杂交育种。各地农家种的种子和植株形态特征、习性发生了较大的变化，故将种在东北地区的称关防风，种在张家口及周边地区的称口防风，种在陕西、甘肃等地称西防风，种在河北中东南部、山东、安徽、江苏等地称东防风或水防风。选种时应注意选择当年产的新鲜种子做种用。

### （二）选地整地

选地是指对土壤及前茬的选择。防风为深根性植物，前茬以禾本科植物如小麦、玉米、棉花等茬口为好；并选择土层深厚砂质壤土地进行种植；育苗地应选择地势高燥，排水良好，靠近水源，土层深厚，疏松肥沃的砂质壤土。在黏土或白浆土种植根短枝杈多，质量差；忌低洼地。整地时需要施足基肥，每亩施用厩肥3000kg左右，过磷酸钙75～100kg，硫酸钾15kg；或用含氮磷钾复合肥50～75kg做底肥，深耕30cm以上，耙细整平，做成高畦，宽1.2m，高15cm，长视地块而定。

### （三）播种

防风繁殖主要是种子繁殖（有性），亦可以用根营养（无性）繁殖。

#### 1. 直播

播种分春播和秋播。春播于4月中、下旬播种；秋播于9月中、下旬采收种子至上冻前均可播种，翌春出苗。以秋播出苗早而整齐。春播需先将种子搓破果皮，再放到35℃的温水中浸泡24小时，使其充分吸水以利发芽，浸泡后捞出晾干播种。秋播可用干籽。在整好的畦内按行距20cm，横畦开沟，均匀播种于沟内，覆土2cm，稍加镇压，播种量2～3kg；如遇干旱要盖草帘保湿，浇透水，播种后25～30天即可出苗。

#### 2. 育苗移栽

为了提高产量，便于起收可以采用育苗移栽的方法。育苗可春播或秋播，在整好的苗床上按行距10～15cm横畦开沟，深5cm，将种子均匀撒于沟内，覆土2cm，稍加镇压，播种量每亩6～8kg。畦上盖草苫保温保湿，浇透水，播后20～30天即可出苗。播种后遇春旱时要及时浇水，使土壤含水量达40%，以利出苗。出苗后要除草松土，连续进行3次，使畦面无杂草。苗高8cm时进行追肥，每亩施用厩肥1000kg，过磷酸钙15kg。

### 3. 根插繁殖

在收获时取直径0.7cm以上的根条，截成3～5cm长的根段为插穗，在畦上按行距30cm，株距15cm开穴栽种；在垄上按株距10cm开沟栽种，栽后覆土3～5cm，稍加镇压。栽种时注意根的形态学上端向上，不能倒栽，亦可横卧于沟内，每亩用根量50kg。

## （四）移栽

### 1. 选地整地

应选择地势高燥，排水良好，土层深厚，疏松肥沃的砂质壤土。整地时需施足基肥，每亩施厩肥3000kg左右，过磷酸钙75～100kg，深耕30cm以上，把细整平，作60cm的垄，最好秋翻秋起垄。

### 2. 定植

于当年秋季回苗或第二年春季返青前进行移栽，一般多在垄上移栽。在整好的60cm垄上开15cm的深沟，将挖好的苗斜摆于沟内，按7～10cm 1株斜摆于沟侧。卧栽法开沟10cm深，顺沟使根的芦头相距7～10cm卧栽于沟底，覆土5～8cm，稍加镇压。卧栽产量比直播高1倍，起收方便，省工省力。

## （五）田间管理

### 1. 间苗

秋播的于上冻前浇一次冻水，有条件的上冻前盖一层牲畜粪或圈肥，以利保暖越冬第二年化冻后发芽前将粪块砸碎搂平及时浇水。无论春播还是秋播的于出苗后苗高5cm时进行间苗，待苗高达到10～13cm时，按10～15cm株距定苗。

### 2. 蹲苗

种子繁殖和根段育苗移栽的地块，当苗出齐或苗返青后，一般少浇水，经常浅锄松土，有利于新生根迅速深扎，提高防风的质量和产量。

### 3. 除草、中耕培土

6月前应进行3次中耕除草，保持田间无杂草。植株封行时，为防止倒伏，保持通风透光，可先摘除老叶，后培土壅根。入冬时结合场地清理，再次培土保护根部越冬。

### 4. 追肥

每年6月上旬至8月下旬，需各追一次肥，每亩分别追施厩肥1000kg，氮磷钾三元素复合肥含各17或各19的，亩追施20～30kg，结合培土施入沟内即可。

### 5. 摘薹

2年以上植株，除留种外，发现抽薹应及时摘除，以减少养分消耗和根系木质化的形成，否则其根失去药用价值。

### 6. 排灌水

播种或栽种后，应保持土壤湿润，如遇春旱应及时浇水，促使出苗整齐。防风成株抗旱，一般少浇或不浇水。雨季应注意及时排除田间内积水，防止积水造成烂根。

## （六）病虫害防治

### 1. 白粉病（*Erysiphe heraclei*）

防风白粉病的病原为真菌中的一种子囊菌，主要为害叶片。于夏秋季为害叶片，被害叶片两面呈白粉状霉层病斑，后期扩大逐渐长出小黑点（即病原菌的闭囊壳），严重时叶片早期枯黄脱落。田间种植密度大，生长旺盛，通风透光不良，天气干旱均有利于病害发生，发病普遍。高温、高湿利于分生孢子萌发和侵染；干旱利于分生孢子传播，病害发生较重。植株生长过于茂密、通风透光差利于病害发生与流行。

🪷 **防治方法**

🍃 农业防治：合理密植，增强通风透光性；增施磷、钾肥，合理配方和平衡施肥，使用腐熟的有机肥、生物肥，合理补微肥，增强抗逆和抗病力。

🍃 生物防治：用2%农抗120（嘧啶核苷类抗菌素）水剂或1%武夷菌素水剂150倍液，或1%蛇床子素500倍液等喷雾，7～10天喷1次，连喷2～3次。

🍃 科学用药：在预计临发病之前或发病初期用50%多菌灵可湿性粉剂600倍液，或70%甲基硫菌灵或80%代森锰锌络合物800倍液等保护性防治；发病后选用唑类杀菌剂（10%苯醚甲环唑2000倍液、25%丙环唑2500倍液、25%戊唑醇2000倍液、20%三唑酮1000倍液、40%氟硅唑乳油5000倍液、30%氟菌唑可湿性粉2000倍液、12.5%腈菌唑1500倍液等），或25%嘧菌酯1500倍液，或25%吡唑醚菌酯2500倍液等喷雾治疗性防治。一般7～10天喷1次，连续2次左右。

### 2. 根腐病（*Fusarium equiseti* Sacc.）

被害根部呈黑褐色，随后根系维管束自下而上呈褐色病变，向上蔓延可达茎及叶柄。以后，根的髓部发生湿腐，黑褐色，最后整个主根部分变成黑褐色的表皮壳。皮壳内呈乱麻状的木质化纤维。根部发病后，地上部分枝叶发生萎蔫，逐渐枯死。高温多雨、田间积水、地势低洼等易发病。病原为镰刀菌属木贼镰刀菌。

🪷 **防治方法**

🍃 农业防治：防风收后，要及时清除地面病残物，进行整翻土地；与禾本科作物实行2年以上的轮作；发现病株及时剔除，并携出田外处理，病穴内撒石灰粉消毒。

🍃 科学用药：播种前每亩用50%多菌灵可湿性粉剂1kg处理土壤，同时，用海岛素（5%氨基寡糖素）800倍液+30%噁霉灵1000倍液（或25%咪鲜胺1000倍液或80%乙蒜素3000倍液），或50%多菌灵500倍液，或70%甲基硫菌灵1000倍液，或75%代森锰锌络合物800倍液浸浸种2小时；种苗栽前以上药液浸苗5～10分钟，晾干后栽种；发病初期用以上药液，或50%琥胶肥酸铜（DT杀菌剂用）可湿性粉剂350倍液，或3%广枯灵（噁霉灵+甲霜灵）600～800倍液喷淋或灌根。一般15～30天喷灌1次，视病情一般喷灌3次左右。

### 3. 斑枯病（*Septoria saposhnikoviae.*）

防风斑枯病发生时主要为害叶片。叶片上病斑两面生，圆形或近圆形，直径2～5mm，褐色，中心部分颜色稍淡，上生黑色小点，即病原菌的分生孢子器。病原为半知菌亚门真菌，防风壳针孢菌分生孢子器随水滴飞溅和雨水传播造成病害发生。田间植株生长茂密，田间湿度大利于发病。

🐛 防治方法

🍃 农业防治：与禾本科作物实行2年以上的轮作；发病初期，摘除病叶，收获后清除病残组织，并将其集中烧毁。

🍃 科学用药：发病初期喷洒1：1：100的波尔多液1～2次，或用50%的多菌灵可湿性粉剂500倍液，或70%甲基硫菌灵1000倍液，或75%代森锰锌络合物800倍液喷雾防治。其他有效药剂参照"柴胡斑枯病"。视病情把握防治次数，一般间隔10天左右。

### 4. 黄凤蝶（*Papilio machaon* L.）

属鳞翅目凤蝶科，幼虫咬食叶片成缺刻，仅留叶柄。一年发生2～3代，6～8月幼虫为害严重。以蛹附在枝条上越冬。

🐛 防治方法

🍃 农业防治：零星发生时可人工捕杀幼虫和蛹。

🍃 生物防治：卵孵化盛期或低龄幼虫期及时防治，可用0.36%苦参碱800倍液，或Bt制剂（含活芽孢100亿/g）200～300倍，或25%灭幼脲悬浮剂2500倍液等喷雾防治。

🍃 科学用药：参照"白芷黄凤蝶"。

### 5. 黄翅茴香螟（*Loxostege palealis* Schiffermuller）

该虫害为鳞翅目螟蛾科害虫，为害时以幼虫为害叶、花、果实，在花蕾上结网，咬食叶、花、果实。发生时以每年5月下旬至6月上旬成虫开始活动，6月下旬至7月下旬为繁殖高峰，7月下旬至8月下旬高温、少雨时为害较严重，此时为防风开花、结果期。

🐛 防治方法

🍃 农业防治：虫害零星发生时，可人工捕杀幼虫和蛹。

🍃 生物防治：幼虫孵化盛期或低龄期及时防治，可用青虫菌（含活芽孢100亿/g）1000倍液或Bt制剂（含活芽孢100亿/g）300倍液，或0.36%苦参碱800倍液等防治。

🍃 科学用药：可用90%敌百虫800倍液，或80%敌敌畏1000倍液，或菊酯类（4.5%氯氰菊酯

1000倍液、2.5%联苯菊酯或5.7%百树菊酯2000倍液等），或20%氯虫苯甲酰胺3000倍液，或0.5%甲氨基阿维菌素苯甲酸盐1000倍液，或19%溴氰虫酰胺4000倍液等喷雾防治，间隔7天喷一次，连续2次左右。

### （七）留种技术

防风种植当年不开花结实，留种需另行栽植。秋季刨收药材时，可选无病害的粗长根作种秧，按行距35～45cm，株距25～30cm挖穴栽植。穴深以种秧大小而定，芽头向上，埋实浇水。冬前浇一次冻水，盖一层牲畜粪，翌春发芽前浇一次返青水，孕蕾期加强管理，促使茎叶生长。8～9月份种子逐渐成熟，将果穗割下晒干，将种子打下，去净杂质贮藏备用。

## 四、采收与加工

### （一）采收

播种和根段繁殖的水肥充足，管理得好一年即可收获。留种的二年收，收种子后如根部未木质化仍可入药。收获季节：春季在发芽前，秋季在霜降至立冬采挖。收获时在畦的一边顺行深挖，露出根后用手扒出，防止挖断。

### （二）加工

挖出后除净残茎和泥土，晒至半干时去掉毛须，再晒至九成干，按粗细长短分别扎成捆，再晒至全干，即可供药用。每4kg左右鲜根可加工1kg干货。以根条粗、长、皮细而紧，无毛须，断面中心色黄者为佳。防风药材见图4-31。

### （三）药材质量标准

图4-31 防风药材 （寇根来摄）

防风商品常分为二等。一等：干货。根呈圆柱形，表面有皱纹，顶端带有毛须，外皮黄褐色或灰黄色，质松较柔软。断面棕黄色或黄白色，中间淡黄色。味微甜。根长15cm以上，芦下直径0.6cm以上，无杂质、虫蛀、霉变。二等：根呈圆柱形，偶有分枝，表面有皱纹，顶端常有毛须，外皮黄褐色或灰黄色，质松柔软。断面棕黄色或黄白色，中间淡黄色。味微甜。芦下直径0.4cm以上，无杂质、虫蛀、霉变。

《中国药典》2015年版规定：防风药材水分不得过10.0%，总灰分不得过6.5%，醇溶性浸出物不得少于13.0%，按干燥品计算含升麻素苷（$C_{22}H_{28}O_{11}$）和5-$O$-甲基维斯阿米醇苷（$C_{22}H_{18}O_{10}$）的总量不得少于0.24%。

（寇根来）

# 黄芪

*Astragalus membranaceus* (Fisch.) Bge. var. *mongholicus* (Bge.)Hsiao
*Astragalus membranaceus*（Fisch.）Bge.

图4-32　黄芪植株　（张广明摄）

黄芪为豆科植物蒙古黄芪［*Astragalus membranaceus*（Fisch.）Bge. var. *mongholicus*（Bge.）Hsiao］或膜荚黄芪［*Astragalus membranaceus*（Fisch.）Bge.］的干燥根。黄芪含有三萜皂苷、黄酮类化合物、多糖及微量元素和氨基酸等多种有效成分。具有补气固表，托毒排脓，利尿，生肌之功效。用于气虚乏力、久泻脱肛、自汗、水肿、子宫脱垂、慢性肾炎、蛋白尿、糖尿病、疮口久不愈合等症。

黄芪始载于《神农本草经》。李时珍《本草纲目》释其名曰："耆，长也。黄耆色黄，为补药之长，故名"。蒙古黄芪分布于黑龙江、吉林、河北、山西、内蒙古等省区；膜荚黄芪分布于黑龙江、吉林、辽宁、河北、山东、山西、内蒙古、陕西、宁夏、甘肃、青海、新疆、四川和云南等省区。黄芪植株如图4-32所示。

近年来，在黄芪的规范化栽培技术、适宜收获期、加工方法等方面研究取得较大进展，如黄芪种子处理技术可以保证黄芪出苗率，适时采收技术可以保证黄芪的品质等。研究黄芪的优质种源选育技术、进一步提高产量及创新初加工技术，仍是今后栽培研究的主要方向。

## 一、植株形态特征

### 1. 膜荚黄芪

多年生草本，高0.5～1.5m。根直而长，圆柱形，稍带木质，长20～50cm，根头部直径1.5～3cm，表皮淡棕黄色至深棕色。茎直立，具分枝，被长柔毛。单数羽状复叶互生，叶柄基部有披针形托叶，叶轴被毛；小叶13～31片，卵状披针形或椭圆形，长0.8～3cm，先端稍钝，有短尖，基部楔形，全缘，两面被有白色长柔毛，无小叶柄。夏季叶腋抽出总状花序，较叶稍长；花萼5浅裂，筒状；蝶形花冠淡黄色，长约1.6cm，旗瓣三角状倒卵形，翼瓣和龙骨瓣均有柄状长爪。荚果膜质，膨胀，卵状长圆形，长2cm余，先端有喙，被黑色短柔毛。种子5～6粒，肾形，棕褐色。

### 2. 内蒙古黄芪

形似上种，其托叶呈三角状卵形，小叶较多，25～37片，小叶片短小而宽，呈椭圆形。花冠黄色，长不及2cm。荚果无毛，有显著网纹。

## 二、生物学特性

### （一）对环境条件要求

黄芪适宜生长在海拔800～1800m的高原草地、林缘、山地。为长日照植物，幼苗细弱怕强光，成株喜充足阳光，要求年太阳总辐射110～140kcal/cm$^2$，以130kcal/cm$^2$为最佳。

黄芪喜凉爽气候，要求年平均温度3～8℃，≥10℃积温3000～3400℃，最佳为3200℃；黄芪冬季可耐受-40℃的低温，夏季气温达38℃也能正常生长。

黄芪对土壤水分的要求比较严格，1、2年生黄芪的幼根在土壤水分多时可以良好生长，但是随着黄芪生长年限的增加，老根的储藏功能增强，须根着生位置下移，主根不断变大，开始不耐高温和积水。如果水分过多，则易发生烂根。所以，栽培黄芪应选择渗水性能良好的地块，以保护根部的正常生长，黄芪要求的年降水量以300～450mm为宜。黄芪根的生长对土壤有的适应能力很强，但在不同的土壤种类、质地和土层厚度下，其有效成分含量及商品性能具有很大的差异，黄芪最适宜的土壤以土层深厚的沙壤土、冲积土为佳，土壤的适宜pH值为7～8。忌黏重板结的土壤。忌重茬，不宜与马铃薯、菊花、白术等连作。

### （二）生长发育特性

黄芪从播种到种子成熟要经过5个时期，即幼苗生长期、枯萎越冬期、返青期、孕蕾开花期和结果种熟期。

黄芪种子具硬实性，一般硬实率在40%～80%，造成种子透性不良，吸水力差。生产上，一般播种前要对种子进行前处理，打破种皮的不透水性，提高发芽率。黄芪种子吸水膨胀后，地温7～8℃时，土壤保持足够湿度，经10～15天即可出苗，在幼苗5个复叶出现前，根系发育不完全，入土浅，吸收差，怕干旱、高温、强光。5个复叶出现后，根系吸收水分、养分能力增强，叶片面积扩大，光合作用增强，幼苗生长速度显著加快。通常当年播种的黄芪处于幼苗生长期，不开花结果。

黄芪地上部分枯萎到第2年植物返青前称为枯萎越冬期。一般在9月下旬叶片开始变黄，地上部枯萎，地下部根头越冬芽形成，此期需经历180～190天。黄芪抗寒能力强，不加覆盖物也可安全过冬。

黄芪越冬芽萌发并长出地面的过程称为返青。春天当地温达到5～10℃时，黄芪开始返青。首先长出丛生芽，然后分化茎、枝、叶，形成新的植株。返青初期生长迅速，30天左右即可长到正常株高，随后生长速度又减缓下来，这一时期受温度和水分的影响很大。

黄芪2年生以上植株一般在6月初出现花芽，逐渐膨大，花梗抽出，花蕾逐渐形成，蕾期20～30天。7月初花蕾开放，花期为20～25天，7月中旬进入果期，约为30天。果实成熟期若遇高温干旱，会造成种子硬实率增加，使种子质量降低。黄芪的根在开花结果前生长速度最快，地上光合产物主要运输到根部，而以后则由于生殖生长会大量消耗养分，使根部生长减缓。

## 三、栽培技术

### （一）育苗

#### 1. 选地整地

选择地势高，土层深厚、疏松、排水良好、中性或碱性砂质壤土或绵砂土水浇地。耕翻以秋季为好，深度30～45cm，结合深翻亩施腐熟细碎的圈肥3000kg以上，或生物有机肥400～500kg或15:15:15的氮磷钾复合肥30kg做基肥。春季将土壤耙细整平，做宽1.5m，高15～20cm的畦，畦间距30cm。

#### 2. 种子处理

播前必须对黄芪种子进行处理，根据具体条件可任选其中之一。

（1）沸水催芽：先将种子放入沸水中急速搅拌1分钟，立即加入冷水将温度降至40℃，再浸泡2小时，然后把水倒出，种子加麻袋等物闷12小时，待种子膨胀或外皮破裂时播种。

（2）硫酸处理：对晚熟硬实的种子，可用浓度70%～80%的硫酸浸泡3～5分钟，取出迅速置于流水中冲洗半小时，晾干备播。

（3）细砂擦伤：在种子中掺入细砂摩擦种皮，使种皮有轻微磨损，以利于吸水，能大大提高发芽率，大面积育苗可用直径1cm大小的尖石块，按籽与石块体积1:1放入拌水泥的搅拌机中搅拌10分钟，再用筛子将种子分离出来。处理种子可直播，也可置于30～50℃温水中浸泡3～4小时，待吸水膨胀后播种。

#### 3. 播种

黄芪育苗亩播种用种量为8～10kg，于3～4月初土壤解冻后进行播种，人工或机播均可，亩用4kg辛硫磷颗粒剂拌种，在整好的畦上按株距1.5cm，行距15cm播种9行，覆土1.5cm稍加镇压，播种后每亩用48%氟乐灵乳油100～150ml，兑水35kg，均匀喷在土表，随即混土1～3cm进行除草剂封闭，机播的黄芪在播种机上带打药装置，可播种、打除草剂同时进行。播完后及时浇水，有条件的用微喷带可控制浇水量，20cm土层浇透即可。

### 4. 播后管理

一般播后10~15天出齐苗，苗高10cm时用50%的多菌灵可湿性粉剂600~800倍液喷雾预防病害。及时松土除草，也可用除草剂15%精喹禾灵乳油一袋兑15kg水喷施0.5亩地除草。6月中旬亩追尿素20kg。

### 5. 起苗

翌年4月中下旬起苗。面积大时也可用机械收，先割去地上枯茎，再用药材收刨机起苗，抖去泥土，剔除有病斑、分杈和机械破损的种苗。起获的种苗按长短进行分类，并打成小捆备栽。如果不能立即移栽，可选通风阴凉干燥处，用潮湿的河沙层积贮藏。选择根条直，无分杈，根长25cm以上，直径0.45cm以上，光滑无病斑、无锈病、无机械损伤的做种苗。

## （二）移栽

### 1. 选地整地

选择地势较高、土层深厚、土质疏松、肥沃、排水良好、向阳的中性或微酸性砂质壤土。整地前灌一次透水，土壤耕翻30cm左右，结合整地施入腐熟有机肥2000~3000kg，饼肥50kg以上，过磷酸钙50kg，整平耙细。

### 2. 栽种

4月下旬至5月上旬，日平均气温在15℃以上。可进行栽种，方法：按行距30cm开沟，沟深10~15cm，将黄芪苗朝同一方向平栽于沟内，株距10~12cm。然后覆土，镇压，作畦。大面积移栽，可用专用移栽机械，一次性移栽13行，行距25cm，株距15cm，并可实现连施底肥一次性操作，每天可移栽25亩左右。

## （三）田间管理

### 1. 除草

移栽后6~7天，每亩用除草剂33%二甲戊灵乳油200~300ml进行土壤封闭。移栽后一般15天左右出苗。苗高10cm时及时松土除草，也可用苗后除草剂15%精喹禾灵乳油一袋兑15kg水喷施0.5亩地。视草生长情况，一般一个生长季可用精喹禾灵2次。

### 2. 肥水调控

在6月中下旬，植株生长旺期，每亩追施复合肥50kg，于行间开沟施入，施肥后浇水。黄芪忌积水，雨后要疏通排水沟，降低田间湿度。8月初至9月中旬正值根膨大期，若遇干旱，要及时浇水。

## （四）病虫害防治

贯彻"预防为主，综合防治"的植保方针，通过选用抗性品种，培育壮苗，加强栽培管理，科学施肥等栽培措施，综合采用农业防治、物理防治、生物防治、配合科学合理地使用科学用药，将有害生物危害控制在允许范围以内。农药安全使用间隔期遵守GB/T 8321.1-7，没有标明农药安全间隔期的农药品种，收获前30天停止使用，农药的混剂执行其中残留性最大的有效成分的安全间隔期。

### 1. 立枯病（*Rhizoctonia solani*）

立枯病是幼苗期病害，发病初期，幼苗茎基部出现黄褐色湿润状长形病斑，继而向茎部周围扩展，出现绕茎现象，由于失去输导养分、水分的能力，病斑处失水干缩，致使幼苗枯萎，导致成片倒伏枯死。

☙ 防治措施

🍃 农业防治：与禾本科作物轮作2年以上；适期播种，使用腐熟的有机肥、生物肥，增施磷、钾肥，配方和平衡施肥，合理补微肥；培育无病虫壮苗；及时剔除病株，并携出田外处理；苗期加强中耕锄划，增强土壤的通透性，雨后及时排水。

🍃 科学用药：一是土壤处理，播种或栽植时每亩用50%多菌灵可湿性粉剂+50%福美双可湿性粉剂＝1+1或3%广枯灵（噁霉灵+甲霜灵）各2kg，用细沙土10kg混匀制成药土，在播种或栽植时顺栽植沟撒施，然后下种或栽植。二是药液淋灌，生长期于发病初期用50%多菌灵600倍液，或70% 甲基硫菌灵1000倍液，或75%代森锰锌络合物800倍液，或3%广枯灵（噁霉灵+甲霜灵）600～800倍液喷淋茎基部或灌根，发病株每株灌药液250ml左右，7～10天灌一次，连续2～3次。

### 2. 白粉病（*Erysiphe pisi*）

植株叶片受害时，初期出现圆形白色绒状霉斑，后扩大成片，叶面出现白霉层。后期霉层中出现小黑点。子囊壳破裂后再浸染。此病在温暖干燥季节或施氮肥过多，植株生长茂密，株间不通风不透光时发生严重。

☙ 防治措施

🍃 农业防治：实行轮作，忌连作，不宜选豆科植物和易感白粉病的作物为前茬，前茬以玉米为好；加强田间管理，适时间定苗，合理密植，以利田间通风透光，可减少发病；施用腐熟的有机肥、生物肥，配方和平衡施肥，增施磷、钾肥，合理控施氮肥和补微肥，提高植株抗逆和抗病能力。

🍃 生物防治：发病初期用2%农抗120（嘧啶核苷类抗菌素）水剂或1%武夷菌素水剂150倍液，或1%蛇床子素500倍液等喷雾，7～10天喷1次，连喷2～3次。

🍃 科学用药：发病初期用唑类杀菌剂（10%苯醚甲环唑2000倍液、25%丙环唑2500倍液、25%戊唑醇2000倍液、20%三唑酮1000倍液、40%氟硅唑乳油5000倍液、30%氟菌唑可湿性粉2000倍液、12.5%腈菌唑1500倍液等），或25%嘧菌酯1500倍液，或25%吡唑醚菌酯2500

倍液等喷雾。交替用药，7~10天喷施1次，连续防治2次左右。

### 3. 根腐病

由尖孢镰刀菌（*Fusarium oxyspomm*）、立枯丝核菌（*Rhizoctonia solani*）、茄类镰孢菌（*Fusariu solan*）造成危害，植株叶片变黄枯萎，茎基部至主根均变为红褐干腐，上有红色条纹或纵裂，侧根很少或已腐烂，病株极易自土中拔起，主根维管束变褐色，在潮湿环境下，根茎部长出粉霉。植株往往成片枯死。

🏵 防治措施

🍃 农业防治：控制土壤湿度，防止积水；与禾本科作物轮作，实行条播和高畦栽培。

🍃 科学用药：发病初期用99%噁霉灵可湿性粉剂3000倍液，或50%多菌灵可湿性粉剂600倍液，或80%代森锰锌络合物1000倍液，或海岛素（5%氨基寡糖素）800倍+30%噁霉灵（或25%咪鲜胺）1000倍液等灌根。

### 4. 豆荚螟（*Etiella zinckenella*）

一般6月下旬至9月下旬发生。成虫在黄芪嫩荚或花苞上产卵，孵化后幼虫蛀入荚内咬食种子。老熟后虫子钻出果荚，入土结茧越冬。

🏵 防治措施

🍃 农业防治：深翻土地，实行轮作；合理安排药材种植，避免与大豆、紫云英等豆科作物连作或套种；调整播期，使开花、幼荚期避开成虫盛发期；幼虫入土化蛹期结合灌溉杀死初化蛹。

🍃 生物防治：卵孵化盛期至幼虫低龄期用Bt制剂（活芽孢100亿/g）可湿性粉剂200倍液，或0.36%苦参碱水剂800倍液，或5%天然除虫菊素乳油或1.1%烟碱1000倍液，或用2.5%多杀霉素3000倍液，或24%虫酰肼1000~1500倍液喷雾防治。以上药剂相互可合理混配喷施。一般7天喷1次，防治2次左右。

🍃 科学用药：卵孵化盛期或低龄幼虫期，用1.8%阿维菌素乳油2000倍液，或1%甲氨基阿维菌素苯甲酸盐乳油3000倍液，或20%氯虫苯甲酰胺或19%溴氰虫酰胺4000倍液，或菊酯类（4.5%氯氰菊酯1000倍液、2.5%联苯菊酯或5.7%百树菊酯2000倍液等），或50%辛硫磷乳油1000倍液等喷雾防治。

### 5. 棉小灰象鼻虫（*Phytoscaphus gossypii*）

成虫为害幼苗。一株上有时群聚达十多头，甚至几十头。咬食叶柄，被危害叶片萎蔫下垂；咬食嫩端，造成断头。

🏵 防治措施

🍃 农业防治：一是加强栽培管理，秋后进行深翻改土，消灭土中越冬幼虫。清除田间杂草，减少象鼻虫虫源。二是利用假死性人工捕捉。在其出土期间，清晨振动植株，垄下用布单或塑料薄膜接虫，捕杀植株上的成虫，特别在下雨之后，成虫大量出土，捕杀效果最好。

🍃 生物防治：发生初期可用2.5%多杀霉素3000倍液，或24%虫酰肼1000～1500倍液等生物源科学用药。

🍃 科学用药：一是毒饵诱杀，每亩用菜叶25kg、麦麸2.5kg加50%辛硫磷乳油20g，或20%氯虫苯甲酰胺1000倍液加适量水制成毒饵，在傍晚撒于垄间诱杀。二是喷药防治，发生初期用菊酯类（4.5%氯氰菊酯1000倍液、2.5%联苯菊酯或5.7%百树菊酯2000倍液等），或1.8%阿维菌素乳油2000倍液，或1%甲氨基阿维菌素苯甲酸盐乳油3000倍液，或20%氯虫苯甲酰胺或19%溴氰虫酰胺4000倍液等喷雾防治。加有机硅等展透剂增加杀伤力。

### 6. 黄芪蚜虫（*Semiaphis heraclei*）

是黄芪产区普遍发生的一种虫害。主要危害黄芪茎叶，成群集聚于叶背、幼嫩茎秆上吸食茎叶汁液。严重者造成茎秆发黄，叶片卷缩，落花落荚，籽粒干瘪，叶片早期脱落，以致整株干枯死亡。

🌺 防治措施

🍃 物理防治：黄板诱杀有翅蚜。选用市场销售的商品黄板，按产品说明悬挂；或用100cm×20cm长方形纸板涂上黄色油漆，同时涂上一层机油，挂在植株顶部均匀分布于行间，每亩挂30～40块，每隔10天涂一次机油，当粘满蚜虫时及时涂抹。

🍃 生物防治：前期蚜量少时保护利用瓢虫、草蛉等天敌，进行自然控制。无翅蚜发生初期，用0.36%苦参碱乳剂1000倍液，或5%天然除虫菊素2000倍液等植物源杀虫剂喷雾防治。

🍃 科学用药：用新烟碱制剂［10%吡虫啉1000倍液、3%啶虫脒1500倍液、50%吡蚜酮1500倍液、25%噻虫嗪1200倍液，50%烯啶虫胺4000倍液、或25%噻嗪酮（保护天敌）2000倍液等］，或2.5%联苯菊酯乳油3000倍液，或24%螺虫乙酯或20%呋虫胺5000倍液喷雾防治。视虫情把握防治次数，一般间隔7～10天用药1次，要交替用药。

### 7. 黄芪种子小蜂

有内蒙黄芪小蜂（*Bruchophagus mongholicug*）和黄芪种子小蜂（*Bruchophagus huonchei*）两种。在黄芪青果期，幼虫钻入种内取食种肉，只留下种皮，危害率一般为10%～30%，严重者可高达40%～50%，寄主植物主要是黄芪属植物，有转移寄主危害的情况。

🌺 防治措施

🍃 生物防治：抓住盛花期、结荚期和种子成熟期的防治关键期搞好防治，可用2.5%多杀霉素3000倍液，或24%虫酰肼1000～1500倍液，或0.36%苦参碱800倍液等喷雾防治。

✔ **科学用药**：用50% 辛硫磷乳油1000倍液，或1.8%阿维菌素乳油2000倍液，或1%甲氨基阿维菌素苯甲酸盐乳油3000倍液，或20%氯虫苯甲酰胺或19%溴氰虫酰胺4000倍液，或用新烟碱制剂［10%吡虫啉1000倍液、3%啶虫脒1500倍液、25%噻虫嗪1200倍液或25%噻嗪酮（保护天敌）2000倍液等］，或2.5% 联苯菊酯乳油3000倍液，或24%螺虫乙酯或20%呋虫胺5000倍液等喷雾防治。

### （五）留种技术

黄芪第二年移栽后很少有种子，要采收种子需栽植三年为宜。第二年移栽田挑选无病虫危害、生长良好的黄芪作种栽，按行距40cm、株距33～40cm，将多出部分采挖掉，地表适当埋些土以防损坏苗头。第三年清明后，追施农家肥、氮肥，结合锄草疏松土壤，结合灌水追施氮肥；5月中旬孕蕾开花，这时要及时防蚜，2.5%溴氢菊酯可湿性粉剂1000倍液叶面喷施防治；喷施萘乙酸、芸薹素内酯可提高结荚结实。当黄芪果荚变黄时分批及时采收（随熟随采），否则黄芪荚果易自然开裂，会造成不必要的损失。黄芪的种子极易被虫蛀，在晒干后要用适量杀虫农药拌种，晾干后装入布袋或纸箱中，放干燥通风处贮藏。

## 四、采收与加工

### （一）采收

黄芪以3～4年采挖最好。目前生产中1～2年采挖的，影响了黄芪的药材品质，建议3年采挖。黄芪在萌动期和休眠期的有效成分黄芪甲苷含量较高。因此，黄芪应在春（4月末至5月初）和秋（10月末至11月初）两季采挖。采收时可先割除地上部分，然后将根部挖出。可用药材收刨机进行采收，一天可收30亩左右。

### （二）初加工

将挖出的根，除去泥土，剪掉芦头、须根，置烈日下曝晒（边晒边揉）或炕烘，至半干时，将根理直，用细铁丝扎把，捆成小捆，再晒或炕至全干。条粗长，质硬而韧，表面淡黄色，断面外层白色，中间淡黄色，粉性足、味甜者为佳。

### （三）药材质量标准

黄芪药材（图4-33）商品分为4个等级。

1. **特等**

呈圆柱形的单条，斩去疙瘩头或喇叭头，顶端间有空心。表面灰白色或淡褐色。质硬而韧。断面外层白色，中部淡黄色或黄色，有粉性。味甘，有生豆气。长70cm以上，上中部直径2cm以上，末端直径不小于0.6cm。无根须、老皮、虫蛀、霉变。

2. 一等

呈圆柱形的单条，斩去疙瘩头或喇叭头，顶端间有空心。表面灰白色或淡褐色。质硬而韧。断面外层白色，中部淡黄色或黄色，有粉性。味甘，有生豆气。长50cm以上，上中部直径1.5cm以上，末端直径不小于0.5cm。无根须、老皮、虫蛀、霉变。

3. 二等

呈圆柱形的单条，斩去疙瘩头或喇叭头，顶端间有空心。表面灰白色或淡褐色。质硬而韧。断面外层白色，中部淡黄色或黄色，有粉性。味甘，有生豆气。长40cm以上，上中部直径1cm以上，末端直径不小于0.4cm。间有老皮，无根须、虫蛀、霉变。

4. 三等

呈圆柱形的单条，斩去疙瘩头或喇叭头，顶端间有空心。表面灰白色或淡褐色。有粉性，味甘，有生豆气。不分长短，上中部直径0.7cm，末端直径不小于0.3cm，间有老皮，无根项、虫蛀、霉变。

图4-33 黄芪药材 （牛杰摄）

《中国药典》2015年版规定：药材黄芪水分不得过10.0%；总灰分不得过5.0%。重金属及有害元素铅不得过5mg/kg；镉不得过0.3mg/kg；砷不得过2mg/kg；汞不得过0.2mg/kg；铜不得过20mg/kg。有机氯农药残留量，含总六六六（$\alpha$-BHC、$\beta$-BHC、$\gamma$-BHC、$\delta$-BHC之和）不得过0.2mg/kg；总滴滴涕（$pp'$-DDE、$pp'$-DDD、$op'$-DDT，$pp$-DDT之和）不得过0.2mg/kg；五氯硝基苯不得过0.1mg/kg。浸出物不得少于17.0%；按干燥品计算，含黄芪甲苷（$C_{41}H_{68}O_{14}$）不得少于0.040%；含毛蕊异黄酮葡萄糖苷（$C_{22}H_{22}O_{10}$）不得少于0.020%。

（张广明 王有军）

# 黄芩

/*Scutellaria baicalensis* Georgi.

图4-34 黄芩植株 （谢晓亮摄）

黄芩（*Scutellaria baicalensis* Georgi）为唇形科多年生草本植物，以干燥根入药，药材名黄芩，别名山茶根、土金茶根、黄芩茶、鼠尾芩、条芩、子芩、片芩、枯芩等。黄芩性寒味苦，有清热燥湿、泻火解毒、止血安胎等效用。主治瘟病发热、肺热咳嗽、湿热痞满、泻痢、黄疸、高热烦渴、痈肿疮毒、胎动不安等病症。黄芩含有黄芩苷、黄芩素、汉黄芩苷、汉黄芩素、黄芩新素、黄芩黄酮Ⅰ、黄芩黄酮Ⅱ等主要有效成分。现代药理研究证明，黄芩具有解热、镇静、降压、利尿、降低血脂、提高血糖、抗炎以及提高免疫等功能，具有较广的抗菌谱，对痢疾杆菌、白喉杆菌、铜绿假单胞菌、葡萄球菌、链球菌、肺炎双球菌以及脑膜炎球菌具作用，对多种皮肤真菌和流感病毒亦有一定的抗菌和抑制作用；此外，还能消除超氧自由基、抑制氧化脂质生成以及抑制肿瘤细胞等抗衰老、抗癌作用。黄芩主产于河北、山东、陕西、内蒙古、辽宁、黑龙江等省区，尤以河北承德一带产者为道地，质地坚实、色泽金黄纯正，俗称"热河黄芩"。黄芩植株如图4-34所示。

20世纪80年代之前，我国野生黄芩资源较为丰富，主要靠挖取野生黄芩供药用。之后由于连年超采超挖，导致黄芩野生资源数量急剧下降，近于枯竭。80年代末，河北承德等地先后完成了黄芩野生变家种的栽培技术研究，实现了黄芩大面积的人工栽培。目前，栽培黄芩已成为黄芩药材的主要商品来源。黄芩主要栽培区域为河北、山东、陕西、甘肃、山西等省。经过三十年的系统研究，黄芩的种子萌发出苗、现蕾开花习性、地上地下器官的干物质积累和分配、主要有效成分黄芩苷的动态积累等生育规律已基本探明；实现黄芩高产、优质、低耗、高效的规范化栽培技术体系也已确立。但黄芩的资源研究，尤其是新品种的选育工作则进展缓慢，将成为今后黄芩研究的主攻目标。

## 一、植株形态特征

黄芩是多年生草本，高30～80cm。主根粗壮，略呈圆锥形，外皮褐色，断面黄色。茎钝四棱形，具细条纹，无毛或被微柔毛，绿色或常带紫色，自基部分枝，多而细。叶对生，无柄或几乎无柄，叶片披针形至线状披针形，长1.5～4.5cm，宽0.3～1.2cm，先端钝，基部近圆形，全缘，上面深绿色，下面淡绿色，沿中脉被柔毛，密被黑色下陷的腺点。总状花序顶生或腋生，偏向一侧，长7～15cm；苞片叶状，卵圆状披针形至披针形，长0.4～1.1cm，近无毛；花萼二唇形，紫绿色，上唇背部有盾状附属物，膜质；花冠二唇形，蓝紫色或紫红色，上唇盔状，先端微缺，下唇宽，稍露出；子房褐色，无毛，4深裂，生于环状花盘上；花柱细长，先端微裂。小坚果4，三棱状椭圆形，长1.8～2.4mm，宽1.1～1.6mm，表面粗糙，黑褐色，着生于宿存花萼中，果内含种子1枚。千粒重一般在1.5～2.3g。

## 二、生物学特性

### （一）对环境条件的要求

黄芩多野生于山坡、地堰、林缘及路旁等向阳较干燥的地方，喜阳较耐阴。喜温和气候，耐严寒和较耐高温。黄芩种子发芽的温度范围较宽，15～30℃均可正常发芽；10℃亦可发芽，但发芽极为缓慢。发芽最适温度为20℃，此时发芽率、发芽势均高。成年植株的地下部分在-35℃低温下仍能安全越冬，夏季气温达35℃以上，甚至40℃左右也可正常生长。黄芩幼苗喜湿润，早春怕干旱；成株耐旱怕涝，生长期间，地内积水或雨水过多，都会影响黄芩正常生长，甚至导致烂根死亡。黄芩对土壤要求不甚严格，但若土壤过于黏重，既会影响出苗、保苗，也会影响根的生长和品质，导致烂根增多，产量低，品质差。过砂的土壤肥力低，不易高产。以土层深厚、疏松肥沃、排水渗水良好、中性或近中性的壤土、砂壤土等最为适宜。

### （二）生长发育习性

黄芩出苗后，主茎逐渐长高，叶数逐渐增加，随后形成分枝并现蕾、开花、结实。在河北承德，一年生黄芩主茎约可长出30对叶，其中前5对叶，每4～6天长出一对，其后叶片每2～3天长出一对。二年生以上的黄芩主茎约可长出40～50对叶，出叶速度较稳定，一般每1～2天长出一对叶，不同部位差别不大。各部位叶片的功能期大体为：1～11对主茎叶由11天增加到61天，第11对以后各主茎叶，维持在61～55天。总体来讲，黄芩第1～15对主茎叶为光合面积形成期，是为黄芩开花、结实、增加根重打基础的时期；第15对叶以后为光合面积保持期，是影响黄芩果实及经济产量形成的主要时期。

一年生黄芩一般于出苗后2个月开始现蕾。二年生及其以后的黄芩，多于4月中旬前后返青出苗，出苗后70～80天开始现蕾。黄芩现蕾后10天左右开始开花，40天左右果实开始成熟。黄芩茎叶至10月中下旬严霜到来时枯黄，地上枯黄前形成越冬芽。黄芩前三年地上生长正常，其植株高度、单株地上鲜重和干重均逐年增加，第四年以后，生长速度逐渐减慢。

黄芩为直根系，在前三年其主根长度、粗度、鲜重和干重均逐年增加，主根中黄芩苷含量较高。其中第一年以生长根长为主，第二年、第三年，则以根粗、根重增加为主。第四年以后，生长速度开始变慢，部分主根开始出现枯心，以后逐年加重，而且黄芩苷的含量也大幅度降低，说明黄芩并非生长年限越长越好。

黄芩干物质积累分配的规律是：一年生黄芩，8月上旬以前以地上干物质积累为主，

8月上旬至9月上旬，为生长中心转移阶段，9月上旬以后转为以地下积累为主。多年生黄芩，7月中旬前以地上生长为主，且以茎叶为主；7月中旬后，地上干物质由茎叶向花果转移；8月中旬以后，干物质向地下转移加快；9月中旬以后，地下干物质积累最快。

### （三）开花习性

黄芩的花序，偏生于主茎或分枝顶端的一侧，花对生，每个花枝有4~8对花。每朵花约长2.6~3.0cm，最大直径为1cm。每天凌晨1~7时陆续开花，以4~6时为开花盛期。开花后2~4小时散粉，约4~5天花冠脱落。同一株以主茎先开花，然后为上部分枝，最后是下部分枝，按顺序依次开放。同一花枝则从下向上依次开放。在承德每年的7月份为开花盛期，8月份种子陆续成熟。

## 三、栽培技术

### （一）选地整地

宜选择土层深厚，排水渗水良好，疏松肥沃，中性或近中性的砂壤土和壤土。平地、缓坡地、山坡梯田均可。宜单作种植，经济效益上更适宜利用幼龄林果行间，尤其是初期的退耕还林地。结合整地，每亩均匀撒施腐熟的农家肥2000~4000kg，复合肥15~20kg。施后适时深耕25cm以上，随后整平耙细，达到土壤细碎、地面平整。并视当地降雨及地块特点，做成宽2m的平畦或高畦。春季采用地膜覆盖种植的，以做成带距100cm，畦面宽60~70cm，畦沟宽30~40cm，高10~15cm的小高畦更为适宜。

### （二）播种栽植

黄芩主要用种子繁殖，茎段扦插和分株亦可，但生产意义不大。黄芩种子繁殖以直播为主，育苗移栽为辅。

#### 1. 种子直播

黄芩直播省工、根条直、根杈少，商品外观质量好。春、夏、秋均可播种。有水浇条件的地块，可在春季地下5cm地温稳定在12~15℃时播种为宜，北方各地多在4月上中旬前后。对于春季土壤水分不足，又无灌溉条件的旱地，应视当地土壤水分的变化规律，采用早春地膜或碎草、树叶覆盖种植。更适于雨季至初秋在大豆、玉米等行间套种，出苗快，易保苗，能充分利用土地和生长季节，节省除草用工，缩短生产年限，提高黄芩产量和种植效益，是一项非常值得推广的适用栽培技术。

黄芩种植方式，平原地区可采用机械窄行条播，选用小粒谷物播种机密植播种，行距15cm左右；山区零星地块，可人工大行距宽幅播种，即按行距40~50cm，开深3cm，宽10cm左右，且沟底平的浅沟，随后将种子均匀的撒入沟内，覆湿土1~2cm，并适时进行镇压。山区退耕还林地的林果行间，亦可采用雨季宽带撒播的方式，带宽100cm左右，不用开沟，直接松土撒种，适当镇压即可。春播黄芩，播种后应适时覆盖地膜、秸秆或碎草，保持土壤湿润，以确保黄芩适时出苗。黄芩播种量，以每亩1.5～2kg为宜。为加快黄芩出苗，播种前可进行种子催芽处理。催芽时可用40～45℃的温水将种子浸泡5～6小时或冷水浸泡10小时左右，捞出放在20～25℃的条件下保湿催芽，待部分种子萌芽后即可播种。

### 2. 育苗移栽

黄芩采用育苗移栽，可节省种子，延长生长季节和利于确保全苗，但育苗移栽较为费工，同时移栽黄芩主根较短，根杈较多，商品外观质量较差。所以，在种子昂贵或旱地缺水直播难以出苗保苗时可采用。传统的黄芩育苗多采用早春蔬菜或北方水稻育苗的方式，苗高10cm左右定值，费工费力，操作性差，缺乏经济价值。较为可行的是，北方一季作地区，选择水浇地春季宽行（行距80～100cm）种植玉米，玉米大喇叭口期，行间宽带大播量（4～5kg/亩）撒播黄芩；麦区可于小麦收后，按照4～5kg/亩的播种量，采用密植谷物播种机播种，翌年春季黄芩萌芽前挖根，开沟10cm左右深，将黄芩根平放于沟内覆土镇压即可。

## （三）田间管理

### 1. 中耕除草

黄芩幼苗生长缓慢，容易受到杂草危害。常规春季播种的，第一年通常要松土除草3～4次；雨季套播的，第一年结合前作管理及时除草即可，黄芩播种后，不再除草。第二年以后，每年春季返青出苗前，耧地松土、清洁田园；返青后视情况中耕除草1遍即可。生长后期，发现大草人工及时拔除。

### 2. 间苗、定苗与补苗

黄芩齐苗后，传统条播的，可于苗高5～7cm时，按株距6～8cm交错定苗，每平方米留苗不少于60株。宽行宽幅或宽带撒播的，将过密拥挤处适当疏苗，其他部位自然留苗即可。结合间定苗，对严重缺苗部位进行移栽补苗，要带土移栽，栽前或栽后浇水，以确保成活。

### 3. 追肥

科学追肥是实现黄芩高产、优质的重要物质基础，适时适量追施氮、磷、钾化肥又是农业生产中最通用且简便易行的增产增效技术。研究表明：氮、磷、钾3种肥料，无论单独施用或配合施用，对黄芩均有极显著或显著的增产作用，同时，对黄芩根部黄芩苷的含量也具有一定的提高作用，尤其是氮、磷、钾配合施用，综合效果最好。但追施化肥数量不宜过大，特别是氮肥不宜单独过多的施用。生长二年收获的黄芩，二年追肥总量以纯氮6～10kg、$P_2O_5$ 4～6kg、$K_2O$ 6～8kg为宜，每年于封垄前追施一次，用量分别为40%和60%，三肥混合，开沟施入，施后覆土；或每次直接施用氮、磷、钾各15%的三元复合肥

20kg左右亦可。土壤水分不足时应结合追肥适时灌水。

### 4. 灌水与排水

黄芩在出苗前及幼苗初期应保持土壤湿润，定苗后土壤水分含量不宜过高，适当干旱有利于蹲苗和促根深扎；黄芩成株以后，遇严重干旱或追肥时土壤水分不足，应适时适量灌水。黄芩怕涝，雨季应注意及时松土和排水防涝，以减轻病害发生，防止烂根死亡。

### 5. 剪花枝

对于不采收种子的黄芩田块，于黄芩现蕾后开花前，选晴天上午，分批将花枝剪去，以减少黄芩地上部养分消耗，促进养分向根部运输，提高黄芩产量质量。

## （四）病虫害防治

### 1. 根腐病（*Scutellariae Fusarium root rot*）

病原主要为腐皮镰孢菌［*Fusarium solani*（Mart.）App.et Wollenw.］，茄镰孢菌（*Fusarium solani sp.*），串珠镰孢菌（*F. moniliforme* Sheld.）等，病菌以菌丝体和厚垣孢子随病残体于土壤中或2～3年生的黄芩病根上越冬。来年春季病菌萌动，从伤口侵入引起发病。之后病部不断产生分生孢子进行再侵染。在河北承德6月上中旬田间初现枯死株，7月中旬至8月下旬为发病高峰期；10月中旬后病菌停止侵染开始越冬。地势低洼积水、土壤黏重、管理粗放的地块，多雨年份，地下害虫、根线虫多的地块，种植过密、多年生黄芩等发病重。主要为害根部，病部根皮初为褐色近圆形或椭圆形小斑点，以后病斑扩大成稍凹陷不规则形病斑，最后整个根部全部染病变黑褐色，根内木质部也变黑褐色糟朽，地上茎叶也逐渐变黑褐色枯死。湿度大时病部产生少量的白霉。

🌿 **防治方法**

　　🍃 **农业防治**：选择疏松肥沃、排水渗水良好的地块种植；生长期间适时中耕松土，调节土壤水分与通气状况；雨季及时排水防涝；及时拔除病株，病穴石灰水消毒。

　　🍃 **生物防治**：发病初期用枯草芽孢杆菌（10亿活芽孢/g）500倍液灌根。

　　🍃 **科学用药**：播种前每亩用50%多菌灵可湿性粉剂1kg处理土壤，或用30%噁霉灵+25%咪鲜胺按1：1复配1000倍液，或用海岛素（5%氨基寡糖素）800倍+30%噁霉灵（或25%咪鲜胺1000倍液），或50%多菌灵500倍液，或70%甲基硫菌灵1000倍液，或75%代森锰锌络合物800倍液，或3%广枯灵（噁霉灵+甲霜灵）600～800倍液等喷淋或灌根。一般7～10天淋灌1次，视病情一般喷灌3次左右。

### 2. 灰霉病（*Scutellariae gray mold*）

病原为灰葡萄孢（*Botrytis cinerea* Pers.ex Fr.），病菌以菌丝体或分生孢子在黄芩病残体上或菌核在土壤中越冬。翌年春季条件适宜时病菌萌动开始侵染黄芩引起发病；其后又产生分生孢子随着气流、雨水等传播进行多次再侵染。黄芩灰霉病分为普通型和茎基腐型两类，以茎基腐型为害更大。普通型主要为害黄芩地上嫩叶、嫩茎、花和嫩荚。茎基腐型主要在2年生以上黄芩上发生，一般在黄芩返青生长后开始，5月中下旬进入发病高峰期，主要为害黄芩地面上下10cm左右茎基部，并在病部产生大量的灰色霉层，茎叶随即枯死；普通型一般5月中下旬开始发病，6月上中旬及8月下旬至9月中旬为发病高峰期。

🐛 防治措施

🍃 农业防治：生长期间适时中耕除草，降低田间湿度；晚秋及时清除越冬枯枝落叶，消灭越冬病源。

🍃 生物防治：临发病前或初显症状时，用3%多抗霉素1000倍液，或2%武夷菌素200倍液等喷雾防治。

🍃 科学用药：发病初期用80%代森锰锌络合物800倍液，或50%的利霉康（多菌灵·福美双·乙霉威）1000倍液，或50%腐霉利可湿性粉剂或50%灰必克（40%福美双·10%异菌脲）1500倍液，或1.8%辛菌胺醋酸盐1000倍液，或50%凯泽（啶酰菌胺）水分散颗粒剂1500倍液，或70%灰霉速克（木霉菌素·啶酰菌胺·烟酰胺）60g/亩喷雾防治，每7～10天喷治1次，交替连喷2～3次。

### 3. 白粉病（*Erysiphe polygoni* D.C.）

白粉病主要侵染叶片。发病后叶背出现白色粉状物，白粉状孢子散落后成病斑，严重时会布满整个叶片，并在病斑上散生黑色小粒点。田间湿度大时易发病。

🐛 防治方法

🍃 农业防治：合理密植，通风透光良好；施用腐熟的有机肥、生物肥，平衡施肥，合理补微肥，不偏施氮肥，不能脱肥早衰。

🍃 生物防治：用2%农抗120（嘧啶核苷类抗菌素）水剂或1%武夷菌素水剂150倍液，或1%蛇床子素500倍液等喷雾，7～10天喷1次，连喷2～3次。

🍃 科学用药：发病期喷施唑类杀菌剂（10%苯醚甲环唑2000倍液、25%丙环唑2500倍液、25%戊唑醇2000倍液、20%三唑酮1000倍液、40%氟硅唑乳油5000倍液、30%氟菌唑可湿性粉2000倍液、12.5%腈菌唑1500倍液等），或25%嘧菌酯1500倍液，或25%吡唑醚菌酯2500倍液等喷雾。交替用药，7～10天喷施1次，连续防治2次左右。

### 4. 叶枯病（*Septoria chrysanthemella* Sacc.）

又名枯斑病。病原是真菌中一种半知菌，危害叶片，先从叶尖或叶缘开始，然后向内延伸成不规则黑褐色病斑，严重时致使叶片枯死。高温多雨季节发病重。

🐛 防治方法

🍃 农业防治：清洁田园，冬季处理病残株，消灭越冬菌源。

🍃 科学用药：发病初期可用1∶1∶120波尔多液，或50%多菌灵600倍液，或80%代森锰锌络合物1000倍液，或25%氟环唑多菌灵1000倍液，或30%甲霜噁霉灵600倍，或5%代森锌500倍液，或38%噁霜嘧铜菌酯1000倍液，或25%吡唑醚菌酯2500液等喷雾防治。隔7～10天喷1次，连续2～3次，要交替用药。

### 5. 黄翅菜叶蜂 ［*Athalia rosae japanensis*（Rhower）］

属膜翅目叶蜂科，主要为害芜菁、萝卜、油菜、甘蓝、芥菜等十字花科蔬菜，其对黄芩的为害是近十几年来新的发现，现已成为为害黄芩种子的主要害虫。黄翅菜叶蜂主要以幼虫蛀荚为害种子，也可食叶为害。黄芩果荚蛀害率常年在40%左右，严重的达80%以上。黄翅菜叶蜂在承德一年发生4～5代，以老熟幼虫于土中结茧越冬，第二年春季化蛹，越冬成虫最早4月上旬出现，第一代5月上旬～6月中旬，第二代6月上旬～7月中旬，第三代7月上旬～8月中旬，第四代8月中旬～10月中旬，有世代重叠现象。

🐛 防治方法

🍃 生物防治：于成虫盛发期或幼虫孵化未蛀荚前，可用0.36%苦参碱乳剂800倍液，或1.5%天然除虫菊素1000倍液，或0.3%印楝素500倍液，或2.5%多杀霉素悬浮剂1000～1500倍液等生物源杀虫剂喷雾防治。

🍃 科学用药：幼虫孵化未蛀荚前，用菊酯类（4.5%氯氰菊酯1000倍液、2.5%联苯菊酯乳油2000倍液等），或20%氯虫苯甲酰胺3000倍液，或0.5%甲氨基阿维菌素苯甲酸盐1000倍液，或19%溴氰虫酰胺4000倍液，或用90%敌百虫晶体或50%辛硫磷乳油1000倍液喷雾防治，10天左右喷1次，连喷2次左右。

### 6. 苜蓿夜蛾（*Heliothis viriplaca* Hufnagel）

别名大豆夜蛾，属鳞翅目夜蛾科，主要为害黄芩、甜菜、豌豆、大豆、苜蓿、番茄、马铃薯等。在黄芩上主要以幼虫啃食叶片，造成缺刻，甚至将叶片吃光，严重影响黄芩的生长发育，进而影响黄芩药用根的产量和品质。苜蓿夜蛾在承德一年发生2代，以蛹在土中越冬。6月出现越冬代成虫。第1代低龄幼虫卷食黄芩嫩头，长大后暴食叶片，把叶片咬成缺刻或吃光。第2代幼虫继续为害黄芩叶片。以7月下旬到9月上旬危害最重。9月下旬幼虫开始入土化蛹越冬。

🐛 防治方法

在幼虫孵化盛期或幼虫孵化后未扩散之前立即防治，防治方法参照"黄翅菜叶蜂"。

### 7. 菟丝子（*Cuscuta chinensis* Lam.）

🐛 防治方法

🍃 农业防治：一是在精选和净化种子的基础上深翻土壤10cm，将土表菟丝子的种子深埋土中使之不能出土；二是对菟丝子危害严重的地块，可与禾本科作物轮作；使用腐熟的有机肥，以消灭其中的菟丝子种子；三是在土菟丝子种子萌发期尚未缠绕作物时进行中耕除草，将其锄灭，同时，初见零星菟丝子缠绕时，抢在开花结种子之前彻底摘除其藤蔓，带出田外深埋；四是及时拔除田间发病株，生长期经常巡查田间，发现菟丝子量少时，可人工摘除，量大且严重时，应在菟丝子开花前连同植株一起拔掉并带出地外深埋。要清除彻底，有效控制蔓延危害。

🌿 **生物防治：**用"鲁保1号（3000万孢子/ml，）"生物药剂75～100倍液喷雾防治。

🌿 **科学用药：**播种前用41%草甘膦异丙胺盐或20%草铵膦1500倍液灭生性防治，5天后即可进行播种或移栽。

### 8. 小地老虎（*Agrotis ypsilon*）

🐛 **防治方法**

🌿 **农业防治：**清洁田园，铲除杂草；深翻可将一些害虫暴露在地面，增加死亡率；利用田边地头种植蓖麻，蓖麻素可毒杀取食的成虫。

🌿 **物理防治：**成方连片用黑光灯诱杀越冬成虫，还可用糖酒醋液（糖6份+醋3份+白酒1份+水15份）诱杀春季越冬后活动成虫，每亩放置5～6盆，高出作物1m即可。

🌿 **是科学用药：**一是幼虫低龄期撒毒土，每亩用90%敌百虫粉剂1.5～2kg，加细土（沙）25kg配制成毒土（沙），顺垄撒在幼苗根际附近。或用50%辛硫磷0.5kg加适量水喷拌细土25kg，在翻耕地时撒施。也可用90%晶体敌百虫1500倍液，或5%辛硫磷1000倍液，或20%氯虫苯甲酰胺3000倍液，或0.5%甲氨基阿维菌素苯甲酸盐1000倍液，或19%溴氰虫酰胺4000倍液等喷杀幼虫。二是对大龄幼虫可进行毒饵诱杀，即每亩用90%敌百虫晶体0.5kg或50%辛硫磷乳剂0.5kg，加水8～10kg喷到炒过的40kg棉籽饼或麦麸上制成毒饵，于傍晚撒在秧苗周围诱杀。

## （五）留种技术

黄芩一般不单独建立留种田。多选择生长健壮、无严重病虫害的田块留种。黄芩花期长，种子成熟期也不一致，而且极易脱落，因此应随熟随收，分批采收。方法是待整个花枝中下部宿萼变为黑褐色，上部宿萼呈黄色时，手捋花枝或将整个花枝剪下，稍晾晒后及时脱粒、清选，放阴凉干燥处备用。或按照种子粒径大小进行分级，分别播种利用，有利于保证出苗整齐，方便苗期管理，确保播种苗的数量和品质。

# 四、采收与加工

## （一）采收

生长1年的黄芩，由于根细、产量低，有效成分含量也较低，不宜收刨。温暖地区以生长1.5~2年，冷凉地区以生长2~3年收刨为宜。生长年限过长，导致根部枯心，病害加重，生长速度减慢，同时黄芩苷含量也会逐渐下降，单位年限的种植效益也会降低。收获季节秋春均可，但以春季收刨更为适宜，易加工晾晒，品质较好。收刨时，应尽量避免或减少伤断，去掉茎叶，抖净泥土，运至晒场进行晾晒。

## （二）加工

黄芩宜选通风向阳干燥处进行晾晒，生长不足二年的黄芩由于根外无老皮或老皮较少，所以直接晾晒干燥即可。2~3年生的黄芩晒至半干时，每隔3~5天，用铁丝筛、竹筛、竹筐或撞皮机撞一遍老皮，连撞2~3遍，生长年限短者少撞，生长年限长者多撞。撞至黄芩根形体光滑，外皮黄白色或黄色时为宜。撞下的根尖及细侧根应单独收藏，其黄芩苷含量较粗根更高。晾晒过程应避免水洗或雨淋，否则，黄芩根变绿变黑，失去药用价值。黄芩鲜根折干率为30%~40%。

## （三）药材质量标准

加工好的黄芩药材，野生品呈圆锥形，稍有扭曲，长8~25cm，直径1~3cm，表面棕黄色或深黄色，有稀疏的疣状细根痕，上部较粗糙，有扭曲的纵皱纹或不规则的网文，下部有顺纹和细皱纹。质硬而脆，易折断，断面黄色，中心红棕色；老根中间呈枯朽状或中空，暗棕色或棕黑色。气微、味苦。栽培品较细长，多有分支。表面淡黄棕

图4-35 黄芩药材 （谢晓亮摄）

色，外皮紧贴，纵皱纹较细腻。断面黄色或浅黄色，略呈角质样。味微苦（图4-35）。黄芩药材含水量不得过12.0%；总灰分不得过6.0%；醇溶性浸出物不得少于40.0%；按干燥品计算，黄芩苷（$C_{21}H_{18}O_{11}$）的含量不得少于9.0%。

（李世高 彻）

# 桔梗

*Platycodon grandiflorum* (Jacq.) A. DC.

图4-36 桔梗植株 （张广明摄）

桔梗为桔梗科多年生草本植物桔梗*Platycodon grandiflorum* （Jacq.）A. DC.的干燥根。桔梗的主要化学成分有三萜皂苷类、多聚糖、甾醇类及其糖苷、不饱和脂肪酸及多种微量元素等，具有宣肺、散寒、祛痰、排脓的功效。用于外感咳嗽，咽喉肿痛，肺痛吐脓，胸满胁痛，痢疾腹痛等症。桔梗还具有降压、降糖、抗肿瘤功效，用桔梗加工的桔梗菜、桔梗丝、桔梗果脯等保健食品不仅味美可口，且有医疗保健功效。桔梗植株如图4-36所示。

桔梗始载于《神农本草经》，在我国栽培历史悠久，各省区均有分布，生长于辽宁、吉林、内蒙古及华北地区的桔梗称为"北桔梗"，生长于安徽、江苏等华东地区的桔梗称为"南桔梗"。近年来在桔梗的规范化栽培技术、最佳采收期及扦插繁育等方面取得突破，但在新品种选育和苗期除草技术方面相对滞后，是今后研究的主要方向。

## 一、植株形态特征

桔梗为深根性植物，其根肥大肉质，呈圆柱形，不分枝或少分枝。当年主根可长达15cm以上。茎高20～120cm，通常无毛，偶密被短毛，不分枝，极少上部分枝。叶全部轮生，部分轮生至全部互生，无柄或有极短的柄，叶片卵形，卵状椭圆形至披针形，长2～7cm，宽0.5～3.5cm，基部宽楔形至圆钝，急尖，上面无毛而绿色，下面常无毛而有白粉，有时脉上有短毛或瘤突状毛，边顶端缘具细锯齿。花单朵顶生，或数朵集成假总状花序，或有花序分枝而集成圆锥花序；花萼钟状五裂片，被白粉，裂片三角形，或狭三角形，有时齿状；花冠大，长1.5～4.0cm，蓝色、紫色或白色。蒴果球状，或球状倒圆锥形，或倒卵状，长1～2.5cm，直径约1cm。花期7～9月，果期8～10月。

## 二、生物学特性

桔梗为多年生宿根性植物，播后1～3年采收，一般2年采收。桔梗一般播后15天出苗，从种子萌发至5月底为苗期，这个时期植株生长缓慢，高度6～7cm。此后生长加快，进入生长旺盛期，至7月开花后减慢，7～9月孕蕾开花，8～10月陆续结果，为开花结实期。种后第一年生开花较少，5月后晚种的次年6月才开花，两年后开花结实多。10～11月中旬，地上部分开始枯萎，根在地下越冬进入休眠期，至次年春出苗。种子萌发后胚根当年主要是伸长生长，1年生主根长可达15cm，2年生长可达40~50cm，并明显增粗。第二年6~9月为根的快速生长期，1年生苗的根茎只有1个顶芽，2年生有2~4个芽。

桔梗种子室温下贮存寿命一年，第2年种子丧失发芽力，种子10℃以上发芽，15~25℃条件下15~20天出苗，发芽率50%~70%。5℃以下贮藏，可延缓种子寿命，活力可保持2年以上，赤霉素可促进种子的萌发。

桔梗耐干旱，野生桔梗多生长在砂石质的向阳山坡、草地、稀疏灌丛及林缘。桔梗常在的群落有稀疏的蒙古栎林、槲栎林、榛灌丛、中华绣线菊灌丛和连翘灌丛等。

桔梗喜温，喜光，耐热、耐寒，怕积水，忌大风。适宜生长的温度范围是10~33℃，最适温度为20℃，能忍受零下40℃低温和零上40℃的高温。宜栽培在海拔1100m以下的丘陵地带，半阴半阳的砂质壤土中，以富含磷钾肥的中性夹砂土生长较好，要求排水良好。土壤水分过多或积水易引起根部腐烂。

## 三、栽培技术

### （一）选地整地

#### 1. 选地

桔梗为深根性植物，应选向阳、背风的缓坡或平地，要求土层深厚、肥沃、疏松、地下水位低、排灌方便和富含腐殖质的砂质壤土作种植地。前茬作物以豆科、禾本科作物为宜。黏性土壤，低洼盐碱地不宜种植。

#### 2. 整地

秋末深耕25~40cm，使土壤风化。播种前亩施腐熟农家肥2500~3000kg，过磷酸钙50kg，施肥后旋耕，做畦，畦宽120cm。

### （二）繁殖方法

一般采用直播和育苗移栽两种方式进行栽培，通常采用直播，也可育苗移栽，直播产量高于移栽，且叉根少、质量好。

#### 1. 直播

最好选用二年以上植株所产的种子，大而饱满，颜色油黑，发亮，播种后出苗率高，单产可比一年生植株结的"娃娃种"高30%以上。桔梗种子细小，千粒重1.5g，发芽率85%。亩用种量1.0~1.5kg。生长期2年。可秋播、冬播或春播，以秋播最好。秋播于10月份，冬播于11月份至次年1月份，春播于3至4月份。田间直播可采用条播和撒播两种方式。

（1）条播：在做好床面按行距20~25cm开浅沟，沟深1.5~2.0cm，将种子均匀播于沟内。播时将种子用潮细沙土拌匀（比例为1盆土拌0.3kg种子），均匀地撒到沟里，用扫帚或树枝轻扫一遍，以不见种子为度（即在土壤覆土厚度约2.5~3mm），后轻轻镇压。

（2）撒播：拌了细砂的种子均匀撒于畦面上，用扫帚或树枝轻扫一遍，以不见种子为度，稍压实。

无论那种方式，播完后应立即浇水，出苗前保持土壤湿润，盖稻草或松针，增湿保温。待出齐苗后，选择雨天除去覆盖物，以利幼苗生长。春播，要使出苗整齐，必须进行种子处理，处理方法：将种子置于30℃温水中浸泡，浸泡8小时捞出，用湿布包上，放在25～30℃的地方，上用湿麻片盖好，进行催芽，每天用温水冲滤一次。约5天时间，种子萌动即可播种。在温度18～25℃、湿度足够的情况下，播后10～15天出苗。

**2. 育苗移栽**

（1）育苗：育苗期1年，一般育亩用种量10～12kg（有些试验田块按15kg）。具体播种方法同上。

（2）移栽：生长期1年。桔梗育苗移栽一般在4～6月份均可，过早，由于桔梗苗小影响苗的质量，过晚苗大影响移栽，选择1年生直条桔梗苗，大、小分级，分别栽植。栽植时，在整好的栽植地上，按行距20cm开深25cm的沟，然后将桔梗苗呈75°斜插沟内，按株距6～8cm，覆土压实，覆土应略高于苗头3cm为度。

## （三）田间管理

**1. 中耕除草**

幼苗期宜勤除草松土，苗小时宜用手拔除杂草，以免伤害小苗，也可用小型机械除草，保持土壤疏松无杂草。中耕宜在土壤干湿适宜时进行，封垄后不宜再进行中耕除草。在雨季前结合松土进行清沟培土，防止倒伏。雨季及时排除地内积水，否则易发生根腐病，引起烂根。

**2. 追肥**

除在整地时施足基肥外，在生长期还要进行多次追肥，以满足其生长的需要。苗高约15cm时，每亩追施尿素20kg；7～8月开花时，为使植株充分生长，可再追施复合肥30kg；入冬地上植株枯萎后，可结合清沟培土，加施草木灰或土杂肥。二年生桔梗植株高达60～90cm，一般在开花前易倒伏，可在入冬后，结合施肥，做好培土工作；第二年返青后结合浇水追施复合肥30kg，不宜多施氮肥，以控制茎秆生长。

**3. 摘花**

桔梗开花结果需消耗大量养分，影响根部生长。除留种田外，桔梗花蕾初期及时割除花枝可提高其产量和质量。桔梗花期长，整个花期需割除2～6次。近年来也有用乙烯利去花，方法是在盛花期用0.05%乙烯利喷洒花朵，以花朵沾满药液为度，每亩用药液75～100kg，省工省时，效率高成本低，使用安全。

## （四）主要病虫害防治

### 1. 根腐病（*Fusarium sp.*）

发病期6~8月，初期受害根部出现黑褐斑点，逐渐根局部呈黄褐色而腐烂，以后逐渐扩大，发病严重时，地上部分枯萎而死亡。

🪷 防治方法

🍃 农业防治：注意轮作，及时排除积水；在低洼地或多雨地区种植，应作高畦。基肥使用腐熟的有机肥、生物肥。全程要配方和平衡施肥，合理补微肥，增强植株抗逆和抗病能力。

🍃 生物防治：发病初期用枯草芽孢杆菌（10亿活芽孢/g）500倍液灌根。

🍃 科学用药：播种前每亩用50%多菌灵可湿性粉剂1kg处理土壤。发病初期用30%噁霉灵+25%咪鲜胺按1:1复配1000倍液，或用海岛素（5%氨基寡糖素）800倍+30%噁霉灵（或25%咪鲜胺1000倍液），或50%多菌灵500倍液，或70%甲基硫菌灵1000倍液，或75%代森锰锌络合物800倍液，或3%广枯灵（噁霉灵+甲霜灵）600~800倍液等喷淋或灌根。一般7~10天淋灌1次，视病情一般喷灌3次左右。

### 2. 轮纹病（*lep to spha eru linapla tycod onis* J.F.Lue et P.K.Chi）

该病由真菌中的半知菌类壳针孢属菌引起。主要危害叶部，6月开始发病，7~8月发病严重，和密度大、高温多湿有关。受害叶片病斑近圆形，直径5~10mm，褐色，具同心轮纹，上生小黑点，严重时不断扩大成片，使叶片由下而上枯萎。

🪷 防治方法

🍃 农业防治：冬季清园，将田间枯枝、病叶及杂草集中烧毁；夏季高温发病季节，加强田间排水，降低田间湿度，以减轻发病。

🍃 科学用药：发病初期用50%多菌灵可湿性粉剂600倍液，或70%甲基硫菌灵可湿性粉剂800倍液，或80%络合态代森锰锌1000倍液等喷雾，连喷2~3次预防性控制；治疗性防治可用25%嘧菌酯1500倍液，或25%吡唑醚菌酯2500倍液，或24%噻呋酰胺1500倍液，或10%苯醚甲环唑和25%吡唑醚菌酯按2:1复配2000倍液，或70%二氰蒽醌水分散粒剂1000倍液等喷雾，7~10天喷1次，连续喷2~3次。

### 3. 紫纹羽病（*Helicobasidium mompa* Tanak.）

危害根部，先由须根开始发病，再延至主根；病部初呈黄白色，可看到白色菌索，后变为紫褐色，病根由外向内腐烂，外表菌索交织成菌丝膜，破裂时流出糜渣。地上病株自下而上逐渐发黄枯萎，最后死亡。

🪷 防治方法

🍃 农业防治：实行轮作，及时拔除病株烧毁。病区用10%石灰水消毒，控制蔓延。使用腐熟的有机肥、生物肥，配方和平衡施肥，合理补微肥，改良土壤，增强植株抗逆和抗病能，山地每亩施石灰粉50～100kg，可减轻危害。

🍃 科学用药：用70%甲基硫菌灵可湿性粉剂1000倍液，或80%代森锰锌络合物800倍液，或50%多菌灵可湿性粉剂600倍液，或25%吡唑醚菌酯2500倍液等浸苗10分钟后栽植，或发病初期进行喷淋。

### 4. 立枯病（*Rhizoctonia so.*）

由真菌中的一种半知菌引起的苗期病害。主要发生在出苗展叶期，幼苗受害后，病苗基部出现黄褐色水渍状条斑，随着病情发展变成暗褐色，最后病部缢缩，幼苗折倒死亡。

🌸 防治方法

🍃 农业防治：清理病残体，轮作倒茬2年以上；适期播种，施用腐熟的有机肥、生物肥，增施磷、钾肥，合理配方和平衡施肥，合理追肥和补微肥，培育壮苗并增强抗逆和抗病能力；及时剔除病株，并携出田外处理。

🍃 科学用药：一是土壤处理：播种或栽植时亩用50%多菌灵可湿性粉剂和50%福美双可湿性粉剂，或3%广枯灵（噁霉灵+甲霜灵）各2kg，用细沙土10kg混匀制成药土，在播种或栽植时顺栽植沟撒施，然后下种或栽植。二是6月上中旬开始预防发病，用50%多菌灵可湿性粉剂500倍液，或80%代森锰锌络合物可湿性粉剂1000倍液喷淋。发病初期用15%噁霉灵水剂500倍液，或20%甲基立枯磷乳油1200倍液，或3%广枯灵（噁霉灵+甲霜灵）600～800倍液喷淋或灌根，7～10天喷灌一次，连续2～3次。

### 5. 蚜虫（*Aphis sp.*）

以成虫、若虫危害嫩叶及顶部。若蚜、成蚜可群集叶和嫩梢上刺吸汁液，叶片卷缩变黄，严重时生长缓慢，甚至枯萎死亡。开花时，若蚜、成蚜密集在花序为害。

🌸 防治方法

🍃 农业防治：保持田间土壤湿润，干旱地区适时灌水，抑制蚜虫繁殖；清园，铲除桔梗地周围的杂草，减少蚜虫迁入机会。

🍃 物理防治：黄板诱杀有翅蚜，可用市场上出售的商品黄板，或用40cm×60cm的纸板或木板，涂上黄色油漆，再涂一层机油，挂在行间或株间，每亩挂30块左右，当黄板粘满蚜虫时，再涂一层机油。

🍃 生物防治：无翅蚜发生初期，用植物源药剂1.3%苦参碱乳剂1500倍液倍液等喷雾防治。

🍃 科学用药：用新烟碱制剂［10%吡虫啉1000倍液、50%吡蚜酮1500倍液、25%噻虫嗪1200倍液，或25%噻嗪酮（保护天敌）2000倍液等］，或2.5%联苯菊酯乳油2000倍液，或24%螺虫乙酯或20%呋虫胺5000倍液喷雾防治。要交替轮换用药。

## （五）留种技术

桔梗要选用高产的植株留种，留种株于8月下旬要打除侧枝上的花序，使营养集中供给上中部果实的发育，促使种子饱满，提高种子质量。蒴果外壳呈淡黄色、果顶初裂时，掰开后子粒饱满呈黑色，即可分批采摘。采收的种子，不宜直接在阳光下曝晒，可堆放在室内通风处3～4天，种胚自然成熟，然后晒干，去果壳后用布袋或纸袋装置，在干燥通风处存放，种子寿命一年，隔年陈种发芽率较低，不宜作种用。在低温下贮藏，能延长种子寿命。0～4℃干贮种子18个月，其发芽率比常温贮藏高3.5～4倍。

# 四、采收与加工

## （一）采收

桔梗生产周期为二年。采收期可在秋季9月底到10月中旬或次年春季桔梗萌芽前进行。以秋季采者体重质实，质量较好。一般在地上茎叶枯萎时采挖，过早采挖根部尚未充实，折干率低，影响产量；采挖过迟不易剥皮。采挖时先割去地上茎叶，再挖出地下根茎，起挖时，防止挖断主根。桔梗收获后需进行去皮加工，如收获太多加工不完，可用砂埋起来，防止外皮干燥收缩，这样容易去皮。折干率为30%。

## （二）初加工

鲜根挖出后，皮要趁鲜刮净，时间长了，根皮就难刮了。去皮时将鲜根去净泥土、芦头，浸在水中，用竹刀、木棱、瓷片等刮去栓皮，洗净，并在清水中浸泡3～4小时，然后捞出滤干，放在席上晒干，晒时经常翻动，使它干燥均匀，晒至二三成干时，将分枝捏拢，按大、中、小分开，以第二层的头部压第一层的尾部进行再晒（以免折断尾部），每天中午翻动一次。晒至八九成干时，堆起来发汗一天。再将发汗的桔梗条依次摊放在凉席上，晒至全干，即为成品。阴雨天可用火炕烘干，干燥温度不超过60℃，烘至出水时，出炕摊凉，待回润后再烘至全干。桔梗一般亩产鲜品在2000kg以上。折干商品在300～350kg。

## （三）药材质量标准

药材性状：干燥根呈纺锤形或长圆柱形。下部渐稀，有时分枝稍弯曲，顶端是茎痕，全长6～30cm，直径0.5～2cm。表面白色或淡棕色，皱缩，上部有横纹，通体有纵沟，下部尤多，质坚实，易折断，断面类白色至类棕色，略带颗粒状，有放射状裂隙，形成层显著，木质部类白色，中央无髓（图4-37）。

商品分三个等级。一等：呈顺长条形，去净栓皮及细尾。表面白色。体坚实。断面皮层白色，中间淡黄色。味甘、苦、辛。上部直径1.4cm以上，长14cm以上，无杂质，虫蛀、霉变。二等：上部直径1～1.4cm，长12～14cm，其余同一等。三等：上部直径0.5～1cm，长7～12cm，其余同一等。

《中国药典》2015年版规定：桔梗药材水分不得过15.0%，总灰分不得过6.0%，醇溶性浸出物不得少于17.0%，按干燥品计算，含桔梗皂苷D（$C_{57}H_{92}O_{28}$）不得少于0.10%。

图4-37　桔梗药材　（张广明摄）

（张广明　王有军）

# 苦参 /Sophora flavescens Ait.

图4-38　苦参植株　（牛杰摄）

苦参为豆科植物苦参（*Sophora flavescens* Ait.）的干燥根，主要化学成分有多种生物碱、黄酮类化合物。具有清热、燥湿、杀虫、利尿之功效，治疗热毒血痢、肠风下血、黄疸尿闭、赤白带下、阴肿阴痒、小儿肺炎、疳积、急性扁桃体炎、痔满、脱肛、湿疹、湿疮、皮肤瘙痒、疥癣麻风、阴疮湿痒、瘰疬、烫伤等。外用可治疗滴虫性阴道炎。近年除药用外，还广泛用于生物农药的开发。苦参植株见图4-38。

现全国各地均有栽培，近年来，在苦参的规范化栽培技术、适宜收获期、干燥方法等方面研究取得进展，如播种、适时采种、控制水肥、病虫草害等。研究苦参品质稳定的控制技术、进一步提高产量及创新初加工技术，仍是今后栽培研究的主要方向。

## 一、植株形态特征

苦参为多生草本或亚灌木，少数呈灌木状。株高0.5～1.3m。根圆柱形，侧根发达，表面灰棕色、棕黄色；栓皮薄，纵向皱裂脱落。茎坚实，基部圆柱形，中上部有皱棱，幼茎疏被柔毛，成株无毛。单数羽状复叶，互生，小叶11～21枚（一年生幼苗小叶片为3～15枚），披针形，先端渐尖，长3～6cm，宽1.2～2.3cm，叶背面疏被白色短柔毛，叶片中脉下面隆起。总状花序，顶生或腋生；长15～25cm，花多数，排列疏松或稍密，花梗纤细，长约0.7cm，苞片线形；花萼钟状，长约0.55cm，宽约0.6cm；疏披短柔毛；花冠蝶形，比花萼长1倍，白色、淡黄或豆黄白色；有槐花香味。荚果长5～10cm，呈四棱形，缺粒种子间稍缢缩。疏披短柔毛或近无毛。成熟后背脊翅起开裂；种子1～9粒不等，长卵形，稍压扁，黄绿色、淡棕色或棕褐色。花期6～7月，果期8～9月。

## 二、生物学特性

苦参野生于山坡草地、平原、丘陵、路旁、砂质地和红壤地的向阳处。喜温暖气候。对土壤要求不严，一般土壤均可栽培；但以土层深厚、肥沃、排灌方便的壤土或砂质壤土为佳。

一年生苦参根可生长40cm，直径1.4cm，单株根系鲜重40g，苦参总碱含量为1.32%。茎直径0.4cm，高45.5cm，可生长17片左右的复叶，地上部分鲜重29.5g。秋末芦头生出3～5个茎芽，翌年春茎芽横生形成水平地下茎并形成地上植株。第二年秋末地下茎萌生若干茎芽。第三年春横生形成地下茎网络，向上形成地上株群。一年生植株不开花，第二年的可开花结实。花为风虫媒花，可自花或异花授粉。

## 三、栽培技术

### （一）选地整地

苦参是深根系植物，喜欢湿润、通风、透光的生态环境。因此要选择土层深厚、肥沃，质地疏松，排水良好的砂壤土。每亩施入充分腐熟的堆肥或厩肥3000kg，捣细撒匀，深翻20～30cm，耕后整平，或挑成垅距50～60cm幅宽的水平渠田。

### （二）繁殖方法

苦参的主要繁殖方法有种子繁殖、无性繁殖和育苗移栽等方式。

#### 1. 种子繁殖

苦参是中粒种子，千粒重35～40g。种皮因成熟度不同，呈茶绿色、浅棕色和棕褐色三种。种子椭圆形或倒卵状球形，长0.4～0.6cm，宽0.3～0.45cm。种脐凹陷、平滑、有光泽；中央可见一纵棱线。顶端稍尖，脐部钝圆，切向腹面突出并呈短鹰嘴状，背面种瘠隆起，种瘠尖端为一合点与下端连接于凹窝的种脐。苦参种子有硬实性。其表面有疏水性的角质层，能阻止水分进入种子。在种脐区域有两层栅栏细胞，成为种子的不透水层。因此苦参种子必须处理后才可播种，否则出苗极不整齐。

种子处理方法主要有三种，一是砂纸磋磨，用细砂纸磨擦苦参种子。发芽率可达

70%～80%；二是用65～70℃的热水浸种2～2.5小时，发芽率可达80%～85%；三是用95%～98%的浓硫酸处理种子60分钟，可使具有发芽力的种子全部发芽。秕粒种子不可用浓硫酸处理。否则会造成种皮脱落，失去处理效果。种子发芽对温度的要求：15℃的条件下，15天左右发芽出苗，25℃的条件下10天左右可出苗。苦参为子叶留土植物，种子小，幼苗顶土力弱，播种后要保持土壤湿润，覆土1.5～2cm为宜。

**2. 无性繁殖**

（1）地下茎繁殖：苦参为直根系植物，由垂直主根、侧根、根茎部萌生的水平地下茎及水平地下茎上的不定根所组成。水平地下茎既可形成若干延伸茎芽，又可于第二年萌生出细弱的不定根，是无性繁殖的理想材料。结合采挖苦参可剪截水平地下茎，一芽一截成"T"字型，一株苦参可剪取多个横生茎芽，无茎芽的地下茎可截成10～12cm长茎段，均可生成新株。新生根芽生长，形成小植株后母体腐烂。为保证成活，不使细弱的不定根、芽脱水风干，可边剪截边贮放塑料袋中，运送大田按50cm×40cm定植。"T"字型茎芽按倒"T"字栽植，挖10cm深的穴，老茎水平置于穴底，新芽向上，覆盖湿细土2～3cm。无芽茎段斜插地中，催根萌芽。

（2）分株繁殖：采挖苦参时，将芦头切下，视芦上的越冬芽及须根切块繁殖。秋末或早春苦参休眠期，结合采挖苦参进行，每个切块要有2～3个壮芽，1～2条须根。在整好的大田按50×30cm定植，穴深10cm，每穴栽一株，覆土2～3cm。

（3）扦插繁殖：苦参的地上茎近地面5cm以上髓部组织为黄白色泡沫状，剪截后水分很快流失，粘贴于木质部的内腔壁上。虽可抽出新梢，但很难萌发新根，养分耗尽后，新梢就随之枯萎，茎干上的韧皮部也软化腐烂。地上茎扦插仅有20%的茎节可抽出新梢，因无新根形成而萎蔫。地上茎扦插是今后研发方向。

**3. 育苗移栽**

（1）育苗：苦参幼苗纤细，刚出土幼茎仅有0.08～0.1cm，因此给管理工作带来不便，而采取育苗移栽的方法（大棚、露地育苗均可）是一种简便易行的办法。建凸型苗床，苗床按宽100cm作畦，畦长可视育苗数而定。畦与畦之间留凹沟走道。落水下种，按4cm×4cm点播，每穴点1～2粒经处理后的种子，覆细土1.5～2.0cm，地膜和杂草双覆盖以保温保湿，60%以上幼苗透土后揭去薄膜及覆盖物。大棚育苗于冬末育苗，春末移栽；露地育苗，晚春育苗，秋末移栽。

（2）移栽：起苗苦参为肉质根、毛根不发达。起苗时要边起苗边放入纸箱或瓷盆中，放一层苗，压一层湿土，保持种根潮湿不风干，地上茎叶不受损，缩短移栽缓苗期。移栽春秋两季移栽成活率高。春季4月下旬为大棚苗外移的最佳时期。有水利条件的地方可落水定植。露地苗地上茎叶枯黄后起苗移栽，移栽时间以大地封冻前半个月为好，栽后用脚踏实，芦头覆细土2～3cm。

## （三）田间管理

### 1. 中耕除草

6月上旬进行第一次中耕除草，7月下旬进行第二次中耕除草。秋季采取半耕半拔除的方法，即耕沟底，留垄背，以免耕翻损伤水平地中茎芽。定植后的第二年春季当地下茎延伸头全部长出地面时，再行中耕管理。

### 2. 追肥

定植第一次中耕除草后，于6月中下旬每亩追施尿素20kg。秋季地上茎叶枯萎后，结合沟内中耕亩施饼肥50kg、过磷酸钙50kg和适量的尿素。施肥方法：将肥撒入垄沟中，进行秋耕，随后追施人粪尿。

### 3. 摘蕾

为提高苦参根的产量（除留种田外），可于6月初花蕾显现时摘除。使养分集中供地下根生长，以利增加产量，提高品质。

## （四）病虫害防治

### 1. 叶枯病

豆科植物叶枯病一般由丝核菌属（*Rhizoctonia*）引起，8月上旬~9月上旬发病，发病时叶部先出现黄色斑点，继而叶色发黄，严重时植株枯死。

🐛 防治方法

发病初期用1∶1∶100倍的波尔多液，或50%多菌灵600倍液，或70%甲基硫菌灵800倍液，或80%代森锰锌络合物1000倍液，或唑类药剂（25%氟环唑1000倍液、30%氟菌唑可湿性粉2000倍液等），或30%甲霜噁霉灵600倍液，或38%噁霜嘧铜菌酯1000倍液，或25%嘧菌酯1500倍液，或25%吡唑醚菌酯2500倍液喷雾防治。一般7~10天喷1次，连续2次左右。

### 2. 白锈病［*Albugo candida* (Pers .) O .kuntze］

发病初期叶面出现黄绿色小斑点，外表有光泽的脓泡状斑点，病叶枯黄，以后脱落，多在秋末冬初或初春季发生。

🐛 防治方法

🌿 农业防治：清理田园，将残株病叶集中烧毁或深埋；与禾本科或豆科作物轮作；合理密植，加强肥水管理，提高植株抗病能力。

🌿 生物防治：用2%农抗120（嘧啶核苷类抗菌素）水剂或1%武夷菌素水剂150倍液，或1%蛇床子素500倍液等喷雾，7~10天喷1次，连喷2~3次。

🌿 科学用药：在预计临发病之前或发病初期用50%多菌灵可湿性粉剂500倍液，或70%甲基硫菌灵1000倍液，或80%代森锰锌络合物800倍液等保护性防治；发病初选用唑类杀菌剂

（10%苯醚甲环唑2000倍液、25%丙环唑2500倍液、25%戊唑醇2000倍液、20%三唑酮1000倍液、40%氟硅唑乳油5000倍液、30%氟菌唑可湿性粉2000倍液、40%咯菌腈可湿性粉剂3000倍液、12.5%腈菌唑1500倍液等），或25%嘧菌酯1500倍液，或25%吡唑醚菌酯2500倍液等喷雾治疗性防治。一般7～10天喷1次，连续2次左右。

### 3. 根腐病（*Fusarium sp.*）

常在高温多雨季节发生，病株先根部腐烂继而全株死亡。

👐 **防治方法**

🍃 农业防治：及时拔除病株，病穴石灰水消毒。

🍃 生物防治：发病初期用枯草芽孢杆菌（10亿活芽孢/g）500倍液灌根。

🍃 科学用药：播种前亩用50%多菌灵可湿性粉剂1kg处理土壤。发病初期用30%噁霉灵+25%咪鲜胺按1∶1复配1000倍液，或用海岛素（5%氨基寡糖素）800倍+30%噁霉灵（或25%咪鲜胺1000倍液），或50%多菌灵500倍液，或70%甲基硫菌灵1000倍液，或75%代森锰锌络合物800倍液，或2.5%咯菌腈1000倍液，或3%广枯灵（噁霉灵+甲霜灵）600～800倍液等喷淋或灌根。一般7～10天淋灌1次，视病情一般喷灌3次左右。

### 4. 钻心虫

钻心虫属鳞翅目（*Lepidoptera*），螟蛾科（*Pyralidae*），从地上茎的近地面3～17cm处钻蛀，先向上蛀食约1.8cm后，顺苦参髓部向下为害，秋末冬初幼虫在茎秆中钻蛀地面下4～6cm深处，以老熟幼虫在地中茎或芦头内越冬，在7月上、中旬羽化产卵钻蛀。

👐 **防治方法**

🍃 生物防治：幼虫孵化期用植物源杀虫剂喷雾防治，可用0.3%苦参碱乳剂800～1000倍液，或1.5%天然除虫菊素1000倍液，或0.3%印楝素500倍液，或2.5%多杀霉素悬浮剂1000～1500倍液。

🍃 科学用药：在7月上旬产卵孵化和钻蛀前用药，可用菊酯类（4.5%氯氰菊酯1000倍液、2.5%联苯菊酯乳油2000倍液等），或20%氯虫苯甲酰胺3000倍液，或0.5%甲氨基阿维菌素苯甲酸盐1000倍液，或19%溴氰虫酰胺4000倍液，或用90%敌百虫晶体或50%辛硫磷乳油1000倍液等喷雾防治。

### 5. 食心虫

食心虫主要蛀食苦参种子，属鳞翅目（*Lepidoptera*），蛀果蛾科（*Carposinidae*），在表土中越冬。在7月上、中旬羽化产卵钻蛀。

☘ 防治方法

"同钻心虫"。

## 四、采收与加工

### （一）采收

人工栽培苦参，第三年秋末冬初进行采挖，将垄背土耙在沟内深刨挖出参根，切去芦头以上部分，运回。

### （二）初加工

晾晒2～3天。抖尽泥土、去掉毛根（或切片），晾晒至全干，分类包装入库（图4-39）。

图4-39　苦参药材（牛杰摄）

### （三）药材质量标准

《中国药典》2015年版规定：苦参药材水分不得过11.0%，总灰分不得过8.0%，水溶性浸出物不得少于20.0%，按干燥品计算，含苦参碱（$C_{15}H_{24}N_2O$）和氧化苦参碱（$C_{15}H_{24}N_2O_2$）的总量不得少于1.2%。

（刘志强　牛　杰）

# 牛膝

*/Achyranthes bidentata* Bl.

牛膝为苋科植物牛膝（*Achyranthes bidentata* Bl.）的干燥根，味苦、酸，性平；归肝、肾经；具有补肝肾、强筋骨、逐瘀通经、引血下行功能。生用散瘀血、消痈肿，用于淋病、尿血、经闭、癥瘕、难产、胞衣不下、产后瘀血腹痛、喉痹和跌打损伤等症；熟用补肝肾，用于腰膝酸痛、四肢拘挛、痿痹等症。其主要化学成分有以齐墩果酸为配糖基的多种皂苷，游离及水解所得齐墩果酸、肽多糖及磷脂酸、磷脂酰胆碱、磷脂乙醇胺等7种磷脂类成分，并含有脱皮甾酮、牛膝甾酮、紫茎牛膝甾酮、β-谷甾醇、多糖、氨基酸、生物碱和香豆素类等化合物，还含有大量的钾盐、甜菜碱、蔗糖等成分。牛膝植株如图

图4-40　牛膝植株（寇根来摄）

4-40所示。

牛膝为"四大怀药"之一，主产于河南省焦作市武陟县、温县、沁阳市、博爱县等，河北、内蒙古、山西、山东等省亦有引种栽培。近年来关于牛膝规范化生产的研究，主要集中在根据不同的用途分类管理和贮藏技术的研究。因留种技术对产品产量和品质非常重要，种子标准化研究也是生产上值得重视的技术关键。由于在抗血栓、抗高血压、治疗心脑血管疾病以及治疗和预防衰老等方面已发现有较理想作用，牛膝的社会需求量很大，值得深入开发。

## 一、植株形态特征

牛膝系多年生草本植物。主根粗壮，圆柱形，黄白色或红色，肉质。茎直立，高60～100cm，四棱形或方形，茎节略膨大，似牛膝状，疏被柔毛，每个节上有对生分枝。叶对生，叶片椭圆形或倒卵圆形，全缘，两面被柔毛。穗状花序顶生或腋生，穗长10cm左右，花向下折贴近总花梗，总花梗被柔毛花小，黄绿色。胞果长圆形，种子1枚，黄褐色。花期7～9月，果期9～10月。

## 二、生物学特性

### （一）对环境条件要求

牛膝宜生于温暖而干燥的气候环境，最适宜的温度为22～27℃，不耐寒。冬季地温-15℃时，根能越冬，过低则不能，气温-17℃时，植株被冻死。牛膝为深根性植物，耐肥性强，喜土层深厚而透气性好的砂质壤土，并要求富含有机质，土壤肥沃，含水量27%左右，pH 7～8.5。适宜生长于干燥、向阳、排水良好的砂质壤土，要求土层深厚，土壤疏松肥沃，利于根生长；黏性板结土壤、涝洼盐碱地不适合种植。

牛膝耐连作，而且连作的牛膝地下根部生长较好，根皮光滑，须根和侧根少，主根较长，产量高。牛膝在不同生长期对水分要求不同，幼苗期保持湿润，可加速幼苗的生长发育，中期（生长期）水分不宜过多，否则引起植物地上茎徒长，后期（8月以后）根生长较快，需较多水分，否则会影响根的产量和品质。地势低洼，地下水位高，水分过多时则分杈多，不长独根，影响药材的外观质量。

### （二）生长发育习性

牛膝的适应性强，以温差较大的北方生长较快，根的品质好。年生长期200～300天，人工栽培可控制生长期为130～140天。若生长期太长，植株花果增多，根部纤维多，易木质化而品质差。植株生长不繁茂，当年开花少，则主根粗壮，产量高，品质好。黏土和碱性土种植其根细短，分权多，品质差。牛膝种子宜选用2～3年（秋薹籽）、主根粗大、上下均匀、侧根少、无病虫害的植株的种子，品质好，发芽率高，根分权少。当年植株的种子（蔓籽）不饱满，不成熟，出苗率低，根分权多。播种后，一般4～5天出苗，7～10月为生长期，10月下旬植株开始枯黄休眠。

## 三、栽培技术

### （一）品种类型

华北种植的牛膝种质类型有京牛膝、赤峰牛膝、怀牛膝等，各地在种植时应选择适宜的品种类型。

### （二）选地整地

牛膝系深根作物，宜选择地势向阳、土层深厚肥沃、排水良好的壤土种植，洼地、盐碱地不宜种植。前茬以小麦、玉米等禾本科作物为宜；前茬为豆类、花生、山药、甘薯的地块不宜种植牛膝。结合整地，每亩施入充分腐熟的有机肥3000kg，尿素15kg，过磷酸钙80kg，硫酸钾20kg，有条件的可每亩施用饼肥200～300kg作基肥，深翻30～40cm，浇水踏墒耙平，按1.8～2m作畦，畦长依地势而定。

### （三）播种

播种时间：牛膝一般于6月下旬至7月中旬播种。过早则地上茎叶生长快，花期提早，地下根多发岔，药材质量差；过迟，植株生长不良，产量降低。

播种方法：牛膝主要用种子繁殖，一般采用大田直播方法，可以人工播种，也可以用药材精量播种机进行播种。每亩用种量2～3kg。条播：顺畦按行距15～20cm开1～1.5cm浅沟，将种子均匀地撒入沟内，覆土不超过1cm，播后浇水，6～8天出苗。

### （四）田间管理

#### 1. 间苗与除草

结合浅锄松土，除掉田间杂草。牛膝幼苗期，怕高温积水，应及时松土锄草，并结合浅锄松土，将表土内的细根锄断，以利于主根生长；同时也可达到降温的效果。如果高温天气，尚应注意适当浇水1～2次，以降低地温，利于幼苗正常生长。大雨后，要及时排水，如果地湿又遇大雨，易使基部腐烂。苗高60cm左右时，应间苗1次。间苗时，应注意拔除过密、徒长、茎基部颜色不正常的苗和病苗、弱苗。

### 2. 定苗

苗高17～20cm时，按株、行距13～20cm或株距13cm定苗。同时结合除草。

### 3. 肥水管理

定苗后随即浇水1次，使幼苗直立生长。定苗后需追肥1次。河南主产区的经验是"7月苗，8月条"。因此追肥必须在7～8月内进行。8月初以后，根生长最快，此时应注意浇水，特别是天旱时，每10天要浇1次水，一直到霜降前，都要保持土壤湿润。在雨季应及时排水，否则容易染病害。并应在根际培土防止倒伏。如果植株叶子发黄，则表示缺肥，应及时追肥，可施稀薄人粪尿、饼肥或化肥（每亩可施过磷酸钙12kg、硫酸铵7.5kg）。

### 4. 打顶

在植株高40cm以上，长势过旺时，应及时打顶，以防止抽薹开花，消耗营养。为控制抽薹开花，可根据植株情况连续几次适当打顶，使株高45cm左右为宜。生产上打顶后结合施肥，促进地下根的生长，是获得高产的主要措施之一。但不可留枝过短，以免叶片过少而不利于根部营养积累。

## （五）病虫害防治

生产中牛膝的病害主要有白锈病、叶斑病、根腐病；主要害虫有棉红蜘蛛、银纹夜蛾等。

### 1. 白锈病（*Albugo candida*）

该病在春秋低温多雨时容易发生。主要危害叶片，在叶片背面引起白色苞状病斑，稍隆起，外表光亮，破裂后散出粉状物。

🌿 防治方法

🍃 农业防治：收获后清园，集中烧毁或深埋病株；与非寄主作物轮作。

🍃 生物防治：预计临发病或发病初期，用2%农抗120（嘧啶核苷类抗菌素）水剂或1%武夷菌素水剂150倍液，或1%蛇床子素500倍液等喷雾，7～10天喷1次，连喷2～3次。

🍃 科学用药：发病初期用50%多菌灵可湿性粉剂500倍液，或70%甲基硫菌灵800倍液，或80%代森锰锌络合物800倍液等保护性防治；或选用唑类杀菌剂（10%苯醚甲环唑2000倍液、25%丙环唑2500倍液、25%戊唑醇2000倍液、20%三唑酮1000倍液、40%氟硅唑乳油5000倍液、30%氟菌唑可湿性粉2000倍液、40%咯菌腈可湿性粉剂3000倍液、12.5%腈菌唑1500倍液等），或25%嘧菌酯1500倍液，或25%吡唑醚菌酯2500倍液等喷雾治疗性防治。一般7～10天喷1次，连续2次左右。

### 2. 叶斑病

又称细菌性黑斑病，为菊苣假单胞杆菌［*Pseudomonas cichorii*（Swingle）Stapp.］。

该病7~8月发生。危害叶片，病斑黄色或黄褐色，严重时整个叶片变成灰褐色枯萎死亡。

☙ 防治方法

🍃 农业防治：一是实行合理轮作，可与禾本科作物实行两年以上的轮作。二是增施腐熟有机肥、生物肥，配方施肥，合理补微。三是一旦发现病株立即剔除并销毁。四是合理调整土壤酸碱度，使pH值相适应，抑制病菌生长。

🍃 生物防治：一是药剂浸种，72%农用链霉素或72%新植霉素1000倍浸种30分钟水洗净后催芽。二是发病初期及时喷药，可选用2%农抗120（嘧啶核苷类抗菌素）150倍液，或72%农用硫酸链霉素或72%新植霉素1200倍液，或3%中生菌素可湿性粉剂或2%春雷霉素800倍液等喷雾防治。

🍃 科学用药：发病初期及时用20%噻菌铜800倍液，或38%噁霜嘧铜菌酯（30%噁霜灵·8%嘧铜菌酯）1500倍液，或47%春雷王铜800倍液，或25%吡唑醚菌酯2500倍液等喷雾防治。视病情把握用药次数，间隔10~15天防治1次。以上药剂加展透剂和海岛素（5%氨基寡糖素）更佳。

### 3. 根腐病（*Fusarium sp.*）

在雨季或低洼积水处易发病。发病后叶片枯黄，生长停止，根部变褐色，水渍状，逐渐腐烂，最后枯死。

☙ 防治方法

🍃 农业防治：合理施肥，提高植株抗病力；注意排水，并选择地势高燥的地块种植。合理轮作，与禾本科作物实行3~5年轮作。发现病株应及时剔除，并携出田外处理。

🍃 生物防治：发病初期用枯草芽孢杆菌（10亿活芽孢/g）500倍液灌根。

🍃 科学用药：播种前每亩用50%多菌灵可湿性粉剂1kg处理土壤。发生初期用30%噁霉灵+25%咪鲜胺按1：1复配1000倍液，或用海岛素（5%氨基寡糖素）800倍+30%噁霉灵（或25%咪鲜胺1000倍液），或50%多菌灵500倍液，或70%甲基硫菌灵1000倍液，或75%代森锰锌络合物800倍液，或2.5%咯菌腈1000倍液，或3%广枯灵（噁霉灵+甲霜灵）600~800倍液等喷淋或灌根。一般7~10天淋灌1次，视病情一般喷灌3次左右。

### 4. 棉红蜘蛛（*Tetranychus cinnabarinus*）

☙ 防治方法

🍃 农业防治：清洁田园，清除栖息场所。生物防治：0.36%苦参碱500倍液，或2.5%浏阳霉素1500倍液喷雾；

🍃 科学用药：可用30%乙唑螨腈（保护天敌）10 000倍液，或1.8%阿维菌素2000倍液，或15%哒螨灵1500倍液，或57%炔螨特乳油2500倍液，或30%嘧螨酯4000倍液等喷雾防治。相互合理复配使用，加展透剂。

**5. 银纹夜蛾**（*Argyrogramma agnata*）

其幼虫咬食叶片，使叶片呈现孔洞或缺刻。

🌑 防治方法

🍃 农业防治：在苗期幼虫发生期，利用幼虫的假死性进行人工捕杀。

🍃 生物防治：卵孵化盛期用5%氟啶脲或25%灭幼脲悬浮剂2500倍液，或25%除虫脲悬浮剂3000倍液，或在低龄幼虫期用0.36%苦参碱水剂800倍液，或1.1%烟碱1000倍液，或2.5%多杀霉素悬浮剂3000倍液，或24%虫酰肼1000～1500倍液喷雾防治。7天喷1次，防治2～3次。

🍃 科学用药：用3%甲氨基阿维菌素苯甲酸盐乳油2000倍液，或10%联苯菊酯1000倍液，或20%氯虫苯甲酰胺或19%溴氰虫酰胺4000倍液，或50%辛硫磷乳油1000倍液等喷雾防治。7天喷1次，一般连续防治2次左右。

## （六）留种技术

（1）选留种根：在牛膝收获前，注意在田间选择高矮适中、分枝密集、叶片肥大、无病虫害的植株作为母株，并挂牌标记。收获时，从母株中选取根条长直、上下粗细均匀、主根下部支根少、色黄白的根条作种根。将选取的根条留上部15cm左右，贮藏于地窖内。

（2）栽植：翌年4月初，在整好的留种田内，按行株距35cm×35cm挖穴，每穴栽入3根，按品字形栽入穴内。栽后覆盖细土，压紧压实浇水。

（3）田间管理：生长期间及时拔除秧田的杂苗；6月中旬，每亩施入20kg尿素；土壤含水量不足20%时浇水。

（4）采种：9月下旬至10月上旬，种子由青变为黄褐色时，割下果穗打种，去除杂质后晾干，装入布袋内，置于阴凉干燥处保存。

# 四、采收与加工

## （一）采收

牛膝的最佳采收期为霜降前后，地上茎叶枯萎时进行收刨，过早根不充实，产量低，过晚根易木质化或受冻害，影响质量。人工采挖，用镰刀割去牛膝地上部分，留茬3cm左右，从田间一头起槽采挖，尽量避免挖断根部。机械采挖，大型药材收刨专用机械采收快，省工省时质量好，成本低。

## （二）加工

牛膝采挖后抖净表面泥土，按粗细大小分开；去掉侧根，晒至半干，进行堆闷回潮，然后用稻草或绳捆扎成把，悬挂于向阳处晾晒，注意防冻；晒干后留芦头上1cm的枝条，去除过长部分的枝干（图4-41、图4-42）。

图4-41 牛膝药材 （谢晓亮摄）　　　　　　图4-42 牛膝饮片 （谢晓亮摄）

### （三）药材质量标准

《中国药典》2015年版规定：牛膝药材水分不得过15.0%，总灰分不得过9.0%；二氧化硫残留量不得过400mg/kg；醇溶性浸出物不得少于6.5%；按干燥品计算，含$\beta$-蜕皮甾酮（$C_{27}H_{44}O_7$）不得少于0.030%。

（刘晓清）

# 山药

*/Dioscorea opposita* Thunb.

图4-43 薯蓣植株 （杨太新摄）

山药为薯蓣科植物薯蓣（*Dioscorea opposita* Thunb.）的干燥根茎，药材名山药，性平、味甘，归脾、肺、肾经。具有补脾养胃，生津益肺，补肾涩精作用，用于脾虚食少，久泻不止，肺虚咳喘，肾虚遗精，带下，尿频，虚热消渴等症。麸炒山药补脾健胃，用于脾虚食少，泄泻便溏，白带过多。山药含有淀粉、薯蓣皂苷、黏液质、糖蛋白、多酚氧化酶、维生素C、氨基酸、尿囊素及矿质元素等。山药始载于《神农本草经》，临床上有许多以山药为主的方剂，如薯蓣丸、六味地黄丸、缩泉丸等。山药还是药食同源的品种之一，根茎肥厚多汁，又甜又绵，且带黏性，生食热食都是美味。作食疗药膳应用时，多制成粥、糕点等食品。

山药在我国大部分地区均有栽培，主产于河南、山西、河北和陕西等省。河南省温县、武陟县、博爱县、沁阳市等地所产怀山药为著名"四大怀药"之一。河北省安国、蠡县等地所产祁山药为著名"八大祁药"之一。山药在长期栽培过程中形成了较多各具特色的地方性品种类型，如"铁棍山药""太谷山药""小白嘴山药""花子山药""白玉山药""华州山药""安国棒药"等，各品种类型的植物学特征、生物学特性、产量潜力和活性成分含量存在差异，各地种植时应选择适宜的品种类型。薯蓣植株如图4-43所示。

## 一、植株形态特征

山药为多年生缠绕草本。根茎肉质肥厚，略呈圆柱形，垂直生长，长可达1m。直径2~7cm，外皮灰褐色，生有须根。茎细长，蔓性，通常带紫色，有棱，光滑无毛。叶对生或3叶轮生，叶腋间常生珠芽（名零余子）。花单性，雌雄异株；花极小，黄绿色，呈穗状花絮；蒴果有3翅，果翅长近等于宽。种子扁卵圆形，有阔翅。花期7~8月，果期9~10月。

## 二、生物学特性

### （一）对环境条件要求

喜阳光充足、温暖的气候，喜肥怕涝，山药为深根性植物，适宜种植在土层深厚、疏松肥沃、向阳、地势较高、排水良好的砂土或两合土。洼地、黏土地、盐碱地不宜种植；山药茎叶喜高温、干燥，畏霜冻，生长的最适温度为25~28℃。根茎极耐寒，在土壤冻结的条件下也能露地越冬。根茎的生长在20~24℃最快，20℃以下缓慢。山药耐阴，但根茎积累养分仍需强光，不宜与高秆作物邻作。山药喜肥耐旱，种植前要施足底肥，尤其需要施入充分腐熟的农家肥，可以改善土壤结构，保持土壤疏松，增加通透性。种过山药的地块，土壤中线虫病严重，故不能连作，间隔时间3~5年。宜与玉米、小麦等禾本科作物轮作。

### （二）生长发育习性

山药生长发育大约分为五个阶段：幼苗期、盘棵期、根茎膨大期、根茎膨大后期、休眠期。春季栽种到小暑之前以地上部分生长为主；小暑到立秋根茎始膨大，立秋后地上部分枯萎，根茎进入快速膨大期。

## 三、栽培技术

### （一）繁殖方法

山药生产中多为无性繁殖。繁殖方法有3种，芦头繁殖、零余子繁殖和根茎繁殖。

**1. 芦头繁殖**

芒头繁殖又称顶芽繁殖，芦头即山药根茎上端有芽的一节。秋末挖取山药时，选择根茎短、粗细适中、无分枝，无病虫害的山药，将上端芽头部位长约20cm切下做种（即芦头）。芦头剪下后，南方放在室内通风处晾6～7天，北方可在室外晾4～5天，使表面水汽蒸发，断面愈合，然后放入地窖内（北方）或在干燥的屋角（南方），一层芦头一层稍湿润的河沙，约2～3层，上盖草防冻保湿。贮藏期间常检查，及时调节湿度，至第二年春取出栽种。

**2. 零余子繁殖**

零余子繁殖又称珠芽繁殖，零余子为薯蓣叶腋处着生的珠芽，数量多，繁殖系数高。一般于9～10月间零余子成熟后采摘，或地上茎叶枯萎时拾起落在地上的零余子，晾2～3天后，放在室内竹篓、木桶或麻袋中贮藏，室温控制在5℃左右，第二年春取出后播种。

**3. 根茎繁殖**

根茎繁殖是将鲜山药切成8～10cm长的段，切口涂上草木灰，晾晒3～5天，至伤口愈合，按照芦头繁殖方法栽种于田间。

## （二）选地整地

山药地下根茎发达，土壤养分消耗大，宜选择地势高燥，土层深厚，疏松肥沃，避风向阳，排水流畅，酸碱度中性的砂质土壤，低洼、黏土、碱地均不宜栽种。山药连作病虫害严重，前茬作物以禾本科、豆科或蔬菜为佳。

山药种植分平畦和高垄种植。高垄种植，冬前或前作收获后，选择种植地灌水，一般亩施腐熟的有机肥3000～4000kg，饼肥100kg和复合肥50～150kg，机械开沟，形成垄宽80cm，深松80～100cm的种植带，于垄上开沟、栽种。平畦种植，选择种植地机械开沟，形成垄宽80cm，深松80～100cm的种植带，灌水塌实，参照高垄种植方法沟内施肥，做成平畦，顺种植带开沟、栽种。试验研究表明：有机肥和化肥配合做底肥施用有良好增产提质效果，亩施用纯氮15kg、五氧化二磷13.5kg、氧化钾13.5kg，可显著提高山药产量和山药多糖、尿囊素及薯蓣皂苷元等活性成分含量。

## （三）种植

当5cm地温稳定在10℃以上栽种山药芦头。华北地区一般在4月中下旬。取出砂藏的芦头，选择优质芦头种苗放在阳光下晾晒5天，晒至断面干裂，皮呈灰色，能划出绿痕为佳。然后用50%多菌灵300倍液浸种15分钟，晾干后栽种。行距40～60cm，株距15～20cm。栽植时，开8～10cm深沟，将芦头朝同一方向水平放于沟内，株距以两芽头之间的距离为准，覆土6～8cm并踩实，耙平。

零余子繁殖常采用沟播。华北地区4月上、中旬开沟栽种，在做好的畦内按行距

20～30cm开沟，沟深3～4cm，将优质零余子种苗按株距10～12cm播于沟内，覆土压实，浇一次透水，15～20天出苗。当年可收获小山药，第二年做种栽。

### （四）田间管理

山药田间管理技术包括中耕除草、设立支架、追肥、排灌水及整枝等。

**1. 中耕除草**

5月上中旬，幼苗出土后浅中耕松土除草，注意勿损伤芦头或种栽；6月中下旬，茎蔓上架前深锄一遍；茎蔓上架后若不能中耕，人工拔草。

**2. 设立支架**

在行间用竹竿或树枝搭设支架，每两行搭设一个支架，架高2m，然后将茎蔓牵引上架。也可用尼龙网做支架，在两个支撑物之间拉一条尼龙网，省工，省时，且不易倒伏。如用上年使用过的支架要消毒处理，避免病菌传播。

**3. 追肥**

苗高30cm时结合中耕除草，每亩追施纯氮7kg（尿素15kg）；茎蔓生长旺盛时期，每亩再增施纯氮8kg（尿素15kg），施后浇水。根茎膨大期，叶面喷施0.3%磷酸二氢钾液2～3次，促进地下根茎迅速膨大。

**4. 排灌水**

山药忌涝，雨季要及时疏沟排除积水；干旱时及时灌水，立秋后灌一次透水促山药增粗。

**5. 整枝**

山药栽子一般只出一个苗，如有数苗，应于蔓长7～8cm时，选留一条健壮的蔓，将其余的去除。有的品种侧枝发生过多，为避免消耗养分和利于通风透光，应摘去基部侧蔓，保留上部侧蔓。

### （五）病虫害防治

山药常见病害有炭疽病、白锈病、褐斑病及线虫病等，危害山药的害虫有蛴螬、叶蜂、盲蝽象及地老虎等，生产中应采取农业防治、生物防治和科学用药相结合的方法。

**1. 炭疽病（*Giomerlla cingulata*）**

炭疽病及辣椒炭疽病（*Colletotrichum capsici*），主要为害叶片和藤茎，初发症状为水渍状，叶片发病后扩散为褐色至黑褐色的圆形或椭圆形病斑，病斑中间有褐色轮纹，病斑上带有黑色圆点；茎部为梭形不规则斑。

🪲 防治方法

🌿 农业防治：与禾本科作物或十字花科蔬菜轮作三年以上。

🍂 科学用药：栽前50%多菌灵300倍液浸种；6月上旬用50%多菌灵600倍液，或70%甲基硫菌灵可湿性粉剂800倍液，或70%炭疽福美（福美锌+福美双）500倍液等喷雾，连续2～3次，可以起到预防作用；发病初期用10%苯醚甲环唑和25%吡唑醚菌酯按2：1复配2000倍液，或30%噁霉灵+25%咪鲜胺按1：1复配1000倍液，或50%醚菌酯干悬浮剂3000倍液等喷雾，7天喷1次，连续3次以上。

### 2. 白锈病（*Albugo candida*）

为害茎叶，茎叶上出现白色突起的小疙瘩，破裂，散出白色粉末，造成地上部枯萎。

🐚 防治方法

🍃 农业防治：栽培地不能过湿，雨后注意排水，与禾本科作物轮作。

🍃 生物防治：预计临发病或发病初期，用2%农抗120（嘧啶核苷类抗菌素）水剂或1%武夷菌素水剂150倍液，或1%蛇床子素500倍液等喷雾，7～10天喷1次，连喷2～3次。

🍃 科学用药：发病初期用50%多菌灵可湿性粉剂500倍液，或70%甲基硫菌灵800倍液，或80%代森锰锌络合物800倍液等保护性防治；或选用唑类杀菌剂（10%苯醚甲环唑2000倍液、25%丙环唑2500倍液、25%戊唑醇2000倍液、20%三唑酮1000倍液、40%氟硅唑乳油5000倍液、30%氟菌唑可湿性粉2000倍液、40%咯菌腈可湿性粉剂3000倍液、12.5%腈菌唑1500倍液等），或25%嘧菌酯1500倍液，或25%吡唑醚菌酯2500倍液等喷雾防治。一般7～10天喷1次，连续2次左右。

### 3. 褐斑病（*Phyllosticta dioscoreae*）

主要危害叶片，叶柄及茎蔓也可受害。叶面上产生近圆形或不规则形褪绿黄斑，大小不等，边缘褐色，中部灰白色至灰褐色，病斑上出现针尖状小黑粒。

🐚 防治方法

发病初期及时用药防治，防治方法和用药参照"白锈病"。

### 4. 线虫病［*Meloidogyne arenaria*（Neal）Chitwood.］

为害地下根茎。除花生根结线虫外，还有薯蓣短体线虫（*Pratylenchus dioscoreae*），根茎的表皮上产生许多大小不等的近似馒头形的瘤状物，瘤状物相互愈合、重叠形成更大的瘤状物，瘤状物上产生少量粗短的白根。发病部位的皮色比正常皮色明显偏暗，呈黄褐色。在茎的细根上有小米粒大小的根结存在，严重影响山药质量和产量。

🐚 防治方法

🍃 农业防治：与禾本科作物轮作3年以上。

🍃 生物防治：亩用淡紫拟青霉或厚孢轮枝菌（2亿活孢子/g）3kg+海岛素1000倍混合拌土均匀撒施，或沟施、穴施或灌根，7天1次，连续灌根2次。

🌿 科学用药：亩用42%威百亩水剂5kg，或定植时亩沟施10%噻唑磷颗粒剂3kg+海岛素（5%氨基寡糖素）1000倍处理土壤，或用1.8%阿维菌素1500倍液+海岛素（5%氨基寡糖素）1000倍混合进行穴灌根，或加入1/3量（常规推荐用量）的0.3%苦参碱乳剂，每株灌300～400ml，7天灌1次，连续灌2次。以上杀线虫药剂与海岛素（5%氨基寡糖素）1000倍液混配使用，增效、抗逆、提质、安全。

### 5. 蛴螬

属金龟甲总科（*Scarabaeoidea*）。

🌼 **防治方法**

🌿 农业防治：冬前将栽种地块深耕多耙、杀伤虫源，减少幼虫的越冬基数。

🌿 物理防治：利用成虫的趋光性，在其盛发期成方连片利用黑光灯或黑绿单管双光灯（发出一半黑光一半绿光）或黑绿双管灯（同一灯装黑光和绿光两只灯管）诱杀成虫（金龟子），一般每50亩地安装一台灯。

🌿 生物防治：利用白僵菌或乳状菌等生物制剂防治幼虫，乳状菌每亩用1.5kg，卵孢白僵菌每平米用$2.0 \times 10^9$孢子。

🌿 科学用药：一是毒土防治，可采用毒土和喷灌综合运用。亩用50%辛硫磷乳油0.25kg与80%敌敌畏乳油0.25kg混合，均匀撒施田间后浇水，提高药效；或用3%辛硫磷颗粒剂3～4kg混细沙土10kg制成药土，在播种时撒施。二是喷灌防治，用90%敌百虫晶体，或50%辛硫磷乳油800倍液等灌根防治幼虫。成虫期用菊酯类（4.5%氯氰菊酯1000倍液、2.5%联苯菊酯乳油2000倍液等），或20%氯虫苯甲酰胺3000倍液，或0.5%甲氨基阿维菌素苯甲酸盐1000倍液，或19%溴氰虫酰胺4000倍液等喷雾防治。

### 6. 山药叶蜂（*Senoclidea decorus*）

属叶锋科（*Tenthredinidae*）。

🌼 **防治方法**

在1～2龄幼虫盛发期，选用50%辛硫磷乳油或2.5%溴氰菊酯乳油1000倍液，或90%晶体敌百虫1000倍液喷雾防治。其他有效药剂参照"蛴螬成虫防治农药品种"。

### 7. 盲蝽蟓（*Apolygus lucorum*（Meyer–Dür.）

以绿盲蝽为主。

🌼 **防治方法**

🌿 生物防治：发生初期用0.36%苦参碱乳剂800倍液或5%天然除虫菊素2000倍液等植物源杀虫剂防治。

🌿 科学用药：用新烟碱制剂［10%吡虫啉或3%啶虫脒乳油1000倍液、25%噻虫嗪1200倍液、25%噻嗪酮（保护天敌）2000倍液等〕，或24%螺虫乙酯或20%呋虫胺5000倍液，或2.5%联苯菊酯乳油3000倍液，或20%氯虫苯甲酰胺3000倍液，或0.5%甲氨基阿维菌素苯甲酸盐1000倍液，或19%溴氰虫酰胺4000倍液等或相互复配喷雾防治。视虫情把握防治次数，间隔7～10天，要交替用药。

### 8. 地老虎

有小地老虎（*Agrotis ypsilon*）和黄地老虎（*Agrotis segetum* Schiffermtiller）。

☘ 防治方法

🍃 农业防治：清晨查苗，发现叶部有危害状甚至严重时有断苗时，在其附近扒开表土捕捉幼虫。

🍃 物理防治：成虫活动期用糖醋液（糖：酒：醋：水=2：1：4：100）放在田间1m高处诱杀，每亩放置5～6盆；或成方连片田间放置黑灯光诱杀成虫。

🍃 科学用药：可采取毒饵或毒土诱杀幼虫及喷灌科学用药。毒饵诱杀，每亩用50%辛硫磷乳油0.5kg，加水8～10kg，喷到炒过的40kg棉籽饼或麦麸上制成毒饵，傍晚撒于秧苗周围。毒土诱杀，每亩用90%敌百虫粉剂1.5～2kg，加细土20kg制成的，顺垄撒施于幼苗根际附近。或用20%氯虫苯甲酰胺3000倍液，或0.5%甲氨基阿维菌素苯甲酸盐1000倍液，或19%溴氰虫酰胺4000倍液，或用90%敌百虫晶体或50%辛硫磷乳油1000倍液喷灌防治幼虫。

## （六）留种技术

山药种植前应选择优质芦头种苗。依照山药芦头的直径、单株重、出苗率和病虫害的有无等将山药芦头划分为两级，低于二级的不能作为商品种苗使用。山药芦头的单株直径≥1.5cm，单株重≥25g，出苗率≥95%，且无机械损伤和检疫性病虫害的为一级种苗；山药芦头的单株直径≥1.0cm，单株重≥15g，出苗率≥80%，且无机械损伤和检疫性病虫害的为二级种苗。

生产中应选择优质零余子做种栽。依照山药零余子的发芽率、百粒重、直径、芽眼数和病虫害的有无等将其划分为三级，低于三级的不能作为商品种苗使用。山药零余子的发芽率≥95%，百粒重≥210g，单粒直径≥2.2cm，芽眼数≥20个，且无机械损伤和检疫性病虫害的为一级种苗；山药零余子的发芽率≥85%，百粒重≥150g，单粒直径≥1.7cm，芽眼数≥16个，且无机械损伤和检疫性病虫害的为二级种苗；山药零余子的发芽率≥75%，百粒重≥70g，单粒直径≥1.2cm，芽眼数≥12个，且无机械损伤和检疫性病虫害的为三级种苗。

## 四、采收与加工

### （一）采收

山药在栽种当年的10月底至11月初，地上茎叶干枯后采收。采收过早产量低，含水量高，易折断。先拆除支架并抖落零余子，割去茎蔓，再挖取地下根茎。目前山药生产中有人工采挖和机械收获两种方法。

人工采挖为常用方法。一般从畦的一端开始，顺垄挖采，逐株挖取，避免根茎伤损和折断。机械收获可提高收获效率，减少用工成本，目前已在山药生产中开始应用，也是今后发展方向。

### （二）加工

山药商品有毛山药和光山药2种。毛山药：将采回的山药趁鲜洗净泥土，切去根头，用竹刀等刮去外皮和须根，然后干燥，即为毛山药。光山药：选顺直肥大的干燥山药，置清水中浸至无干心，闷透，用木板搓成圆柱状，切齐两端，晒干，打光，即为光山药。需要说明的是，山药传统加工方法用硫黄熏蒸，造成二氧化硫残留和有效成分损失。现代加工技术研究了山药护色液、微波真空冷冻等干燥方法，加工后的商品有山药片和山药粉等（图4-44、图4-45）。

图4-44 鲜山药 （杨太新摄）

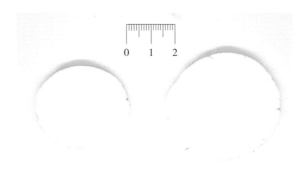

图4-45 山药饮片 （谢晓亮摄）

### （三）药材质量标准

《中国药典》2015年版规定：毛山药和光山药水分不得过16.0%，山药片不得过12.0%，总灰分毛山药和光山药不得过4.0%，山药片不得过5.0%，二氧化硫残留量毛山药和光山药不得过400mg/kg；山药片不得过10mg/kg，水溶性浸出物毛山药和光山药均不得少于7.0%，山药片不得少于10.0%。

（刘晓清）

# 射干

/*Belamcanda chinensis* (L.) DC.

图4-46　射干植株　（谢晓亮摄）

射干为鸢尾科植物射干［*Belamcanda chinensis*（L.）DC.］的干燥根茎。射干味苦，性寒，归肺经，具有清热解毒、祛痰利咽之功效。用于热毒痰火郁结、咽喉肿痛、肺痈、痰咳气喘等症，为治疗喉痹咽痛之要药，现临床用于治疗呼吸系统疾患，如上呼吸道感染、急慢性咽炎、慢性鼻窦炎、支气管炎、哮喘、肺气肿、肺源性心脏病而见咽喉肿痛和痰盛咳喘者，射干还在治疗慢性胃炎、伤科创面感染、足癣、阳痿等其他系统和皮肤疾患方面有较好疗效。

此外，在治疗禽病如鸭瘟、鸡传染性喉气管炎、喉炎等方面，射干与其他抗病毒、清热解毒药及饲料共用，效果良好。射干植株见图4-46。

现代研究，还发现射干可用于美发、护肤等产品，对常见的致病性皮肤癣有抑制作用。射干不仅是我国中医传统用药，也是韩国、日本传统医学的常用药，近年来国内外，尤其是在日本对其化学成分、药理及开发利用进行了大量深入研究，并以射干提取物为主要原料开发了多种药品。射干除其根茎供药用，也是一种观赏植物，需求量逐年增加，其价格也在波动中不断攀升。

## 一、植株形态特征

多年生草本。根状茎为不规则的块状，斜伸，黄色或黄褐色；须根多数，带黄色。茎高1～1.5m，实心。叶互生，嵌迭状排列，剑形，长20～60cm，宽2～4cm，基部鞘状抱茎，顶端渐尖，无中脉。花序顶生，叉状分枝，每分枝的顶端聚生有数朵花；花梗细，长约1.5cm；花梗及花序的分枝处均包有膜质的苞片，苞片披针形或卵圆形；花橙红色，散生紫褐色的斑点，直径4～5cm；花被裂片6，2轮排列，外轮花被裂片倒卵形或长椭圆形，长约2.5cm，宽约1cm，顶端钝圆或微凹，基部楔形，内轮较外轮花被裂片略短而狭；雄蕊3，长1.8～2cm，着生于外花被裂片的基部，花药条形，外向开裂，花丝近圆柱形，基部稍扁而宽；花柱上部稍扁，顶端3裂，裂片边缘略向外卷，有细而短的毛，子房下位，倒卵形，3室，中轴胎座，胚珠多数。蒴果倒卵形或长椭圆形，长2.5～3cm，直径1.5～2.5cm，顶端无喙，常残存有凋萎的花被，成熟时室背开裂，果瓣外翻，中央有直立的果轴；种子圆球形，黑紫色，有光泽，直径约5mm，着生在果轴上。花期6～8月，果期7～9月。

## 二、生物学特性

### （一）对环境条件的要求

射干的适应性较强，喜温暖、耐旱、耐寒，在最低气温达-17℃下可自然越冬。但生长期间，若遇干旱气候，叶片易灼烧枯黄。对土壤要求不高，以地势高、排水良好、土层肥沃深厚的中性或微酸性的砂质土壤为宜，但低洼易积水地不宜种植。

### （二）生长发育习性

射干属低温萌发型，且种子壳硬不易萌发。于11月底至12月上旬播种，翌年当气温升至10℃以上时，幼苗破土而出，有剑叶2片；随着气温升至25～30℃，光照时间加长，地温不断升高，营养生长极为旺盛；当植株高达30～60cm，展叶6～10片时，完成营养生长阶段，抽薹孕蕾进入生殖生长。随着昼夜温差加大，地下根茎膨大极快，直至地上部分枯黄为止。此时植株开始进入越冬休眠。越冬期间至翌春，地上萌发新芽，但生长缓慢。气温回升后，开始正常生长。

## 三、栽培技术

### （一）选地整地

一般山坡、田边、路边、地头均可种植。但以向阳、肥沃、疏松、地势较高、排水良好的中性土壤为宜，低洼积水地不宜种植。种植时宜选择地势较高、排水良好、疏松肥沃的黄砂地。整地时每亩用腐熟有机肥3000kg，氮磷钾复合肥50kg，结合耕地翻入土中，耕平耙细，作畦。

### （二）播种

生产中射干多采用种子繁殖。

1. 种子处理

射干种子外包一层黑色有光泽且坚硬的假种皮，内还有一层胶状物质，通透性差，较难发芽，因而需对种子进行处理。播前1个月取出，用清水浸泡1周，期间换水3～4次，并加入1/3细沙搓揉，1周后捞出，淋干水分，20～23天后取出，春播或秋播。

2. 播种

（1）育苗田：按行距10～15cm，深3cm，宽8cm，开沟播种，播后25天可出苗。

（2）直播田：在备好的畦面上，按行距30cm播种，亩用种量6kg，稍镇压、浇水，约25天出苗，生产上一般多采用直播。

### 3. 移栽

育苗1年后，当苗高20cm时定植。选阴天，按行距30cm，株距20cm开穴，每穴栽苗1~2株，栽后浇定根水。

## （三）田间管理

### 1. 间苗、定苗、补苗

间苗时除去过密瘦弱和有病虫的幼苗，选留生长健壮的植株。间苗宜早不宜迟，一般间苗2次，最后在苗高10cm时进行定苗，每穴留苗1~2株。对缺苗处进行补苗，大田补苗和间苗同时进行，选阴天或晴天傍晚进行，带土补栽，浇足定根水。每亩定植1.2万~1.5万株。射干大田如图4-47所示。

图4-47　射干大田　（谢晓亮摄）

### 2. 中耕除草

春季勤除草和松土，6月封垄后不再除草松土，在根际培土防止倒伏。

### 3. 浇灌水、排水

幼苗期保持土壤湿润，除苗期、定植期外，不浇或少浇水。对于低洼容易积水地块，应注意排水。

### 4. 追肥

栽植第二年，于早春在行间开沟，亩施腐熟农家肥2000kg，或饼肥50kg，或过磷酸钙25kg。

### 5. 摘薹打顶

除留种田外，于每年7月上旬及时摘薹。

## （四）病虫害防治

### 1. 锈病

属担子菌亚门柄锈菌属鸢尾柄锈菌（*Puccinia iridis*），幼苗和成株均有发生，危害叶片，发病后呈褐色隆起的锈斑。

🌸 防治方法

🍃 农业防治：秋后清理田园，除尽带病的枯枝落叶，消灭越冬菌源。增施磷、钾肥，合理配方和平衡施肥，使用腐熟的有机肥、生物肥，合理补微肥，增强抗逆和抗病力。

🍃 生物防治：用2%农抗120（嘧啶核苷类抗菌素）水剂或1%武夷菌素水剂150倍液，或1%蛇床子素500倍液等喷雾，7~10天喷1次，连喷2~3次。

🌿 科学用药：临发病之前或发病初期用50%多菌灵可湿性粉剂500倍液，或70%甲基硫菌灵800倍液，或80%代森锰锌络合物800倍液等保护性防治；或选用唑类杀菌剂（10%苯醚甲环唑2000倍液、25%丙环唑2500倍液、25%戊唑醇2000倍液、20%三唑酮1000倍液、40%氟硅唑乳油5000倍液、30%氟菌唑可湿性粉2000倍液、12.5%腈菌唑1500倍液等），或25%嘧菌酯1500倍液，或25%吡唑醚菌酯2500倍液喷雾治疗性防治。视病情掌握喷药次数，一般7～10天喷1次。

## 2. 叶枯病

属半知菌亚门壳梭孢属真菌（*Fusicoccum*）和交链孢霉菌（*Alternaria sp.*），主要危害叶片。发病初期，病斑发生在叶尖缘部，形成绿色黄色斑，呈扇面状扩展，扩展病斑黄褐色；后期病斑干枯，在潮湿条件下出现灰褐色霉斑。

🌸 防治方法

🌿 农业防治：秋后清理田园，除尽带病的枯枝落叶，消灭越冬菌源。

🌿 科学用药：在发病初期可用1：1：120波尔多液，或50%多菌灵600倍液，或80%代森锰锌络合物1000倍液，或25%氟环唑多菌灵1000倍液，或30%甲霜噁霉灵600倍，或5%代森锌500倍液，或38%噁霜嘧铜菌酯1000倍液，或25%吡唑醚菌酯2500液等喷雾防治。隔7～10天喷1次，连续2～3次，要交替用药。

## 3. 射干花叶病

属马铃薯Y病毒组（*Potyvirus group*），主要危害叶片。症状主要表现为叶片产生绿条纹花叶、斑驳及皱缩。有时芽鞘地下白色部分也有浅蓝色或淡黄色条纹出现。

🌸 防治方法

🌿 农业防治：选用抗病品种，培育无病毒的种（苗）。田间发现病株及时拔除并销毁。

🌿 科学用药：一是种子处理，播种前用10%磷酸钠水溶液浸种20～30分钟；二是田间及早灭蚜，消灭传播媒介。蚜虫发生初期用新烟碱药剂（吡虫啉、啶虫脒、噻虫嗪等）或苦参碱、除虫菊素等植物源药剂控制蚜虫危害不能传毒。三是适期早治，预计临发病前或最初期及时喷施抗病毒药剂，可选喷海岛素（5%氨基寡糖素）1000倍液，或20%病毒A（盐酸吗啉双胍+醋酸铜）500倍液，或32%核苷溴吗啉胍1200倍液，或1.5%植病灵（十二烷基硫酸钠、硫酸铜、三十烷醇）800倍液，或20%毒克星（吗啉胍+乙酸铜）可湿性粉剂500倍液等喷雾防治，隔7天施药1次，连用2次左右。

## 4. 射干钻心虫（*Oxytripia orbiculosa*）

属鳞翅目卷叶蛾，又名环斑蚀夜蛾，以幼虫为害叶鞘、嫩心叶和茎基部，造成射干叶片枯黄，有的从植株茎基部被咬断，地下根状茎被害后引起腐烂，最后只剩空壳。

🦪 **防治方法**

🌿 农业防治：收刨时正是第四代钻心虫化蛹阶段和老熟幼虫阶段，把铲下的秧集中销毁，致使翌年成虫不能出土羽化，有效压越冬基数；及时人工摘除一年生蕾及花，消灭大量幼虫。

🌿 物理防治：成虫期连片进行灯光诱杀。

🌿 生物防治：幼虫孵化期用植物源杀虫剂喷雾防治，可用0.3%苦参碱乳剂800倍液，或1.5%天然除虫菊素1000倍液，或0.3%印楝素500倍液，或2.5%多杀霉素悬浮剂1000～1500倍液。

🌿 科学用药：移栽时用2%甲氨基阿维菌素苯甲酸盐1000倍液，或25%噻虫嗪1000倍液，或20%呋虫胺5000倍浸根20～30分钟，晾干后栽种。抓住低龄幼虫钻蛀之前关键期，用菊酯类（4.5%氯氰菊酯1000倍液、2.5%联苯菊酯乳油2000倍液等），或20%氯虫苯甲酰胺3000倍液，或0.5%甲氨基阿维菌素苯甲酸盐1000倍液，或19%溴氰虫酰胺4000倍液，或用90%敌百虫晶体或50%辛硫磷乳油1000倍液喷雾防治，注意喷洒在射干秧苗的心叶处，7天喷1次，连喷1～2次。

### 5. 地老虎

一般有小地老虎（*Agrotis ypsilon*）和黄地老虎（*Agrotis segetum* Schiffermtiller），属鳞翅目夜蛾科，又叫截虫、地蚕，主要危害根（茎）部。

🦪 **防治方法**

🌿 物理防治：成虫产卵前成方连片利用黑光灯诱杀，一般每50亩地安装一台灯。

🌿 科学用药：每亩用50%辛硫磷乳油0.5kg，加水8～10kg喷到炒过的40kg棉仁饼或麦麸上制成毒饵，于傍晚撒在秧苗周围和害虫活动场所进行毒饵诱杀；每亩用50%辛硫磷乳油0.5kg加适量水喷拌细土50kg，在翻耕地时撒施毒杀地老虎幼虫；50%辛硫磷乳油1000倍液，将喷雾器喷头去掉，喷杆直接对根部喷灌防治。其他有效方法参照"山药地老虎"。

### 6. 蛴螬（*Holotrichia oblita*）

属鞘翅目金龟甲科，华北大黑鳃金龟甲，主要危害根部。

🦪 **防治方法**

🌿 农业防治：冬前将栽种地块深耕多耙，杀伤虫源、减少幼虫的越冬基数。

🌿 物理防治：成方连片运用黑光灯诱杀成虫（金龟子），一般每50亩地安装一台灯。

🌿 生物防治：幼虫期施用乳状菌和卵孢白僵菌等生物制剂，乳状菌每亩用1.5kg菌粉，卵孢白僵菌每平米用$2.0 \times 10^9$孢子。

🌿 科学用药：用50%辛硫磷乳油0.25kg与80%敌敌畏乳油0.25kg混合后，兑水2kg，喷拌细土30kg，或用3%辛硫磷颗粒剂3～4kg，混细沙土10kg制成药土，在播种或栽植时撒施，均匀撒施田间后浇水；或用50%辛硫磷乳油800倍液，将喷雾器喷头去掉，喷杆直接对根部，灌根防治幼虫。其他有效方法参照"山药地蛴螬"。

## 四、采收与加工

### （一）采收

射干以种子繁殖栽培的需3～4年才可采收，根茎繁殖的需2～3年收获。一般在春秋采收，春季在地上部分未出土前，秋季在地上部分枯萎后，选择晴天挖取地下根茎，除去须根及茎叶，抖去泥土，运回加工。

### （二）加工

将除去茎叶、须根和泥土的新鲜根茎晒干或晒至半干时，放入铁丝筛中，用微火烤，边烤边翻，直至毛须烧净为止，再晒干即可。晒干或晒至半干时，也可直接用火燎去毛须，然后再晒，但火燎时速度要快，防止根茎被烧焦。

### （三）药材质量标准

射干药材呈不规则结节状，长3～10cm，直径1～2cm。表面黄褐色或黑褐色，皱缩，有较密的环纹。上面有数个圆盘状凹陷的茎痕，偶有茎基残存；下面有残留细根及须根。质硬，断面黄色，颗粒性。无发霉及虫蛀（图4-48、图4-49）。

《中国药典》2015年版规定：射干药材水分不得过10.0%，总灰分不得过7.0%，醇溶性浸出物不得少于18.0%，按干燥品计算，含次野鸢尾黄素（$C_{20}H_{18}O_8$）不得少于0.10%。

图4-48　射干饮片（谢晓亮摄）　　图4-49　射干饮片（谢晓亮摄）

（田　伟　连佳芳）

# 知母  /Anemarrhena asphodeloides Bge.

知母为百合科植物知母（*Anemarrhena asphodeloides* Bge.）的干燥根茎。春、秋二季采挖，除去须根和泥沙，晒干，习称"毛知母"；或除去外皮，晒干，习称"光知母"。生药称知母（Anemayyhenae Rhizoma）。知母的化学成分以甾体皂苷类化合物和黄酮类化合物为主，此外还含有苯丙素类、生物碱类、有机酸类等。具清热泻火，滋阴润燥之功效，用于外感热病，高热烦渴、肺热燥咳，骨蒸潮热，内热消渴，肠燥便秘。知母植株如图4-50所示。

图4-50　知母植株（谢晓亮摄）

知母主要分布于我国的黑龙江西南部、吉林西部、辽宁西南部、内蒙古东部及南部、河北、河南黄河以北地区、山西、陕西北部、甘肃东部、山东胶东半岛等省区。据知母资源分布调查显示、河北省、北京市、天津市为我国知母药材的主产区，河北易县、涞源一带产品品质为全国之首，药材习称"西陵知母"。本区所产药材质优，其中以河北易县的质量最优。目前在知母的化学成分、药材质量鉴定及其药理作用方面的研究较多，知母的生理生化特性、道地药材形成机制、良种繁育等方面的研究还应加强，有关知母栽培技术与药材质量相关性的问题还有待于进一步深入研究。建立知母规范化栽培技术体系，确保药材质量稳定、优质、可控是今后主要研究任务。

## 一、植株形态特征

知母根状茎肥厚，横走，残留许多黄褐色纤维状的叶鞘，下部生有多数肉质须根。叶基生，条形，长30~50cm，宽3~6mm，花葶圆柱形，连同花序长50~100mm或更长；苞片状退化叶从花葶下部向上部很稀疏地散生，下部的卵状三角形，顶端长狭尖，上部的逐渐变短；总状花序长20~40cm，2~6朵花成一簇散生在花序轴上，每簇花具1苞片；花淡紫红色，具短梗；花被片6，短圆状条形，长7~8mm，宽1~1.5mm，具3~5脉，内轮3片略宽；雄蕊3枚，于内轮花被片对生；花丝长为花被片的3/5~2/3，与内轮花被片贴生，仅有极短的顶端分离；子房卵形，长约1.5mm，宽约1mm，向上渐狭成花柱。蒴果长卵形，具6纵棱，花期5~7月，果期8~9月。千粒重7.36g左右。

## 二、生物学特性

### （一）对环境条件的要求

知母是宿根植物，适应性较强，喜阳光，耐干旱，耐寒。生长于海拔200~1000m

的向阳山坡、地边、草原和杂草丛中。年降水量一般在400～600mm，年平均温度4～14℃，年日照时数2600～3000小时，无霜期100～200天。在盛夏37℃的高温下生长正常，在-17℃的严冬也能在田间安全越冬。在pH 6～8.5的各类土壤中均能生长，但以在疏松肥沃、排水良好的砂质土壤中生长较好。种植知母要选择向阳排水良好、疏松的腐殖质壤土和砂质壤土。仿野生栽培可利用荒坡、梯田、河滩等地栽培。

## （二）生长发育习性

知母以根及根茎在土壤中越冬，春季3月下旬至4月上旬，平均气温7～8℃时开始发芽，7～8月生长旺盛，9月中旬以后地上部分生长停止，11月中下旬茎叶全部枯萎进入休眠。生长2年开始抽花茎，一般于5～6月开花，2年生植株只抽1支花茎，3年生植株可抽5支花茎，每枝花茎上的花数约150～180朵，花期由5月下旬持续到9月下旬。花后形成具六棱形的蒴果，花后60天左右蒴果开始由绿色转为黄绿色，种子逐渐成熟，3室，每室上2粒种子。8月中旬至9月中旬蒴果成熟。种子寿命为1～2年。种子发芽适宜温度为20～30℃。

# 三、栽培技术

## （一）选地整地

种植知母要选择向阳排水良好、疏松的腐殖质壤土和砂质壤土。由于知母属于浅根系植物，因此土壤翻耕深度20～25cm即可。仿野生栽培可利用荒坡、梯田、河滩等地栽培。育苗和集约栽培地，结合整地亩施腐熟有机肥3000kg作为基肥，均匀撒入地内，深耕耙细，整平后做平畦。

## （二）播种繁殖方法

知母的繁殖方式主要有种子繁殖和分株繁殖。

### 1. 种子繁殖

播种前，将种子用60℃温水浸泡8～12小时，捞出晾干外皮，用2倍的湿润河沙拌匀，在向阳温暖处挖浅窝，将种子堆于窝内，上面盖土5～6cm，再用薄膜覆盖催芽，待种子露白时，即可取出播种。春、夏、秋播均可。

春播：于3月下旬至4月上旬，在整好的畦上，按行距30cm，深2cm开浅沟，将催芽种子均匀撒入沟内，覆土，播后保持土壤湿润，10～12天便可出苗。

夏播：于6月中旬至7月下旬播种，方法同春播。

秋播：于10月底至11月初播种，翌年3～4月出苗。

### 2. 分株繁殖

秋季植株枯萎时或翌春解冻后返青前，于早春或晚秋，将2年生的根茎挖出，带须根切成 3~5cm 的小段，每段带芽头 2~3 个。在备好的畦上，按行距 30cm，深 4~5cm 开横沟，将切好的种茎按株距 15~20cm 一段平放于沟内，覆土，压实，浇透水，一般 15~20 天出苗。

### （三）田间管理

#### 1. 苗期管理

当苗高 4~5cm 时，按株距 5~6cm 间苗；苗高 6~10cm，按株距 18cm 定苗。间苗、定苗后各进行一次松土除草，注意松土宜浅，以搂松地表土为度。

#### 2. 施肥追肥

苗期，每亩追施尿素 15kg；旺盛生长期，每亩追施氮磷钾复合肥 30kg。2~3 年生知母，在春季萌发前，每亩施磷酸二铵 20kg。7~8 月生长旺盛期，每亩喷施 0.3% 磷酸二氢钾溶液，隔 15 天再喷一次。

#### 3. 排灌

干旱时及时浇水；封冻前灌一次越冬水，防冬旱。雨后及时疏沟排水。

#### 4. 剪薹

知母播种后翌年夏季开始抽花茎，高达 60~90cm，在生育过程中消耗大量的养分。为了保存养分，使根茎发育良好，除留种田外，在开花之前一律剪掉花薹。试验表明，采用这种方法可使药材产量增加 15%~20%。

### （四）病虫害防治

知母的抗病能力较强，一般不需要采用农药防治。危害知母苗和地下根茎的害虫主要是蛴螬，常咬断根茎，造成缺棵，发生时可用 50% 辛硫磷乳油 1000 倍灌根。其他防治方法参照"山药地蛴螬"。

### （五）留种技术

选择 3 年生以上无病虫害的健壮植株，于 8 月中旬至 9 月中旬采集成熟果实，晒干，脱粒，贮藏留种。

## 四、采收与加工

### （一）采收

种子繁殖的知母种子繁殖一般 3~4 年采收，采收时期宜在秋后植株枯萎后至来年春季发芽前进行。秋冬采收不宜过早，在土壤封冻前采挖即可。知母最适宜采收期在春季，春季采收解冻即可采挖。采挖时，先在栽培畦的一端挖出一条深沟，然后顺行小心挖出全根，抖掉泥土，采挖时一定要小心，切勿挖断根茎。

## （二）加工

知母的产地加工分毛知母和知母肉光知母两种加工方法。

### 1. 毛知母

将采挖得到的知母根茎，去掉地上的芦头和地下的须根，晒干或烘干。然后，先在锅内放入细沙，将根茎投入锅内，用文火炒热，炒时不断翻动，炒至能用手搓擦去须毛时，再将根茎捞出，放在竹匾上趁热搓去须毛，但需保留黄绒毛，晒干即成毛知母。

图4-51 知母药材 （谢晓亮摄）

### 2. 知母肉光知母

将挖出的根茎先去掉芦头及地下须根，趁鲜用小刀刮去带黄绒毛的表皮，晒干即是知母肉。知母一般亩产干货300～400kg，折干率25%～30%。

## （三）药材质量标准

本品呈长条状，微弯曲，略扁，偶有分枝，长3～15cm，直径0.8～1.5cm，一端有浅黄色的茎叶残

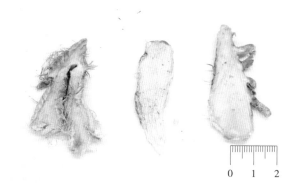

图4-52 知母饮片 （谢晓亮摄）

痕。表面黄棕色至棕色，上面有一凹沟，具紧密排列的环状节，节上密生黄棕色的残存叶基，由两侧向根茎上方生长；下面隆起而略皱缩，并有凹陷或突起的点状根痕。质硬，易折断，断面黄白色。气微，味微甜、略苦，嚼之带黏性（图4-51、图4-52）。

《中国药典》2015年版规定：知母药材水分不得过12.0%，总灰分不得过9.0%，酸不溶性灰分不得过4.0%，按干燥品计算，含芒果苷（$C_{19}H_{18}O_{11}$）不得少于0.70%。含知母皂苷BⅡ（$C_{45}H_{76}O_{19}$）不得少于3.0%。

（温春秀）

# 紫菀
*/Aster tataricus* L.f.

图4-53　紫菀植株　（谢晓亮摄）

紫菀（*Aster tataricus* L.f.）是菊科紫菀属植物，以干燥根茎入药，生药称为紫菀。紫菀主要成分有三萜、植物甾醇、皂苷、肽、黄酮和酚等化合物，具有润肺下气和消痰止咳的功效，用于痰多咳喘、新久咳嗽和劳嗽咯血。

紫菀在全国各地均有种植，主产于河北、安徽、河南、黑龙江和江西等省。河北安国产的"祁紫菀"根粗且长，质柔韧、质地纯正，药效良好，是著名的八大祁药之一。同科橐吾属（*Ligularia*）植物的干燥根和根茎在我国一些地区做紫菀入药，习称"山紫菀"。紫菀植株如图4-53所示。

关于紫菀的研究主要集中在种质资源多样性以及种苗质量分级上，关于高产优质栽培技术的报道较少，栽培管理大多延续了传统方式。在今后的工作中，应重点开展关于播种、水肥管理和收获等栽培技术，以进一步提升紫菀生产水平。

## 一、植物学特征

紫菀是多年生草本植物。根茎短，密生多数须根，外皮紫红色或紫褐色。茎直立，粗壮，通常不分枝，被糙毛。基部叶丛生，有长柄，叶片为长圆状或椭圆状匙形；茎生叶互生，无柄，叶片长椭圆形或披针形；叶片上下表面均被糙毛。叶脉中脉粗壮，网脉明显。头状花序多数，在茎和枝端排列成复伞房状；花序有长柄，柄上被短刚毛，有线形苞叶。总苞半球形，总苞片3列。花序边缘为舌状花约20余个，雌性，蓝紫色，有4至多脉；中央为管状花两性，黄色，长6~7mm且稍有毛，裂片长1.5mm。雄蕊5个，子房下位。柱头2分叉。瘦果扁平，紫褐色，上部被疏粗毛，冠毛白色。花期7~9月；果期8~10月。

## 二、生物学特性

### （一）对环境条件要求

紫菀野生于我国温带及温暖带地区，喜温暖湿润的环境。耐严寒，在河北冬季气温达-20℃时，根可以安全越冬。怕干旱，在生长旺季如缺水则茎叶和根部生长受阻影响产量。对土壤要求不严格，除盐碱地和砂土外均可栽培，但以疏松肥沃的壤土和砂壤土为好。

## （二）生长发育习性

紫菀用根茎进行繁殖。种植前要对根茎进行分割，选择茎皮紫红、侧芽饱满的切断作为种栽，发芽率不低于85%。为防止抽薹开花，带有芦头的部分不能作为种用。

生产上种植紫菀一般采用春播。当地温稳定在10℃以上时，18~25天左右侧芽萌动，紫菀种苗栽种10天左右开始破土出苗，初期幼苗生长缓慢，注意保墒保水，到50天幼苗长到三叶一心第一条须根形成，之后陆续长出叶片和须根，70天后植株生长速度加快，根状茎开始形成，植株叶片增多，一般在6~7叶之间。7月份紫菀进入旺长期，叶片宽大开始封垄，花薹逐渐抽出，进入营养生长和生殖生长的同步阶段。9月份，植株地上部生长减缓，地下部根系迅速发育，须根伸长，根系和根状茎颜色由乳白色逐渐变深，有浅紫色出现。10月底，植株根部停止生长，叶片开始枯萎，不定根、次生根等部位颜色变深，至11月初地面开始冻结时根状茎颜色变成深紫色。

## 三、栽培技术

### （一）选地整地

紫菀种植要选择地势平坦、土层深厚、疏松肥沃、排水良好的壤土或砂壤土，为防止病原菌和虫卵等残留影响紫菀生产，不宜连作或与根茎类药材轮作，前茬以玉米、豆类等作物为宜，前茬收获后及时深翻土壤30cm以上进行晒垡。播种前再耕翻一次，结合耕翻，一般每亩施入腐熟有机肥3000kg或复合肥50~100kg，整平耙细，做成1.2m宽的平畦，四周挖排水沟。

### （二）栽种

紫菀生产以根状茎作为种苗。10月下旬或11月上旬，当紫菀地上部叶片枯萎时，挖取地下根，选择粗壮节密的根状茎，秋栽适宜随挖随栽；春栽的需将根茎与湿沙层积进行窖藏，或春季未萌发前收获，随挖随栽。选择没有检疫性病虫害、茎皮紫红色、节密而短、具有休眠芽的二级以上种苗作为种栽。具体指标为：一级种苗茎毛数在8个以上，茎粗在0.3cm以上，芽间距不超过0.25cm，二级种苗茎毛数在4个以上，茎粗不低于0.25cm，芽间距不超过0.25cm。

紫菀栽种可在秋季或春季进行，一般以春季地温稳定在10℃左右时进行栽种为主。按行距25~30cm开6~7cm深沟，把种苗按穴距20~25cm平放于沟内，每穴摆放4~5根，盖土后轻轻踩压使种苗与土壤充分接触，每亩用种苗40~50kg。为保持苗床湿润有利于出苗，可在浇水后盖草保湿保温。

栽种后若条件适宜，一般20~25天左右紫菀第一片幼叶伸出，之后逐渐发育。由于紫菀出苗时间长、苗期生长缓慢，容易造成杂草生长，因此在栽种后立即喷施土壤封闭除草剂，有效控制紫菀苗期的杂草危害（图4-54）。

图4-54 紫菀大田（谢晓亮摄）

### （三）田间管理

#### 1. 中耕除草

紫菀为浅根作物，根系主要分布在近地表15cm的土层，因此要浅松土避免伤根后影响植株生长。第一次除草在紫菀齐苗后进行，苗高7～9cm时进行第二次中耕除草，第三次除草在植株封垄前进行。封垄后如仍有杂草需人工拔除。

#### 2. 水肥管理

紫菀根系浅，抗旱能力差，因此在整个生长期要避免干旱，同时防止水分过多造成根系腐烂。出苗前至幼苗期保持畦面湿润，促进全苗和幼苗生长，6～7叶后适当控水有利于根系发育，提高产量。紫菀不耐涝，雨后应及时排除田间积水。紫菀生长期间要结合灌水进行追肥。前期生长缓慢，底肥能够满足生长需求，在进入快速生长时期后需肥量增加，一般在6～7月封垄前每亩追尿素10～15kg，或结合第二次中耕追施腐熟农家肥300kg，于植株旁开沟施入，然后盖土。9～10月进入根状茎发育期，此期结合浇水每亩施40～50kg碳铵，可获得健壮的种苗。

#### 3. 摘除花薹

紫菀7～8月为抽薹开花期，此期间植株营养生长和生殖生长同步进行，大量光合产物转移到花部器官造成养分消耗，营养生长减慢，根系发育受到抑制。为促使光合产物集中供应地下根茎生长，要定期检查有无抽薹发生，当个别植株出现花薹时可用镰刀及时割除，避免用手拉扯，以免带动根部影响生长。割薹应在晴天进行。

### （四）病虫害防治

紫菀病虫害主要有根腐病、茎基腐病、黑斑病、叶枯病、银文叶蛾和小地老虎。

#### 1. 根腐病（*Fusarium sp.*）

根腐病属于土传和病残体传播的病害，受气候条件和栽培管理等的影响，紫菀根腐病在多雨潮湿的地区或季节易发生，一般从苗期开始，根尖或侧根先发病腐烂，逐渐扩展到整个根系，由中心病株向四周蔓延，发病盛期多在6～8月。主要表现为植株地上部分生长弱小，叶色较浅，严重时整株叶片发黄枯萎，根部表皮发褐粗糙，有大量的横向细纹。土壤湿度较大时，病株根部会产生白色菌丝。患病植株因根部腐烂造成吸收水分和养分的功能逐渐减弱，最后全株死亡。

☙ 防治方法

🌿 农业防治：与玉米、小麦、棉花等合理轮作，避免重茬或迎茬；及时中耕除草，保持田间清洁，减少病虫危害；增加通透性，提高植株抗病能力；发现病株立即拔除。

🌿 科学用药：栽种前可用50%多菌灵可湿性粉剂500倍液，或30%噁霉灵+25%咪鲜胺按1∶1复配1000倍液浸沾种栽、种苗10分钟再栽种；发病初期用50%多菌灵600倍液，或70%甲基硫菌灵800倍液，或80%代森锰锌络合物800倍液，或30%噁霉灵+25%咪鲜胺按1∶1复配1000倍液或用枯草芽孢杆菌（10亿活芽孢/g）500倍液灌根，其他有效药剂参照"白术根腐病"。7天喷灌1次，喷灌3次以上。

### 2. 茎基腐病

主要是腐霉菌属（*Pythium*）和镰刀菌（*Fusarium* Link ex）。高温高湿有利于紫菀茎基腐病的发生，通风和透光不良的地块易发病，重茬连作地块田间菌源量累积，发病较重。紫菀茎基腐病发病初期，茎基部出现大小不等的水渍状斑，逐渐扩大，叶片发黄，发病后期病斑环绕茎基部一周，导致茎基部组织逐渐腐烂。由于水分养分运输受阻，地上部主茎由上而下干枯死亡，叶片发黑脱落，呈枯萎状，湿度大时扒开土壤，在病部和土壤中（一般地表2cm）可见白色棉絮状物，严重时开始死株，危害极大。

☙ 防治方法

参照"根腐病"。

### 3. 黑斑病（*Alternaria alternata* Keissler）

是紫菀的普通病害，侵染发生在潮湿季节，雨水是病害流行的主要条件，降雨早而多的年份，发病早而重。低洼积水处，通风不良，光照不足，肥水不当等有利于发病。感病植株的叶变黄色，出现圆形或不规则形黑色叶斑，早落叶，有时发生在叶柄、茎和花部。该病在植物生长季中可重复发生。

☙ 防治方法

🌿 农业防治：与禾本科作物实行2年以上的轮作；秋后清除枯枝、落叶，及时烧毁；雨季注意田间排水，不要积水。

🌿 科学用药：发病初期用50%多菌灵600倍液，或70%甲基硫菌灵1000倍液，或75%代森锰锌络合物800倍液，或30%嘧菌酯1500倍液，或25%吡唑醚菌酯2500倍液，或用50%异菌脲800倍液喷雾防治。

### 4. 叶枯病

一般为菊花叶枯病（*Septoria chrysanthemella* Sacc）。多从叶缘、叶尖侵染发生，病叶初期先变黄，黄色部分逐渐变褐色坏死。由局部扩展到整个叶片，呈现褐色至红褐色乃至黑褐色的病斑，随后在病叶背面或正面出现黑色绒毛状物或黑色小点。叶枯病在病叶上越冬，翌年在温度适宜时，病菌的孢子借风、雨传播到寄主植物上发生侵染。该病在7～10月份均可发生。植株下部叶片发病重。高温多湿、通风不良均有利于病害的发生。植株生长势弱的发病较严重。

☘ 防治方法

🍃 农业防治：与禾本科作物实行2年以上的轮作；秋季彻底清除病落叶，并集中烧毁；合理密植，加强栽培管理。

🍃 科学用药：生长季节在发病严重的区域，从6月下旬发病初期到10月间，每隔10天左右喷1次药，连喷3次左右。可用70%甲基硫菌灵800倍液，或50%多菌灵600倍液，或80%代森锰锌络合物1000倍液，或25%氟环唑多菌灵1000倍液，或30%甲霜噁霉灵600倍，或5%代森锌500倍液，或38%噁霜嘧铜菌酯1000倍液，或25%吡唑醚菌酯2500液等喷雾防治。要交替用药。

### 5. 银纹叶蛾（*Argyrogramma agnata* Staudinger）

幼虫咬食叶片成孔洞或缺刻。初孵幼虫在叶背取食叶肉，残留上表皮，大龄幼虫则取食全叶，严重时仅留叶柄。一年发生2～3代，有假死习性。

☘ 防治方法

🍃 农业防治：在苗期幼虫发生期，利用幼虫的假死性进行人工捕杀。

🍃 生物防治：在盛期或低龄幼虫期用青虫菌粉剂或苏云金杆菌（100亿活芽孢/g）600倍液，或2.5%多杀霉素1000倍液，或核型多角体病毒（20亿PIB/ml）500倍液等，或用0.36%苦参碱600倍液，或15%茚虫威1500倍液等植物源杀虫剂，或用20%虫酰肼1500倍液，或25%灭幼脲或5%氟啶脲2000倍液等昆虫生长调节剂喷雾防治。同时可兼治菜青虫、小菜蛾等。

🍃 科学用药：可用菊酯类（4.5%氯氰菊酯1000倍液、2.5%联苯菊酯乳油2000倍液等），或20%氯虫苯甲酰胺3000倍液，或0.5%甲氨基阿维菌素苯甲酸盐1000倍液，或19%溴氰虫酰胺4000倍液等或相互合理复配喷施。

### 6. 小地老虎（*Agrotis ypsilon* Rottemberg）

属鳞翅目夜蛾科。以幼虫危害叶片、心叶、嫩头、幼芽等部位。三龄后幼虫常将幼苗齐地面处咬断，造成缺苗断垄。

☘ 防治方法

🍃 农业防治：清洁田园，铲除杂草；深翻可将一些害虫暴露在地面，增加死亡率；利用田边地头种植蓖麻，蓖麻素可毒杀取食的成虫。

🍃 物理防治：成方连片用黑光灯诱杀越冬成虫，还可用糖酒醋液（糖6份+醋3份+白酒1份+

水15份）进行诱杀，每亩放置5～6盆，高出作物1m即可。

🍃 科学用药：幼虫低龄期撒毒土，每亩用90%敌百虫粉剂1.5～2kg，加细土（沙）25kg配制成毒土（沙），顺垄撒在幼苗根际附近。或用50%辛硫磷0.5kg加适量水喷拌细土25kg，在翻耕地时撒施。也可用90%晶体敌百虫1500倍液，或5%辛硫磷1000倍液，或20%氯虫苯甲酰胺3000倍液，或0.5%甲氨基阿维菌素苯甲酸盐1000倍液，或19%溴氰虫酰胺4000倍液等喷杀幼虫。对大龄幼虫可进行毒饵诱杀，即每亩用90%敌百虫晶体0.5kg或50%辛硫磷乳剂0.5kg，加水8～10kg喷到炒过的40kg棉籽饼或麦麸上制成毒饵，于傍晚撒在秧苗周围，诱杀幼虫。

## 四、采收与加工

### （一）采收

紫菀药材（须根）和种苗（根状茎）收获同时进行，在种植当年的10月底至11月初或第二年3月中下旬。收获时除去地上部枯萎茎叶，将根系刨出，挑选靠近地面、粗壮节密、紫红色、具有休眠芽的根状茎，切去下端幼嫩部分及芦头后作为种苗，秋栽适宜随挖随栽；春栽的需将根茎与湿沙层积进行窖藏。

### （二）初加工

须根除去泥土后晒至半干，编成辫状晒干。

### （三）药材质量标准

紫菀为统货，不分等级，以根长、色紫红、质柔韧者为佳（图4-55）。

《中国药典》2015年版规定：紫菀药材水分不得过15.0%，总灰分不得过15.0%，酸不溶性灰分不得超过8.0%，水溶性浸出物不得少于45.0%，按干燥品计算，含紫菀酮（$C_{30}H_{50}O$）不得少于0.15%。

图4-55　紫菀药材（谢晓亮摄）

（葛淑俊）

第五章

# 果实及种子类

# 枸杞子 /L. barbarum L.

图5-1 枸杞植株 （信兆爽摄）

枸杞为茄科多年生灌木，宁夏枸杞（L. barbarum L.）和枸杞（L. chinense Mill.）的干燥成熟果实入药，生药称为枸杞子。1963年版的《中国药典》将两种枸杞均予以收载，但1977年版以后的《中国药典》只收载了宁夏枸杞的干燥果实作为药用枸杞。枸杞子性平味甘，有滋补肝肾、益精明目的功能。主治肝肾阴虚、精血不足、腰膝酸痛、视力减退、头晕目眩等症。目前已分离得到了枸杞多糖（LBP）、黄酮类、生物碱类、萜类、甾醇以及莨菪类等多种化合物。枸杞子主产宁夏，内蒙古、新疆、青海、甘肃、陕西、河北、山西等省区均有引种栽培。枸杞植株如图5-1所示。

近20年来，在枸杞良种培育、丰产栽培、病虫害防治、产品深加工开发等诸多方面取得了令人瞩目的研究成果。如成功地选育出宁杞1号品种；制定了《宁夏枸杞生产质量管理规范》和《宁夏枸杞生产标准操作规程》。枸杞子在我国有悠久的入药历史，自古被誉为药疗食补佳品，广泛用于保健茶饮。作为我国大宗名贵药材之一，社会需求量较大。因此，如何稳定和保证枸杞子品质，进一步提高栽培产量及改进传统加工方法和专用品种选育将是今后研究的主要方向。

河北省巨鹿县枸杞种植历史悠久。在20世纪70年代，巨鹿种植的"血杞一号"果小，产量低；80年代后引种了"中华枸杞"，果大质优产量高。目前巨鹿县枸杞种植面积已达5万亩以上。

## 一、植株形态特征

枸杞是落叶灌木，株高1～2m。树皮幼时灰白色，光滑；老时深褐色，条状纵裂。茎上部分枝细长，果枝顶端通常弯曲下垂或斜生，刺状枝短而细生于叶腋，长1～4cm。叶在长枝下半部的常2～3枚簇生，形大；在长枝顶端或短枝上互生，形小，狭披针形或长椭圆状披针形，全缘，长2～8cm，宽0.5～3cm。花单生或2～8朵簇生于叶腋，花冠粉红色或淡紫红色，漏斗状，先端5裂，裂片卵形，向后反卷。雄蕊5，花丝不等长着生于花冠筒中部。雌蕊上位子房，2室。果实为肉质浆果，两心皮发育形成的真果，红色，果形长椭圆状顶端有短尖或平截，具棱，果表皮附蜡质，皮内肉质，果长8～24mm，直径5～12mm，熟时红色或橘红色，内含种子20～25粒，种子扁肾形，黄白色。花期5～9月，果期6～10月。

## 二、生物学特性

### （一）对环境条件要求

枸杞为长日照植物，全年日照时数2600~3100小时，强阳性树种，忌荫蔽。通风透光是枸杞高产的重要因素之一。

枸杞耐寒，耐旱，耐瘠薄，喜湿润，怕涝，土壤含水量保持在18%~22%为宜。植株主要分布在35~45°N，年平均气温5.4~12.7℃，≥10℃年有效积温2900~3500℃，降水量110~180mm的地区内均适宜生长。秋季降霜后地上部停止生长。能在-30℃的低温下安全越冬。花能经受微霜而不致受害。植株生长和分枝孕蕾期需较高的气温，一般12~22℃较为适宜，气温达25℃以上时叶片开始脱落。果熟期以20~25℃为最适。

枸杞对土壤盐分的要求不严，在土壤含钙量高、有机质少、含盐量0.3%以上、pH 8.5以上的砂壤、轻壤土和插花白僵土上均能栽植。以中性偏碱富含有机质的壤土最为适宜。

### （二）生长发育特性

枸杞为浅根系植物，主根由种子的胚芽发育而成，所以只有由实生苗发育的植株才有发达的主根，而扦插苗发育的植株无明显的主根，只有侧根和须根。根系中水平根发育较旺，根系密集区分布在地表20~40cm处，是树冠的3~4倍。在开春后土层处温度达到0℃时，枸杞根系开始活动。8~14℃新生吸收根生长出现第一次高峰。秋季地温达20~23℃时，出现第二次高峰。10月下旬地温低于10℃时基本停止生长。

气温达6℃以上时，冬芽开始萌动。花芽在1年生和2年生的长枝及在其上分生的短枝上，均有分化。即同一叶腋内的几朵花的分化发育表现出不同时性。各部分分化的顺序是：花萼、花冠、雄蕊及雌蕊。花冠与雄蕊原基同时出现，即无间隔期，均属向心分化。春夏开花期以16~23℃为最适，秋季花果期一般为11~20℃，以18℃时有利于开花。枸杞是连续花果植物，花期5~9月，从开花到果实成熟约35天。果期6~10月。根据果粒色泽的明显变化和发育过程中体积与质量的增长关系，可划分为4个时期。

1. **果实形成期**

自开花到花冠谢落，即开花、传粉、受精、坐果，4天左右。

2. **青果期**

子房由浅绿色变为绿色，果粒露出花萼，继续伸长，逐渐肥大，至果粒出，现色为止，历时15天左右。

3. **色变期**

果实继续发育，果色由绿→淡黄绿→黄绿→红黄→黄红色。历时10天左右。

4. **成熟期**

果实边肥大，边成熟。成熟最显著的标志是果粒鲜红和明亮。当果色由黄红色变为鲜红色时，果粒横径迅速肥大，果面逐渐发亮，果蒂疏松，果粒软化，甜度适宜时即为完全成熟。

### （三）种子的生活力

每果含种子20～50粒，肾形，扁压，棕黄色，长2～3mm，保存年限在4年以内均可使用，其中以果实形式保存的种子发芽率为91%、发芽势为77%，直接保存的种子发芽率为86%、发芽势为69%。

### （四）植株的生长周期

枸杞的植株生命年限30年以上，根据其生长可分为三个生长龄期。幼龄期：树龄4年以内，此期年株高生长量为20～30cm，基颈增粗0.7～1cm，树冠增幅20～40cm。壮龄期：树龄5～20年，此期植株的营养生长与生殖生长同时进行，为树体扩张及大量结果期。老龄期：株龄20年以上，此期生长势逐渐减弱，结果量减少，生产价值降低，一般生产中要进行更新。

## 三、栽培技术

### （一）品种选择

选用优质、抗逆性强、适应性广、经济性好的枸杞优良品种。

### （二）选地整地

土壤用辛硫磷拌土撒施处理，防治以金龟子幼虫（蛴螬）为主要种群的地下害虫。育苗前进行深耕、耙地，翻耕深度20cm以上，清除石块、杂草，以达到土碎、地平。

### （三）育苗

苗圃地选择地势平坦，排灌方便，土层深30cm以上，pH 7.5～8.5，含盐量0.2%以下的轻壤、中壤或砂壤。结合翻地每亩施腐熟厩肥3000～5000kg。硬枝扦插按30～60m²为一小畦。嫩枝扦插1m×5m规格做高床，上铺3cm经过杀菌剂消毒的细河沙。

育苗以插条育苗为主，春、夏、秋季插条均可。选择生长旺盛、芽体饱满、粗度在0.6cm以上的一年生健壮无病虫害枝条，条长16～18cm，剪口上平下斜，上口平，下口呈马蹄形，剪口距第一芽1cm，插前用100mg/L的ABT1号生根粉溶液浸泡12小时，以促进生根；铲沟深20cm缝，顺缝插进，按照株行距为8cm×50cm扦插，条顶与地面平，用脚踩实，浇足水。苗期应注意追肥浇水，促苗生长。

## （四）建园与定植

### 1. 建园

选上层深厚的砂土、砂壤土、轻壤土、壤土做枸杞园。在建园前先规划出排灌系统，实行双灌双排，道路设置同渠、沟、埂结合进行。

### 2. 定植

秋末入冬前或春季枸杞萌动前进行移栽定植。选择生长健壮、无病虫害的一、二级枸杞苗木进行移栽，亩栽330株，株行距1m×2m，挖30cm见方坑，每坑施1kg腐熟农家肥，N 40g、$P_2O_5$ 50g、$K_2O$ 75g和Zn 10g，填湿土，向上轻提苗木，分层填土踏实。定植后灌透水。

## （五）田间管理

插穗发芽长出新枝20cm左右，选生长健壮、长势良好、端正直立的留做主干，其余全部剪去。苗木高度达到80cm时要及时摘心，封顶。注意追肥灌水和病虫害防治。

### 1. 翻园及中耕锄草

3月上旬～4月上旬浅翻春园，耕翻深度10～15cm。5～8月灌水后各进行一次，中耕深度8～10cm。8月下旬～10月中旬翻晒秋园，耕翻深度20～25cm，树冠下稍浅，以免伤根。

### 2. 追肥

10月中旬～11月上旬灌冬水前，或春季解冻后。沿树冠外缘下方开半环状或条状施肥沟，沟深20～30cm。成年树每亩施优质腐熟的农家肥3000～5000kg，1～3年幼树施肥量为成年树的1/3～1/2。一般锰、锌等微肥也做基肥施用。

成年树每株全年追施N 100g、$P_2O_5$ 50g、$K_2O$ 75g。分3次追施，第1次在4月中下旬，占全年施肥量的40%左右；第2次在6月中旬，占全年施肥量的30%左右；第3次在7月中下旬，占全年施肥总量的30%。另外，结果期叶面喷施尿素0.5%和磷酸二氢钾0.3%混合溶液，具有良好增产效果。

### 3. 灌水

每次追肥后应及时浇水，上冬前浇冻水。底墒水和冻水量大，每亩60～80m³，生长期灌水量40～50m³为宜。在水源充足地区可全园畦灌，缺水地区可喷灌、滴灌。

### 4. 整形修剪

（1）幼树整形：第一年于苗高50～60cm处截顶定干，在截口下选4～5个在主干周围分布均匀的健壮枝做主枝，在主干上部选1个直立徒长枝，于高于冠面20cm处摘心，待其发出分枝后选留4～5个分枝，培养第2层树冠。第3～4年仿照第2年的做法，对徒长枝进行摘心利用，培养3层、4层、5层树冠，一般4年基本成型。

（2）休眠期修剪：一般在2～3月份进行。①剪：剪除植株、根茎、主干、膛内、冠顶着生的无用徒长枝及冠层病、虫、残枝和结果枝组上过密的细弱枝、老结果枝。②截：短截树冠中、上部交叉枝和强壮结果枝。

（3）夏季修剪：是在夏果采摘后，剪除主干、根茎、膛内、树冠顶部的徒长枝和冠顶内部过密枝组。对结果母枝留10～20cm短截，促发分枝结秋果。

（4）修剪技术要点：①各枝长势平衡，分布均匀，层次清，从属关系明确。②打横不打顺，清膛很重要；密处要疏剪，稀处留油条；短剪着地枝，细枝换新梢；抹芽要抓早，养料消耗少；摘心要适时，果枝多又好。③修剪程度掌握好，弱树重剪少留果（果枝），壮树轻剪果（枝）多留，果枝粗壮结果好。④去枝顺序要记牢，先疏后截错不了，先去大枝后去小（枝），死枝、病枝、针刺枝都去了，再去乱枝、弱枝、过密枝。另外，修剪时要先看后排，胸有全局再下剪；先上后下，由左而右顺序剪；剪口平滑，有利愈合不留浆。

## （六）病虫害防治

枸杞主要发生的病害有枸杞白粉病、炭疽病等；主要发生的虫害有枸杞瘿螨（叶瘤）、枸杞蚜虫、负泥虫等，近年来枸杞上蜗牛、木虱个别地点发生也很严重。

### 1. 白粉病（*Cercospora lycii* Ell. et Halst）

枸杞白粉病发生时，叶面覆盖白色霉斑和粉斑，严重时枸杞植株外呈现一片白色，病株光合作用受阻，叶片逐渐变黄脱落。

♣ 防治方法

🌿 农业防治：秋末春初，结合修剪、耕翻、施基肥等田间管理措施，彻底清除园区落叶、杂草、病残体，集中深埋或烧毁；使用腐熟的有机肥、生物肥，配方和平衡施肥，适当增施磷、钾肥，合理补微肥，增强抗逆和抗病力；生长期及时疏除过密枝条，保证园内通风透光，降低发病程度。

🌿 生物防治：发病初期用2%农抗120（嘧啶核苷类抗菌素）水剂或1%武夷菌素水剂150倍液，或1%蛇床子素500倍液等喷雾，7～10天喷1次，连喷2～3次。

🌿 科学用药：发病初期用80%代森锰锌络合物800倍液，或75%百菌清可湿性粉剂600倍液，或唑类杀菌剂（10%苯醚甲环唑2000倍液、25%丙环唑2500倍液、25%戊唑醇2000倍液、20%三唑酮1000倍液、40%氟硅唑乳油5000倍液、30%氟菌唑可湿性粉2000倍液、40%咯菌腈可湿性粉剂3000倍液、12.5%腈菌唑1500倍液等），或25%嘧菌酯1500倍液，或25%吡唑醚菌酯2500倍液等喷雾防治。隔7～10天喷1次，根据病情可连续喷2～3次，果实采收前按照农药安全间隔期确定停止用药。

### 2. 炭疽病（*Colletotrichum gloeosporioides* Penz）

俗称黑果病，是枸杞上重要病害，严重影响枸杞产量和品质。主要危害青果、嫩枝、叶、蕾、花等。青果染病初在果面上生小黑点或不规则褐斑，遇连阴雨病斑不断扩大，半果或整果变黑，干燥时果实皱缩；湿度大时，病果上长出很多橘红色胶状小点；嫩枝、叶尖、叶缘染病产生褐色半圆形病斑，扩大后变黑，湿度大呈湿腐状，病部表面出现橘红色小点。

🏵 **防治方法**

🍃 农业防治：秋末春初，结合修剪、耕翻、施基肥等田间管理措施，彻底清除园区落叶、杂草、病残体，集中深埋或烧毁；使用腐熟的有机肥、生物肥，配方和平衡施肥，适当增施磷、钾肥，合理补微肥，增强抗逆和抗病力；生长期及时疏除过密枝条，保证园内通风透光，减少发病几率。

🍃 科学用药：预计临发病前和发病初期可喷洒75%百菌清可湿性粉剂600倍液或80%代森锰锌络合物800倍液，或58%甲霜灵锰锌可湿性粉剂500倍液，或70%炭疽福美（福美锌+福美双）500倍液等喷雾保护性防治；发病初期用10%苯醚甲环唑和25%吡唑醚菌酯按2∶1复配2000倍液，或30%噁霉灵+25%咪鲜胺按1∶1复配1000倍液，或50%嘧菌酯干悬浮剂3000倍液等治疗性喷雾防治，隔10天左右1次，连续防治2～3次。

### 3. 枸杞瘿螨（*Aceri macrodonis* Keifer）

🏵 **防治方法**

🍃 农业防治，在开春修剪时剪去带病的枝梢，集中深埋或烧毁；扦插育苗时选用无病枝条，以减少虫源。

🍃 生物防治：扩散前可用0.36%苦参碱500倍液，或2.5%浏阳霉素1500倍液喷雾。

🍃 科学用药：可用30%乙唑螨腈（保护天敌）10 000倍液，或1.8%阿维菌素2000倍液，或15%哒螨灵1500倍液，或57%炔螨特乳油2500倍液，或30%嘧螨酯4000倍液等喷雾防治。可相互合理复配使用，加展透剂。一般7～10天喷施1次，连续防治3次左右。

### 4. 蚜虫（*Myzus persicae* Snlzer）

🏵 **防治方法**

🍃 农业措施：开春修剪后的枝条和秋季枸杞园干枯的杂草集中带出园外烧毁，减少越冬基数。夏季修剪，枸杞蚜虫在5月下旬以前，主要集中在徒长枝、根蘖苗和强壮枝的嫩梢部位，通过及时疏剪徒长枝、根蘖苗和强壮枝梢的嫩梢，带出园外烧毁，降低虫源基数。

🍃 生物防治：在天敌增加的5～9月应尽量避免使用化学农药，做到保护、利用天敌。并可人工助迁天敌，增加林内天敌数量，达到自然控制的目的。可选用植物源药剂，如1.3%苦参碱1500倍液，新榨大蒜汁或韭菜汁200～300倍液喷雾防治。

🍃 物理防治：黄板诱杀蚜虫，有翅蚜出现时可用市场上出售的商品黄板，或用40cm×60cm的纸板或木板，涂上黄色油漆，再涂一层机油，挂在行间或株间，每亩挂30块左右，当黄板粘满蚜虫时，再涂一层机油。

🖋 科学用药：枸杞蚜虫的发生有明显的变化趋势，主要是抓住干母孵化期、有翅蚜出现初期和越冬代产卵期的防治。优先选用25%噻嗪酮（保护天敌）2000倍液喷雾，其他可用新烟碱制剂（10%吡虫啉1000倍液、3%啶虫脒2500倍液、50%吡蚜酮1500倍液、25%噻虫嗪1200倍液等），或24%螺虫乙酯或20%呋虫胺5000倍液等喷雾防治。

### 5. 负泥虫（*Lema decempunctata* Gebler）

🏵 防治方法

🖋 农业防治：春季越冬幼虫和成虫复苏活动时，结合田间管理灌溉松土，破坏其越冬环境，以消灭越冬虫口。春季结合修剪清洁枸杞园，尤其是田边、路边的枸杞根蘖苗、杂草，要干净彻底地清除一次。

🖋 生物防治：幼虫时期用0.36%苦参碱600倍液，或15%茚虫威1500倍液等植物源杀虫剂防治，或用昆虫病原线虫进行了防治。

🖋 科学用药：4月中旬越冬代成虫开始活动时期，可亩用90%敌百虫粉剂1.5～2kg或50%辛硫磷乳油200ml加适量的水，拌细土（沙）25kg拌匀，顺垄撒施入枸杞田内，然后中耕。在幼虫和成虫为害盛期用90%敌百虫晶体1000倍液，或菊酯类（4.5%氯氰菊酯1000倍液、2.5%联苯菊酯或5.7%百树菊酯2000倍液等），或1.8%阿维菌素乳油2000倍液，或1%甲氨基阿维菌素苯甲酸盐乳油3000倍液，或20%氯虫苯甲酰胺或19%溴氰虫酰胺4000倍液等喷雾防治。加有机硅等展透剂增加杀伤力。摘果前按照农药安全间隔期确定停止用药。

### 6. 蜗牛

属蜗牛科（*Fruticicolidae*）。

🏵 防治方法

🖋 农业防治：清洁田园、铲除杂草、及时中耕、排干积水等措施，破坏蜗牛栖息和产卵场所；秋后及时耕翻土壤，可使部分越冬成贝、幼贝暴露于地面冻死，卵被晒爆裂；人工诱集捕杀，用树叶、杂草等在枸杞田做诱集堆，白天蜗牛躲在其中，可集中捕杀；撒施生石灰，在地头或枸杞行间撒10cm左右的生石灰带（下面可铺上塑料薄膜等，防治过后连同薄膜和生石灰予以清除），每亩用生石灰5～7.5kg，蜗牛从石灰带爬过沾上生石灰后会失水死亡。

🖋 生物防治：用1kg茶麸（茶籽饼）加工成粉，加800～1000kg水搅匀浸泡12小时，取澄清液喷治蜗牛，加展透剂更好。

🖋 科学用药：毒饵诱杀，用蜗牛敌（多聚乙醛）配制成含2.5%～6%有效成分的豆饼（磨碎）或玉米粉等毒饵，在傍晚时，均匀撒施在枸杞垄上进行诱杀；或亩撒施6%四聚乙醛颗粒剂（安全性突出，保护天敌）500g，或用10%多聚乙醛颗粒剂，每亩用2kg，均匀撒于田间进行防治，顺垄尽量撒在蜗牛经过的地方或作物根系周围为宜。注意，灭蛭灵为高毒药剂，药用植物不宜使用。

### 7. 枸杞木虱（*Poratrioza sinica* Yang et Li.）

🐛 防治方法

🍃 **农业防治**：越冬期清洁田园，破坏成虫越冬场所。结合夏剪剪掉虫害枝集中焚烧销毁。春天成虫开始活动时灌水或翻耕，压低虫源基数。

🍃 **生物防治**：在若虫盛期用0.36%苦参碱乳剂800倍液，或5%天然除虫菊素2000倍液等植物源杀虫剂防治。

🍃 **科学用药**：在成、若虫高发期用新烟碱制剂［10%吡虫啉或3%啶虫脒乳油1000倍液、25%噻虫嗪1200倍液、25%噻嗪酮（保护天敌）2000倍液等］，或24%螺虫乙酯或20%呋虫胺5000倍液，或1.8%阿维菌素2000倍液，或2.5%联苯菊酯乳油3000倍液，或20%氯虫苯甲酰胺3000倍液，或0.5%甲氨基阿维菌素苯甲酸盐1000倍液，或19%溴氰虫酰胺4000倍液等喷雾防治，相互复配使用。视虫情把握防治次数，间隔10天左右1次，要交替用药。

## 四、采收与加工

### （一）采收

枸杞一年采收两批次。春果6月中下旬开始采摘，一般4～6天采一次；秋果9月中旬开始，直至10月上旬，7～10天采一次。当果实变成红色或橙红色，果肉稍软，果蒂疏松时，立即采摘，先摘外围上部，后摘内膛和下部。采摘是注意轻采、轻放，果筐一次盛果不超过10kg。

图5-2　枸杞药材（信兆爽摄）

### （二）加工

枸杞果实表层具有蜡质，初加工分脱蜡、制干和除杂（图5-2）。

1. **脱蜡**

将采回的鲜果放入冷浸液中浸1分钟，捞出、控干，倒在制干用的果盘上。

2. **制干**

（1）晒干：将经过脱蜡处理的鲜果铺放在果盘上，厚度不超过2cm，盘装好后先在阴凉通风干燥处放半天至一天，等果实收缩皱纹后，再在阳光下晾晒，白天晾晒，晚间遮盖防雨及露水，3～5天即可晒干。果实未晒硬前不要翻动，可用棍从盘底轻轻敲打，使果松开。脱水至含水率13.0%以下。

（2）烘干：将经过脱蜡处理的鲜果铺放在果盘上，推入烘干房烘干，首先在40~45℃条件下烘烤24~36小时，使果皮略皱；然后在45~50℃条件下烘36~48小时，至果实全部收缩起皱；最后在50~55℃烘24小时即可干透，脱水至含水率13.0%以下。

### 3. 除杂

制干后的果实及时脱去果柄、果叶及杂质，装入密封、防潮的包装袋内。

## （三）药材质量标准

《中国药典》2015年版规定：枸杞子药材水分不得过13.0%，总灰分不得过5.0%，水溶性浸出物不得少于55.0%，按干燥品计算，含枸杞多糖（$C_6H_{12}O_6$）不得少于1.8%，含甜菜碱（$C_5H_{11}NO_2$）不得少于0.30%。

（信兆爽　马春英）

# 瓜蒌

/*Trichosanthes kirilowii* Maxim.

**图5-3 栝楼植株（谢晓亮摄）**

栝楼（*Trichosanthes kirilowii* Maxim.）为葫芦科栝楼属多年生攀缘草本植物，其果实和根入药，药材名分别为瓜蒌和天花粉。瓜蒌味甘、微苦，性寒。归肺、胃、大肠经。具有清热涤痰、宽胸散结，润燥滑肠之功效。用于肺热咳嗽，痰浊黄稠，胸痹心痛，结胸痞满，乳痈，肺痈，肠痈，大便秘结等症。天花粉味甘、微苦，性微寒，归肺、胃经，具有清热泻火、生津止渴，排脓消肿等功效，常用于热病口渴、消渴、黄疸、肺燥咯血、痈肿、痔瘘等症，对于治疗糖尿病，常用它与滋阴药配合使用。现代药理研究表明瓜蒌、瓜蒌仁有抑制癌细胞作用和抑菌作用，天花粉中的天花粉蛋白具有中止妊娠、抗癌、抗艾滋病毒的作用。栝楼植株如图所示5-3所示。

瓜蒌、天花粉为常用大宗中药材之一，应用和栽培历史悠久，国内外久负盛名，在我国大部分地区均有栽培，主产区有山东、河南、河北、安徽、江苏、湖北、四川、广西和贵州等省区。山东肥城、长清为瓜蒌地道产区，河南安阳、河北安国为天花粉地道产区。瓜蒌、瓜蒌皮、瓜蒌仁、瓜蒌根（天花粉）均可入药。20世纪70~80年代，瓜蒌年需求量170万kg，天花粉200多万kg。随着科学技术的发展，近年发现瓜蒌除具有传统医疗作用外，还具有抗肿瘤、抗菌作用，并能治疗冠心病；天花粉蛋白在中期妊娠流产、抗早孕等方面有良好作用。因此，国内需求量和出口量增长很快。20世纪50～60年代我国栝楼野生资源较丰富，药用栝楼主要靠野生资源，但由于连续多年采挖，野生资源的持续发展受到严重破坏，资源越来越少，80年代以后商品栝楼主要靠家种供应。我国是栝楼传统主产国之一，历来国际信誉较高，选择无公害、无污染的种植区域，并注意用生物防治法防病治虫，限制农药的使用种类、使用量以及使用时间，并及时做好商品的检查、检验和监督，人工栽培栝楼的生产前景是十分广阔的。利用荒山、荒坡搞人工种植，野生抚育，既有生态效益又有经济效益。

　　河北省安国市种植栝楼已有很长的历史。2007年该市成立了栝楼专业协会，从事中药材栝楼的种植、加工、收购及销售，常年种植面积达1万多亩。近年来，该市积极谋划瓜蒌标准化示范区建设，被授予"国家农业标准化示范区"称号，目前安国市的西固村、东河村、西长仕村、海市村、霍庄村等栝楼规范化种植发展较快。另外，河北省的灵寿、平山、邢台县及周边地区均有一定规模种植。

## 一、植株形态特征

　　栝楼为多年生攀缘藤本，藤长可达10m以上；块根圆柱状，粗大肥厚，富含淀粉，淡黄褐色。茎较粗，多分枝，具纵棱及槽，被白色伸展柔毛。叶片纸质，轮廓近圆形，长宽均约5～20cm，常3～5（～7）浅裂至中裂，稀深裂或不分裂而仅有不等大的粗齿，裂片菱状倒卵形、长圆形，先端钝，急尖，边缘常再浅裂，叶基心形，弯缺深2～4cm，上表面深绿色，粗糙，背面淡绿色，两面沿脉被长柔毛状硬毛，基出掌状脉5条，细脉网状；叶柄长3～10cm，具纵条纹，被长柔毛。卷须3～7歧，被柔毛。花雌雄异株。雄总状花序单生，或与一单花并生，或在枝条上部者单生，总状花序长10～20cm，粗壮，具纵棱与槽，被微柔毛，顶端有5～8花，单花花梗长约15cm，花梗长约3mm，小苞片倒卵形或阔卵形，长1.5～2.5（～3）cm，宽1～2cm，中上部具粗齿，基部具柄，被短柔毛；花萼筒状，长2～4cm，顶端扩大，径约10mm，中、下部径约5mm，被短柔毛，裂片披针形，长10～15mm，宽3～5mm，全缘；花冠白色，裂片倒卵形，长20mm，宽18mm，顶端中央具1绿色尖头，

图5-4　栝楼植株（谢晓亮摄）

两侧具丝状流苏，被柔毛；花药靠合，长约6mm，径约4mm，花丝分离，粗壮，被长柔毛。雌花单生，花梗长7.5cm，被短柔毛；花萼筒圆筒形，长2.5cm，径1.2cm，裂片和花冠同雄花；子房椭圆形，绿色，长2cm，径1cm，花柱长2cm，柱头3。果梗粗壮，长4～11cm；果实椭圆形或圆形，长7～10.5cm，成熟时黄褐色或橙黄色；种子卵状椭圆形，压扁，长11～16mm，宽7～12mm，淡黄褐色，近边缘处具棱线。花期5～8月，果期8～10月（图5-4）。

## 二、生物学特性

### （一）对环境条件要求

栝楼喜温暖湿润环境，不耐高温，地上部不耐寒，冬季枯死，地下部分能忍耐一定低温。怕涝，忌积水，对土壤要求不严，最宜在透气性较好的潮湿砂壤土和排灌较好的地方栽培。

### （二）生长发育习性

栝楼属于多年生药用植物。用种子繁殖时，当年多数植株不能开花结果；而采用根段繁殖时，当年能开花结果。栝楼具有喜光、耐阴的特性，野生栝楼在半遮阴的大树空隙中也能生长良好，但若日光照不足2小时时，挂果极少。当光照为6小时左右时，栝楼植株生长基本正常，但果实成熟期略延长，果皮呈青黄花色，糖化程度低。充足的阳光可促进栝楼果实籽粒饱满、正常成熟，盛花期如遇长期阴雨天气、光照不足时，将会大幅度减产。栝楼最适于种植在土质肥沃疏松、透水通气良好、含细砂比率为50%以上的砂质壤土，土层深度要求在50cm以上，忌黏性较大的土壤。栝楼根系粗壮，须根极少，吸收水分几乎完全靠主根，因此需要土壤始终保持潮湿。又因栝楼在3～7月大量生出新茎，株覆盖面积约3～5m²，在高温强光下，蒸腾作用加强，水分大量挥发，因此需要大量水分。出苗期及育苗期，土壤含水量约为15%；抽蔓开花挂果期，土壤含水量约为20%；当叶面积达到顶峰时，土壤含水量约为25%。9～10月气温偏低，土壤含水量约为20%，冬季休眠期，土壤含水量约为15%。栝楼对温度适应性较强，无霜期在200天左右的地方均生长良好。当早春气温升到10℃时，多年生老根开始萌芽生长，气温升到25～35℃时，进入生长旺盛时期并开始开花挂果，当气温超过38℃时，开花挂果锐减，秧蔓基本停止生长。如持续高温超过40℃时，部分叶子出现枯焦。当气温回落到25℃时又重新抽茎开花挂果。9月气温下降到约20℃时，开花挂果基本结束，仅少量雄花开放。通风是栝楼丰产的措施之一，过密的茎叶可造成只开花不结果。人工栽培时，要搭设棚架，并结合修剪，保持通风，才能取得高产。

## 三、栽培技术

### （一）种质类型

栝楼在我国大部分地区均有栽培，主产区有山东、河南、河北、安徽、江苏、湖北、四川、广西和贵州等省区。山东肥城、长清为瓜蒌道地产区，河南安阳、河北安国为天花粉道地产区。栝楼在长期的栽培过程中形成了较多各具特色的地方性种质类型，如海市栝楼、八棱栝楼、尖瓜蒌、糖栝楼、铁皮栝楼、短脖1号、皖蒌系列等，各种质类型的植物学特征、生物学特性、产量潜力和活性成分含量存在差异，各地在种植时应选择适宜的种质类型。

### （二）选地整地

栝楼地下根可作为天花粉药用，生产过程中根的生长较发达，土壤养分消耗大。因此选地以土层深厚、土质疏松、肥力充足、排灌方便不积水的砂壤土为好。同时，要选择阳光充足、通气条件好、无污染的环境。大田栽培，秋收后每亩施腐熟农家肥3000kg，均匀撒于地表，深翻25cm，耙细整平。如黏性重的土壤，可在翻耕前撒施一些河沙改良土壤。

### （三）种植

#### 1. 繁殖方式

（1）种子繁殖：选粒大饱满的种子，在40℃左右温水中浸泡一昼夜，捞出沥干播种。播种期在4月中旬。在准备好的田地里，按行距70cm，株距50cm穴播，每穴播种2~3粒，覆土后浇水，每亩需种子2kg左右。用种子繁殖，开花结果晚，且难于控制雌雄株，故生产天花粉适宜采用此法。

（2）分根繁殖：春季4月上中旬，选直径2~3cm的新鲜无病地下根，掰成5~7cm小段，放置一晚，然后用多菌灵或托布津浸种1小时，晾干水分备用。在准备好的田地里，按行距70cm，株距50cm，挖5cm浅坑，每坑放1段种根，覆土踩实即可。栽种时科学搭配雄株：按照雌雄株10：1左右的比例配置。1个月左右幼苗即可长出。每亩需种根60kg左右。

#### 2. 种植模式

目前生产上栝楼的种植模式有多种：平地种植、搭人字形架、搭棚架、麦茬种植模式等。采用合理的种植模式是提高瓜蒌产量的有效措施。

（1）平地种植：采用合适密度进行种植，茎蔓铺地生长。

（2）搭人字形架：3~4株为一组，在根部起用竹竿或其他材料搭成人字形架，顶端固定。使栝楼茎蔓匍匐在架上生长。

（3）搭棚架：搭棚应本着棚架要牢固，尽可能降低棚架成本，方便人工架下作业，提高架面覆盖率。具体方法：地面按3.5m×3.5m标准立柱，柱上端选用10#不锈钢丝拉成

3.5m×3.5m的方格，再用10#钢丝拉对角线，然后在上面放上泥龙网固定住。搭架要在移栽前或出苗前结束，避免搭架操作伤苗。

（4）麦茬模式：①麦田准备，秋季在整好的地块上播种小麦。②种植栝楼，春季4月上中旬按照分根繁殖方法在麦地套种栝楼，一般5月中旬陆续出苗，麦收时苗高10～20cm，不影响小麦机收。③收麦：于6月份正常机收小麦，留麦茬高度25～30cm，收麦后栝楼秧迅速生长，以麦茬作为支架，枝叶爬伏于麦茬上。④种麦，收获瓜蒌后可按正常方法旋耕土地、施肥、种植小麦，对栝楼无影响；翌年麦苗返青，栝楼地下根5月份出土发芽，小麦收割后，栝楼可继续生长。一般4～5年挖栝楼根（天花粉）一次。

## （四）田间管理

栝楼生长期田间管理技术措施有扶苗上架、适时追肥、水分管理等。

### 1. 扶苗上架

当栝楼主茎长到0.3～0.5m时，插好竹竿等攀缘物，用软质带绳将苗固定在攀缘物上，促其向上生长，使之尽早到达架面。

### 2. 适时追肥

早施轻施提苗肥，定植活棵后，追1～2次速效氮肥，一般每次追稀释腐熟的人畜粪250～300kg/亩。重施花果肥，6～8月份，栝楼营养生长与生殖生长进入并盛时期，需要吸收大量的养分。此期追有机肥与钾肥为主，重施2～3次花果肥，一般每次每亩用腐熟人畜粪1000kg，硫酸钾15kg，在距离根部20cm外开环状或放射状浅沟施下，然后培土，严防伤根烧根。果实膨大期，结合喷药，加入0.2%磷酸二氢钾和0.3%尿素溶液，进行根外追肥。

### 3. 水分管理

多年生栝楼根系发达，较耐旱，但在生长盛期和果实膨大期，如遇干旱，应及时浇水防旱，遇涝要随即排水。

## （五）病虫害防治

栝楼常见病虫害有线虫病、根腐病及蚜虫等，生产中应农业防治、生物防治和科学用药相结合。

### 1. 根结线虫（*Meloidogyne hapla* Chitwood）

根结线虫为栝楼主要病害，为害根部，先须根变褐腐烂，后主根局部或全部腐烂，导致植株矮小，生长缓慢，叶片发黄，以至全株枯死。拔起根部，可见有许多瘤状物，剖开可见白色雌线虫。

🌸 防治方法

🌿 农业防治：忌连作，宜与禾本科作物轮作；选种无病种（苗）。

    &#128002; 生物防治：用淡紫拟青霉或厚孢轮枝菌（2亿活孢子/g）3kg+海岛素1000倍混合拌土均匀撒施，或沟施、穴施。

    &#128002; 科学用药：亩用威百亩有效成分2kg沟施防治，或定植时亩沟施10%噻唑磷颗粒剂3kg+海岛素（5%氨基寡糖素）1000倍处理土壤，或用1.8%阿维菌素1500倍液+海岛素（5%氨基寡糖素）1000倍混合进行穴灌根，7天灌1次，连灌2次。轮换和交替用药。

### 2. 根腐病

主要是尖镰孢菌（*Fusarium oxysporum*）和腐皮镰孢菌（*Fusarium solani*）。为害根部，感病初期地上部症状不明显，随病情发展，主要表现为出苗晚、长势弱，茎蔓纤细，叶片小，开花结实少。地下根感病后，主要为维管束变黄，最后整个根变褐腐烂。随种植年限增加，发病率提高。

&#127795; 防治方法

    &#128002; 农业防治：与禾本科作物实行3~5年轮作；施用腐熟的有机肥、生物肥，配方和平衡施肥，合理控氮肥和补微肥，增施磷钾肥，提高植株抗逆和抗病力；及时拔除病株烧毁，用石灰穴位消毒；清洁田园，减少菌源。

    &#128002; 生物防治：用枯草芽孢杆菌（10亿活芽孢/g）500倍灌根或喷淋。

    &#128002; 科学用药：播种前可用50%多菌灵可湿性粉剂500倍液浸种20分钟再播种或浸种根10分钟再栽种；播种前用石灰对土壤进行消毒，出苗后或发病初期用50%多菌灵600倍液，或70%甲基硫菌灵800倍液，或80%代森锰锌络合物800倍液，或30%噁霉灵+25%咪鲜胺按1∶1复配1000倍液等灌根或喷淋。10天左右喷淋或灌根1次，一般2次左右。

### 3. 蚜虫（*Myzus persicae* Snlzer）

6~8月发生，危害嫩叶及顶部，使叶卷曲，影响植株生长，严重时全株萎缩死亡。

&#127795; 防治方法

    &#128002; 物理防治：黄板诱杀蚜虫，有翅蚜初发期可用市场上出售的商品黄板；或用60cm×40cm长方形纸板或木板等，涂上黄色油漆，再涂上一层机油，挂在行间或株间，每亩挂30~40块，当黄板沾满蚜虫时，再涂一层机油。

    &#128002; 生物防治：前期蚜虫少时保护利用瓢虫、草蛉等天敌进行自然控制。无翅蚜发生初期，用0.3%苦参碱乳剂800~1000倍，或5%天然除虫菊素2000倍液，或50%辟蚜雾（抗蚜威）2000~3000倍液等喷雾防治。

    &#128002; 科学用药：化学药剂可用新烟碱制剂［10%吡虫啉1000倍液、3%啶虫脒乳油1500倍液、50%吡蚜酮1500倍液、25%噻虫嗪1200倍液，或25%噻嗪酮（保护天敌）2000倍液等］，或2.5%联苯菊酯乳油2000倍液，或24%螺虫乙酯或20%呋虫胺5000倍液等喷雾防治。可相互合理复配使用，交替轮换用药，加展透剂。

## 四、采收与加工

### （一）采收

#### 1. 瓜蒌

果实于9～11月先后成熟，当果皮表面开始有白粉、蜡被较明显，并稍变为淡黄色时表示果实成熟，便可分批采摘。采摘过早，果实不成熟，糖分少，质量差，种子亦不成熟；如果过晚，水分大，难干燥，果皮变薄，产量减少。

#### 2. 天花粉

一般栽种后4～5年采挖，若肥力充足管理得当，2年亦可收获。生长年限过长，粉质减少，质量差。一般于霜降入冬后或于早春3～4月根苗未出土时挖其块根，春秋季均可采挖，以秋季霜降前后为佳。秋后地上茎叶霜打后，将根茎全部挖出。

### （二）加工

#### 1. 瓜蒌

将果实带30cm左右茎蔓割下来，均匀编成辫子，不要让两个果实靠在一起，以防霉烂。编好的辫子将栝楼蒂向下倒挂于室内阴凉干燥通风处，阴凉10余天至半干，发现底部瓜皮产生皱缩时，再将栝楼向上并用原藤蔓吊起阴干即成。这样干燥可使栝楼不发霉或腐烂，切开时瓜瓤柔软成新鲜状态。不可在烈日下曝晒，日光晒干的色泽深暗，晾干的色鲜红。如果采摘适时，晾干得当，有两个多月可干。若需瓜蒌皮、瓜蒌仁，可在果柄处成"十"字形剪开，掏出瓜瓤，外皮干后即可做中药栝楼壳。把瓤在水中冲出种子，晒干即为瓜蒌仁。全瓜蒌的加工，将吊挂干燥的瓜蒌抢水洗一遍（防止外果皮在后边加工中破碎，同时使瓜蒌进一步洁净）。将洗好的瓜蒌码放在大的蒸笼内，锅底加适量的水，盖上笼盖，武火加热至大气出，像蒸馒头一样，30～40分钟后停火。开盖晾凉，然后用特制机械将其压扁压实，使瓜蒌皮和内瓤紧密地粘在一块，于切药机上切成一致的瓜蒌条，将切好的瓜蒌条晾晒至干。

#### 2. 天花粉

采挖当天趁鲜横着放在水中顺刷天花粉，连刷带洗很快去掉外皮，呈白色，去净芦头，块大者切成3～4节或先纵剖再切块，直接晒干或烘干。晾晒时要防止雨、霜、雪的浸湿，否则易变色。雌株需待瓜蒌收获后挖取。挖时沿根的方向深刨细挖，避免挖烂，尽量保持块根完整，除留作种秧外其余全部洗净泥土，趁鲜刮去粗皮并修除芦头毛须，切成8～15cm长的短节，直径8cm以上粗的根段放入清水中浸泡2～3天，每天进行2次翻擦捞洗，待把表面黏胶质泡掉后，便可洗净捞出晾晒或烘至足干，即为纯正优质天花粉。

### （三）药材质量标准

#### 1. 瓜蒌

本品呈不规则的丝或块状。外表面橙红色或橙黄色，皱缩或较光滑；内表面黄白色，有红黄色丝络，果瓤橙黄色，与多数种子粘结成团（图5-5）。具焦糠气，味微酸、甜。《中国药典》2015年版规定：瓜蒌药材水分不得过16.0%，总灰分不得过7.0%，水溶性浸出物不得少于31.0%。

#### 2. 天花粉

本品呈类圆形、半圆形或不规则形的厚片。外表皮黄白色或淡棕黄色。切面可见黄色木质部小孔，略呈放射状排列（图5-6）。气微，味微苦。《中国药典》2015年版规定：天花粉药材水分不得过15.0%，总灰分不得过5.0%，水溶性浸出物不得少于15.0%。

图5-5　瓜蒌 （刘铭摄）

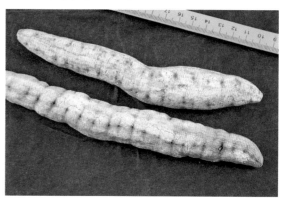

图5-6　天花粉 （谢晓亮摄）

（刘　铭）

# 连翘

*Forsythia suspensa* (Thunb.) Vahl

图5-7　连翘植株 （谢晓亮摄）

连翘为木犀科植物连翘*Forsythia suspensa*（Thunb.）Vahl的干燥果实，生药称为连翘。其味苦，微寒，归肺、心、小肠经。连翘的主要化学成分有苯乙醇苷类、木脂体及其苷类、五环三萜类、挥发油及微量元素等，具有清热解毒，消肿散结，疏散风热功效。用于痈疽，瘰疬，乳痈，丹毒，风热感冒，温病初起，温热入营，高热烦渴，神昏发斑，热淋涩痛等症。研究表明，连翘叶对高血压、痢疾、咽喉痛等有很好的治疗效果。连翘植株如图5-7

所示。

　　《神农本草经》云"连翘处处有，今用茎连花实也"。《本草图经》中记载："连翘生泰山山谷（指现在的山东），今近京（河北、河南）及河中（指现在山西、河北太行山一带）、江宁（指现在江苏南京）府、泽（指现在山西晋城一带）、润（指现在江苏镇江）、淄（指现在山东淄博）、兖（指现在山东兖州）、晶（指现在湖南常德）、岳（指现在湖南岳阳）、利州（指现在四川与陕甘交界的广元市一带）、南康军（指现在江西省建昌一带）皆有之"。当今连翘的主产种植地与古书中记载的地区相吻合。《本草品汇精要》也指出了连翘的道地形色：泽州（今山西省）说明其道地性；八月取子壳，说明采集的时间；阴干说明其收集的方法；黄褐指的是连翘的色泽；香指连翘的味。这和连翘的道地产区在河北、山西、河南、陕西等地基本一致。目前山西、陕西、河南、山东、河北、安徽西部、湖北、四川等地均有野生分布，以河北、山西、陕西、河南产最多。

　　近年来，在连翘的野生抚育技术、规范化栽培技术、适宜收获期、产地加工方法等方面研究取得进展，如栽植方式、人工授粉、修剪、适期采收等措施可以提高连翘的产量和质量，连翘采后采用蒸法的连翘药材品质高于水煮等传统干燥方法。研究连翘野生抚育技术和品质稳定的控制技术、进一步提高产量及创新初加工技术，仍是今后栽培研究的主要方向。

## 一、植株形态特征

　　连翘为落叶灌木，一般高约1～4m。枝开展或下垂，棕色、棕褐色或淡黄褐色，小枝土黄色或灰褐色，略呈四棱形，疏生皮孔，节间中空，节部具实心髓。叶通常为单叶，或3裂至三出复叶，叶片卵形、宽卵形或椭圆状卵形至椭圆形，长2～10cm，宽1.5～5cm，先端锐尖，基部圆形、宽楔形至楔形，叶缘除基部外具锐锯齿或粗锯齿，上面深绿色，下面淡黄绿色，两面无毛；叶柄长0.8～1.5cm，无毛。花通常单生或2至数朵着生于叶腋，先于叶开放；花梗长5～6mm；花萼绿色，裂片长圆形或长圆状椭圆形，长5～7mm，先端钝或锐尖，边缘具睫毛，与花冠管近等长；花冠黄色，裂片倒卵状长圆形或长圆形，长1.2～2cm，宽6～10mm；在雌蕊长5～7mm花中，雄蕊长3～5mm，在雄蕊长6～7mm的花中，雌蕊长约3mm。果卵球形、卵状椭圆形或长椭圆形，长1.2～2.5cm，宽0.6～1.2cm，先端喙状渐尖，表面疏生皮孔；果梗长0.7～1.5cm。花期3～4月，果期7～9月。

## 二、生物学特性

### （一）对环境条件要求

　　野生连翘多生于海拔250～2200m，一般为散生和丛状分布，主要分布于天然次生林区的林间空地、林缘荒地，以及山间荒坡上，常见于山坡灌丛、林下或草丛中，或山谷、山沟疏林中。在海拔900~1300m可形成连翘自然群落，900m以下或1300m以上易形成混生群落，主要与其他乔木、灌木、草本植物混生。

连翘耐寒，耐旱，怕水渍，萌发力强，对土壤要求不严，可在棕壤土、褐土、潮土中生长，其中以棕壤土、褐土为最佳。连翘生命力和适应性都非常强，酸性、碱性土均可生长但不耐盐碱，适生范围广，在干旱阳坡或有土的石缝可生长，甚至在基岩或紫色沙页岩的风化母质上都能繁殖生长。连翘耐寒力强，完全能够在高寒地区安全越冬，并开花结果。

## （二）生长发育习性

连翘萌发力强，发丛快，可很快扩大其分布面，连翘耐修剪，根系发达，主根不明显，侧根较粗长，须根多，可广泛伸展于主根周围，有较强的吸收和固土能力。

连翘的萌生能力强。平茬后的根桩或干支均能繁殖萌生，较快地增加分株的数量，增大分布幅度。连翘枝条更替比较快，但随树龄增加，萌生枝以及萌生枝上发出的短枝，其生长均逐年减少，并且短枝由斜向生长转为水平生长。据调查，8~12年生植株，4年萌生枝上的一年生短枝是最多的，以后逐渐减少。连翘的丛高和枝展幅度不同年龄阶段变化不大。连翘枝条更替快，萌生枝长出新枝后，逐渐向外侧弯斜，所以尽管植株不断抽生新的短枝，但是高度基本维持在一个水平上。

连翘为落叶灌木，3~5月份花先于叶开放，4~5月开始萌发生长出新枝叶，花开放后10~20天逐渐凋落，20天左右幼果出现，9~10月果实成熟。连翘实生苗，一般当年可长至60~80cm，生长4~5年后开花结果。连翘枝一般分营养枝和结果枝。连翘株丛一般为6~10个萌生枝组成一个灌丛，高为1.5m左右，个别株丛达到2.5~3m高。新发营养枝条一般由根部或老枝上抽出，长1.5~2.1m之间，二小叶对生或三小叶轮生。新萌生的营养枝条为来年植株骨架，由萌生枝上发生的短枝形成结果枝。小短枝长20~40cm不等，每一萌生枝上形成结果枝数量2~9个不等，组成结果枝串；连翘结果多少和结果短枝的数量及生长长短有关。结果短枝在萌生枝上最多可达15~17个，每个结果短枝上结果数量2~19个不等，结果多的每个小果枝上有25~30个果实，稀的1~2个甚至无果。

连翘从实生苗开始，4~5年后可以开花结果，但7~8年以上的植株结果量才高，此时整个植株一般有十几条营养生长骨架，每年均会在枝条上长出结果短枝，并且每个结果短枝上的叶腋处会形成1~2个花芽，并在第二年春天开花结果。在自然状态下15年以上的植株生长势逐渐衰弱，结果量逐渐减少。

野生连翘种群是由不同株龄的个体组成，属于异龄级种群类型。不同年龄时期的连翘个体对环境的要求和反应各不一样，在种群中的地位和作用也不相同。连翘植株个体根据其生长发育状态，可分为：幼龄期（1~4年）、壮龄期（5~15年）、老年期（15年以上）。连翘的结果繁殖能力与其年龄有着密切的关系，据调查，幼龄期、壮龄期和老年期植株的结果率分别为48.65%、47.53%和17.09%。幼龄期植株虽然结果率高，但树势较小和结果数少，产量低。

## 三、栽培技术

### （一）选地整地

种子育苗地最好选择土层深厚、疏松肥沃、排水良好的壤土或砂壤土地；扦插育苗地，最好采用砂壤土地，靠近水源，便于灌溉。种植地要选择背风向阳的山地或者缓坡地成片栽培，利于异株异花授粉，提高连翘结果率，一般只挖穴种植。亦可利用荒地、路旁、田边、地角、房前屋后、庭院空隙地零星种植。

播前或定植前，深翻土地，施足基肥，每亩施厩肥3000kg，均匀撒到地面上。深翻30cm左右。若为丘陵地成片造林，可沿等高线作梯田栽植；山地采用梯田、鱼鳞坑等方式栽培。栽植穴要提前挖好，施足基肥后栽植。

### （二）育苗

分为种子繁殖、扦插繁殖、压条繁殖和分株繁殖4种育苗方法，一般大面积生产主要采用播种育苗，其次是扦插育苗，零星栽培也有用压条或分株育苗繁殖法。

**1. 种子繁殖**

选择生长健壮、枝条节间短而粗壮、花果着生密而饱满、无病虫害的优良单株作采种母株。于9~10月采集成熟的果实，薄摊于通风阴凉处后熟几天，阴干后脱粒，选取籽粒饱满的种子，沙藏备作种用。

春播在清明前后，冬播在封冻前进行（冬播种子不用处理，第2年出苗）。在畦面上按行距30cm开浅沟，沟深3.5~5cm，再将用凉水浸泡1~2天后稍晾干的种子均匀撒于沟内，覆薄细土1~2cm，略加镇压，再盖草，适当浇水，保持土壤湿润，15~20天左右出苗，齐苗后揭去盖草。在苗高15~20cm时，追施尿素，促使旺盛生长，当年秋季或第二年早春即可定植于大田。

**2. 扦插繁殖**

（1）嫩枝扦插：①苗床准备，挖深40cm，宽1~1.3m的池，选用普通塑料袋做成长20cm，直径10cm桶状，装满土，紧密排列于苗床内，浇水。②插穗选择，6月份开始从生长健壮的3~4年生母株上剪取当年生的嫩枝，截成15cm左右长的插穗，下切口距离底芽侧下方0.5~1cm，切口平滑。节间长的留2片叶，短的留3~4片叶。③插穗处理，将选择好的插穗在配制的200mg/ml的NAA溶液中浸泡1~2分钟。④扦插，将处理好的插穗在整好的苗床上一个营养袋内插入一棵，插入深度4cm左右，插完后浇水。⑤覆膜，把竹片做成拱形，间距20cm左右固定于苗床上，覆膜，四周用土密封，遮阴，一个月之内不可掀开塑料膜。⑥炼苗，一个月后，在插穗生根后，揭去塑料膜，减少喷水次数，减小苗床相对湿度进行炼苗。

（2）硬枝扦插：①插条选择，冬季封冻前从母株上剪取芽饱满的枝条，截成10cm长的插穗。②砂藏，将剪成的插穗50～100枝捆成1捆，埋入沙或土中，覆土5～6cm，翌年春天刨出。③苗床准备，挖深40cm，宽1～1.3m的池，选用普通塑料袋做成长20cm，直径10cm桶状，装满土，紧密排列于苗床内，浇水。④插穗处理，将选择好的插穗在配制的200mg/ml的NAA溶液中浸泡1～2分钟。⑤扦插，将处理好的插穗在整好的苗床上一个营养袋内插入一棵，插入深度4cm左右，插完后浇水。⑥覆膜，把竹片做成拱形，间距20cm左右固定于苗床上，覆膜，四周用土密封，遮阴，一个月之内不可掀开塑料膜。⑦炼苗，一个月后，在插穗生根后，揭去塑料膜，减少喷水次数，减小苗床相对湿度进行炼苗。

**3. 压条繁殖**

用连翘母株下垂的枝条，在春季将其弯曲并刻伤后压入土中，地上部分可用竹杆或木杈固定，覆上细肥土，踏实，使其在刻伤处生根而成为新株。当年冬季至第二年春季，将幼苗与母株截断，连根挖取，移栽定植。

**4. 分株繁殖**

连翘萌发力极强，在秋季落叶后或春季萌芽前，可在连翘树旁萌发的幼苗（根蘖苗），带根挖出，另行定植。成活率达99.5%。

## （三）定植

冬季落叶后到早春萌发前均可进行定植，以雨季为好，春分后，气温回升，定植后容易成活。宜选阴天定植，先在选好的定植地块上，按行株距2m×1.5m挖穴。然后，每穴栽苗1株，分层填土踩实，使其根系舒展。栽后浇水。每亩栽20～230株。

连翘属于同株自花不孕植物，自花授粉结果率极低，只有4%，如果单独栽植长花柱或者短花柱连翘，均不结果。因此，定植时要将长、短花柱的植株相间种植，这是增产的关键措施。

## （四）田间管理

### 1. 中耕除草

苗期要经常松土除草，定植后于每年冬季中耕除草1次，植株周围的杂草可铲除或用手拔除。

### 2. 施肥

苗期勤施少量肥，在行间开沟，每亩施硫酸铵10～15kg，以促进茎、叶生长。定植后，每年冬季结合松土除草施入腐熟厩肥、饼肥或土杂肥，幼树每株用量2kg，结果树每株10kg，采用在连翘株旁挖穴或开沟施入，施后覆土，壅根培土，以促进幼树生长健壮，多开花结果。有条件的地方，春季开花前可增加施肥1次。在连翘树修剪后，每株施入火土灰2kg、过磷酸钙200g、饼肥250g、尿素100g。于树冠下开环状沟施入，施后盖土、培土保墒。

### 3. 辅助授粉

连翘的花芽全部在1年生以上枝上分化着生，花有两种：一种花柱长，称长花柱花；一种花柱短，称短花柱花，这两种不同类型的花生长在不同植株上。

研究表明：短花柱型连翘花粉发芽率较高，长花柱型连翘型花粉发芽率较低。两种连翘花粉均在15%蔗糖+400mg/L硼酸的培养基上萌发率最高，花粉管长度最长。因此，在连翘盛花期时喷施15%蔗糖+400mg/L硼酸溶液能够有效的提高坐果率。

### 4. 整形修剪

连翘每年春、夏、秋抽生三次新梢，而且生长速度快。春梢营养枝能生长150cm，夏梢营养枝生长60~80cm，秋梢营养枝生长近20cm。因此，连翘定植后2~3年，整形修剪是连翘综合管理过程中不可缺少的一项重要技术措施。通过整形修剪调整树体结构，改善通风透光条件，调节养分和水分运输，减少病虫危害，提高开花量和坐果率。

（1）整形：是指对连翘植株施行一定的修剪措施而形成某种树体结构形态。在生产实践中，整形方式和修剪方法是多种多样的，以树冠外形来说，常见的有圆头形、圆锥形、卵圆形、倒卵圆形、杯状形、自然开心形等。常用的整形方法有短剪、疏剪、缩剪，用以处理主干或枝条；在造型过程中也常用曲、盘、拉、吊、札、压等办法限制生长，改变树形，培植有利于多开花、多结果的植株树形。

（2）修剪：是指对连翘植株的某些器官，如茎、枝、叶、花、果、芽、根等部分进行剪截或剪除的措施。一年之中应进行三次修剪，即春剪、夏剪和冬剪。①春剪：及时打顶，适当短截，去除根部周围丛生出的竞争枝。②夏剪：于花谢后进行。为了保持树形低矮，对强壮老枝和徒长枝可以短截1/3~1/2。短截后，剪口下易发并生枝、丛生枝，在冬剪时应把并生枝、交叉枝、细弱枝进行疏剪整理。③冬剪：幼树定植后，幼龄树高达1m时，于冬季落叶后，在主干离地面70~80cm处剪去顶梢，第二年选择3~4个发育充实、分布均匀的侧枝，将其培养成主枝。以后在主枝上再选留3~4个壮枝，培养成副主枝。在副主枝上放出侧枝，通过几年的整枝修剪，使其形成矮干低冠、通风透光的自然开心形树形，从而能够早结果、多结果。在每年冬季，将枯枝、重叠枝、交叉枝、纤弱枝和病虫枝剪除。对已经开花结果多年、开始衰老的结果枝，也要截短或重剪，即剪去枝条的2/3，可促使剪口以下抽出壮枝，恢复树势，提高结果率。

### 5. 野生抚育

连翘结果早，5~12年为结果盛期，12年后产量明显下降，对于野生连翘需进行人工抚育，采取更新复壮措施。连翘枝条的结果龄期较短，其产量主要集中在3~5年生枝条上，5龄以后每个短枝上的平均坐果数逐年降低，产量明显下降。树冠的不同部位结果量也是不同的。树冠上部多于中部，树冠下部几乎没有果实，树冠的阳面多于阴面，树冠的内侧多于外侧。针对野生连翘的分布特点和生境，应该分别建立多个野生老连翘更新复壮抚育区、人工补植抚育区、连翘优势群落抚育区，并加强管理，通过野生抚育措施的实施，使连翘的产量和质量得到提高。

### （五）病虫害防治

连翘病害较少，造成危害的害虫有钻心虫、蜗牛、蝼蛄、吉丁虫等。

#### 1. 钻心虫

属鳞翅目（*Lepidoptera*），螟蛾科（*Pyralidae*）。以幼虫钻入茎秆木质部髓心危害，严重时被害枝不能开花结果，甚至整枝枯死。

🐛 防治方法

🍃 农业防治：成虫期可成方连片灯光诱杀；及时剪除受害枝深埋。用扎针法直接扎危害虫孔杀虫。

🍃 生物防治：幼虫孵化期未蛀茎前用植物源杀虫剂防治，可用0.36%苦参碱乳剂800～1000倍液，或1.5%天然除虫菊素1000倍液，或0.3%印楝素500倍液，或2.5%多杀霉素悬浮剂1000～1500倍液喷雾。

🍃 科学用药：幼虫孵化期未蛀茎前用，用菊酯类（4.5%氯氰菊酯1000倍液、2.5%联苯菊酯乳油2000倍液等），或20%氯虫苯甲酰胺3000倍液，或0.5%甲氨基阿维菌素苯甲酸盐1000倍液，或19%溴氰虫酰胺4000倍液，或用90%敌百虫晶体或50%辛硫磷乳油1000倍液喷雾防治，强调喷匀打透，视虫情把握防治次数。也可用80%敌敌畏原液药棉堵塞蛀孔毒杀，或用注射器注入2.5%联苯菊酯乳油或20%氯虫苯甲酰胺或19%溴氰虫酰胺300倍液，或0.5%甲氨基阿维菌素苯甲酸盐100倍液，或90%敌百虫晶体或50%辛硫磷或80%敌敌畏50倍液，然后用泥封口。

#### 2. 蜗牛

属蜗牛科（*Fruticicolidae*）。主要危害花及幼果。4月下旬至5月中旬转入药材田，为害幼芽、叶及嫩茎，叶片被吃成缺口或孔洞，直到7月底。若9月以后潮湿多雨，仍可大量活动为害，10月转入越冬状态。上年虫口基数大、当年苗期多雨、土壤湿润，蜗牛可能大发生。

🐛 防治方法

🍃 农业防治：于傍晚、早晨或阴天蜗牛活动时，捕杀植株上的蜗牛；或用树枝、杂草、蔬菜叶等诱集堆，使蜗牛潜伏于诱集堆内，集中捕杀；彻底清除田间杂草、石块等可供蜗牛栖息的场所并撒上生石灰，减少蜗牛活动范围。并可在地头或行间撒10cm左右的生石灰带，阻止蜗牛扩散危害并杀死沾上生石灰的蜗牛；适时中耕，翻地松土，使卵及成贝暴露于土壤表面提高死亡率。

🖉 科学用药：一是毒饵诱杀：在蜗牛产卵前或有小蜗牛时，每亩用6%蜗克星（甲萘威·四聚乙醛）颗粒剂0.5kg或10%蜗牛敌（多聚乙醛）颗粒剂2kg，与麦麸（或饼肥研细）5kg混合成毒饵，傍晚时均匀撒施在田垄或田间进行诱杀。二是撒施毒土或颗粒剂：每亩用10%多聚乙醛颗粒剂或6%蜗克星颗粒剂2kg拌细（沙）土5kg，或用6%密达（四聚乙醛）杀螺颗粒剂每亩 0.5～0.6kg，制成毒土，于天气温暖、土表干燥的傍晚均匀撒在作物附近的根部行间。三是喷药防治：可用1%甲氨基阿维菌素苯甲酸盐2000倍液（或25%氯虫苯甲酰胺或19%溴氰虫酰胺4000倍液）与30%食盐水混合加展透剂喷雾防治，或当清晨蜗牛未潜入土中时，或用30%甲萘威·四聚乙醛650倍液喷雾防治，隔7～10天喷1次，视发生情况掌握喷药次数，一般连喷2次左右。其他有效方法参照"枸杞蜗牛防治"。

### 3. 蝼蛄

属蝼蛄科（*Gryllotalpidae*）。以成虫、幼虫咬食刚播下或者正在萌芽的种子或者嫩茎、根茎等，咬食根茎呈麻丝状，造成受害株发育不良或者枯萎死亡。有时也在土表钻成隧道，造成幼苗吊死，严重的也出现缺苗断垄。

🐛 防治方法

🖉 农业防治：冬前深耕多耙，破坏其洞穴，提高对卵及低龄幼虫的杀伤力。不施用未腐熟的有机肥，减少对蝼蛄引诱危害的情况。

🖉 物理防治：利用成虫趋光性成方连片运用黑光灯诱杀。

🖉 科学用药：一是可采用毒土防治。每亩用50%辛硫磷乳油0.25kg与80%敌敌畏乳油0.25kg混合，均匀撒施田间后浇水，提高药效；或用3%辛硫磷颗粒剂3～4kg混细沙土10kg制成药土，在播种时撒施。二是集中灌洞穴。用90%敌百虫晶体，或50%辛硫磷乳油800倍液，或2.5%联苯菊酯乳油2000倍液，或20%氯虫苯甲酰胺3000倍液，或0.5%甲氨基阿维菌素苯甲酸盐1000倍液，或19%溴氰虫酰胺4000倍液等灌蝼蛄洞穴。三是毒饵防治。把100kg麦麸或磨碎的豆饼炒香后，用90%敌百虫晶体1kg，20%氯虫苯甲酰胺或19%溴氰虫酰胺200g，或0.5%甲氨基阿维菌素苯甲酸盐250g，加水15kg拌匀制成毒饵，每亩用撒施2～3kg施于地表，如先浇灌后撒毒饵，效果更好，也可兼治其他地下害虫。

### 4. 吉丁虫

属吉丁甲科（*Buprestidae*）。成虫咬食叶片造成缺刻，幼虫蛀食枝干皮层，被害处有流胶，为害严重时树皮爆裂，甚至造成整株枯死。

🐛 防治方法

🖉 农业防治：成虫羽化期，利用其假死性在清晨露水未干前振动枝干，落地后捕杀。在成虫羽化前剪除虫枝集中处理，杀死幼虫和蛹。

　　🍃 科学用药：参照"连翘钻心虫防治"。

## 四、采收与加工

### （一）采收

　　青翘在果皮呈青色尚未老熟时采摘。老翘在果实熟透变黄，果壳开裂或将要开裂时采摘。研究表明：野生老树开花、坐果、果实成熟均早于人工栽培小树，因此，生产上优先采收连翘果实；连翘果实7月底千果重达到峰值，7月底至9月底千果重和连翘苷含量变化均较小，连翘苷含量均能达到药典标准，考虑到连翘大规模生产时采摘周期较长，所以7月底至9月底是青翘的最佳采收期；9月底之后，青翘逐渐成熟成为老翘，此时果实的千果重和连翘苷含量都急剧下降，所以老翘应在青翘转入老翘初时及时采收。

### （二）初加工

#### 1. 青翘

　　将采收的青色果实，用蒸笼蒸15分钟后，取出晒干即成。 采用蒸制的青翘，连翘果中酶的活性被钝化，制止了多酚类化合物的酶促氧化，避免了连翘芯发霉，通过蒸制前后的晾晒处理，蒸制的时间控制，可以稳定的保证青翘的品质。

#### 2. 老翘

　　将采摘熟透的黄色果实，晒干或烘干即成。

#### 3. 连翘芯

　　将老翘果壳内种子筛出，晒干即为连翘芯。

### （三）药材质量标准

　　青翘以身干、不开裂、色较绿者为佳；老翘以身干、瓣大、壳厚、色较黄者为佳。连翘药材如图5-8所示。

　　《中国药典》2015年版规定：连翘药材水分不得过10.0%，总灰分不得过4.0%，醇溶性浸出物青翘不得少于30.0%、老翘不得少于16.0%，按干燥品计算，含连翘苷（$C_{27}H_{34}O_{11}$）不得少于0.15%。

图5-8　连翘药材（谢晓亮摄）

（刘　铭）

# 酸枣 /Ziziphus jujuba Mill. var. spinosa (Bunge) Hu ex H.F.Chou

图5-9 酸枣植株 （谢晓亮摄）

酸枣为鼠李科植物酸枣Ziziphus jujuba Mill. var. spinosa（Bunge）Hu ex H.F.Chou的干燥成熟果实，以干燥成熟种子入药，药材名酸枣仁。酸枣仁性味干、酸、平、归肝、胆、心经。其主要化学成分有蛋白质、脂肪、多糖、多酚、有机酸、维生素以及钙、铁等矿质元素，具有养心补肝、宁心安神、敛汗、生津的功效，用于虚烦不眠、惊悸多梦、体虚多汗、津伤口渴等症。

酸枣在我国分布较为普遍，集中产区分布于河北、陕西、山西、山东、辽宁等省，在宁夏、新疆、湖北、四川等地也有分布。河南、山西、陕西、山东等省酸枣生产仍以采集野生酸枣为主，未见人工栽培的报道。酸枣自然野生于干旱山坡、沟边路旁，长期以来无人管理，人们随意采摘，有些地方砍割酸枣摘取果实，资源破坏十分严重。酸枣植株如图5-9所示。

随着人们对野生酸枣营养成分、药用成分、药理作用的认识深入，以酸枣为原料开发的保健品、饮品等不断问世，酸枣用量大幅攀升，酸枣和枣仁价格不断上涨，酸枣抢青采收现象普遍，造成酸枣仁质量明显下降，甚至一些以酸枣肉为原料制作酸枣饮品的企业，难以收到成熟酸枣。随着酸枣收益提高以及对酸枣质量的要求，一些地方出现酸枣人工栽培，河北邢台县人工种植酸枣2000多亩，河北阜平等地开始进行酸枣野生抚育和人工管护。酸枣实生繁殖，类型较多，据调查从不同产区调查收集的不同性状的酸枣类型达115个。江苏省沂源县选育出了4个小枣新品种，邢台学院选育出邢州1号、邢州4号、邢州6号、邢州9号4个品种，酸枣人工栽培出现品种化。

## 一、植株形态特征

酸枣树体较小，树势开张，树形呈柱形或开心形。枝杆和老枝灰色，树皮片裂或龟裂、坚硬。嫩枝绿色，无毛，节间短，托刺发达，枝上有两种刺，一为针形刺，长约2cm，一为反曲刺，长约5mm。叶小而密，互生；叶柄极短；托叶细长，针状；叶片椭圆形至卵状披针形，长2.5～5cm，宽1.2～3cm，先端短尖而钝，基部偏斜，边缘有细锯齿，主脉3条。花小，2～3朵簇生叶腋，小形，黄绿色；花梗极短，萼片、花瓣、雄蕊各5，花柱分裂，子房2室，属不完全聚伞花序。枣吊纤细而短，秋季脱落。果实为核果，呈圆形或椭圆形，平均纵径1.69～2.51cm、横径1.74～2.12cm，平均果重2.9～5.3g，果皮较薄，呈紫红或枣红色，果肉黄白色，质地致密，较脆，汁液适中，味酸甜。核大，多为圆形，核面光滑，含种子1～2枚。

## 二、生物学特性

### （一）对环境条件要求

酸枣喜温暖干燥气候，耐寒、耐旱、耐碱、耐瘠薄，不宜在低洼水涝地种植。从不同基岩、坡向、海拔上看，酸枣以石灰岩发育的土壤上长势旺，结实好，以闪长岩、页岩为次。在坡向上，以阴坡、半阴坡或半阳坡长势较正阳坡为好，植株高、萌蘖力强。从不同海拔高度看，以600m以下酸枣的长势显著较好，600～800m次之，1000m以上尽管土、肥、水条件好转，但酸枣表现较差。

### （二）生长发育习性

#### 1. 萌芽期

酸枣树发芽在4月上中旬。萌芽规律是枣股芽先萌发，形成枣吊；枣头萌发稍晚，长成树梢；向阳背风处萌芽早于阴坡风口处；幼龄树早于老龄树。

#### 2. 枣吊枣头生长期

枣股萌芽发后，长成枣吊，到4月中下旬开始枣吊伸长，吊需经30～40天长成（每个枣股上长1～7个吊，每个吊上长7～14片叶）。枣头萌芽发后开始伸长，需经40天完成春梢生长过程（由于酸枣枣头发芽不一致，有的枣头芽萌发伸长能延续到7月份形成秋梢）。

#### 3. 现蕾期

4月下旬至5月下旬为集中现蕾期。其规律是：枣吊长出5～7片叶时，在第3至第5片叶腋中出现花蕾，尔后随着枣吊伸长，前部和后部叶腋中花蕾出现（因酸枣新梢出现不一致，新梢现蕾也不断出现，可延续到7月中下旬）。

#### 4. 花期

花蕾出现需经10～15天开始开花。初花期5月上旬，盛花期5月下旬至6月上旬，末花期为7月下旬（最晚可达8月上旬，历时为70天）。花期长，坐果期也加长，这样可适应不良的气候，增加坐果率。

#### 5. 果实生长期

一朵花从开放授粉子房形成到膨大，需7～10天。子房形成开始坐果（但有一部分幼果遇到干旱会变黄自行脱落，如能及时浇水可增加坐果率）。幼果初期膨大很慢，经过5天，开始迅速膨大，幼果生长需30天左右。果长成后，转为种子发育阶段。从果实停长到枣核灌满仁需30天，当果皮全部变红为成熟。成熟始期在8月中旬，终期在9月底。

#### 6. 落叶休眠期

果实采收应在80%的果肉松软后为宜，过早采收种子没有充分成熟而降低出仁率和药用价值。10月下旬开始落叶，11月上旬全部落完，因气候地理位置不一致，落叶早晚也不同。落叶后，进入休眠期，直到第二年春天发芽。

## 三、栽培技术

### （一）育苗

#### 1. 选地整地

酸枣喜温暖干旱气候，耐寒、耐旱、耐碱，不宜在低洼水涝地种植。苗圃地应选择稍有些坡度的平肥地，地下水位应在1.5m以下，在一年中水位升降变化不大，且容易排水的地方。苗圃地土壤应以砂壤土或壤土为宜。选择育苗地时要有灌溉条件，因枣树幼苗生长期间根系浅，耐寒能力弱，对水分的要求特别强。10月中下旬，对育苗地进行全面深翻30~40cm，并结合深翻施入腐熟的农家肥。

#### 2. 种子采集

采集母树充分成熟呈深褐色的果实，除去果肉、杂质，用清水洗净并阴干，机械脱壳后晾干备用，要求种仁净度达95%以上，发芽率达80%以上。

#### 3. 种子处理

播种前用清水浸泡种子24小时，中间换水1次，使种子充分吸水。然后用40~50℃温水浸种48小时，中间可换水1~2次。

#### 4. 播种定苗

土壤解冻后进行，播种时期一般以3月下旬至4月下旬为宜，每亩播种量3~4kg。播种采用宽窄行沟播法，宽行行距60cm，窄行行距30cm，沟深2~3cm，播种后覆土、耙平，用扑草净封闭土壤（扑草净用量为0.2g/m²），然后覆膜。幼苗出土后，顺沟向割膜，幼苗长出5~7片真叶时定苗，每亩留苗量6000~8000株。

#### 5. 苗期管理

定苗后，去膜浇水灌苗，中耕除草。结合浇水进行追肥，每亩追施尿素7.5~10kg，第二次追肥在6月下旬，每亩施氮磷钾复合肥15~20kg。酸枣种苗高度50cm以上可以出圃。

### （二）移栽

酸枣栽植地适宜选择海拔高度1300m以下，年平均气温8~14℃，土层深厚、肥沃，pH 6.5~8.5，排水良好的砂壤土或壤土，山地建园坡度应在25°以下。周围没有严重污染源。移栽前，平原建园应进行土地平整，沙荒地应进行土壤改良，山区或丘陵地应修筑水平梯田。

春、夏、秋季均可移栽，以4月初栽植为宜。栽植密度，宽窄行1m×2m或1m×1m。采取沟栽或坑栽方法，沟深或坑深50~60cm，下部20~30cm施腐熟有机肥，覆土后踩实，栽植深度高于原地痕3~5cm，栽后立即灌水并扶正培土。

酸枣也可进行分株繁殖，在春季发芽前和秋季落叶后，将老株根部发出的新株连根劈下栽种。

## （三）田间管理

### 1. 中耕除草

每年雨季之前和初冬各进行土壤深翻1次，深度15～20cm，翻后耙平。树盘内或行间进行作物秸秆覆盖，厚度15～20cm。对质地不良的土壤进行改良，黏重土壤应掺砂土，山区枣园扩穴改土。栽后1～2年，每年中耕2～3次，除草5次，保持土壤疏松无杂草。

### 2. 追肥

每年追肥2～3次，以农家肥为主。于早春在根冠外围挖沟施有机肥，施后培土，生长期采用环状施肥，环状沟的位置由树冠大小决定，沟深15～20cm。野生枣林可撒施有机肥。6月上旬和7月中旬果实膨大期喷施尿素或磷酸二氢钾，间隔7～10天再喷一次，可提高坐果率。野生枣林主要采取叶面喷肥方法。

### 3. 灌水

发芽前、开花前、果实膨大期和果实成熟期各灌水一次。一般采用畦灌或沟灌。干旱缺水和丘陵山区采用穴贮肥水方法，有条件的地区提倡采用滴灌、喷灌等节水灌溉方法。

### 4. 花果管理

当开花量达50%时，喷施300倍硼砂和300倍尿素，以提高坐果率，减少不利天气对花期的影响。

### 5. 整形修剪

落叶后至萌芽前进行修剪。人工建园栽培定植后第一年修剪时上部留5～6个分枝，离地面30cm以下的分枝不再保留。定植后第二年修剪时上部留7～8个分枝，离地面60cm以下不应留分枝。三年后增加树冠体积。初始时下部可适当多留枝，多结果，以后上部树枝结果多后可逐渐去掉下部主枝。十年后老树高头换接，及时更新复壮，培育新的结果枝。稀植可修剪成开心型树形，密植可修剪成中心干型树形。野生枣林剪去过密枝、病虫枝，培养树势。去除酸枣树底部树丛，清理树盘，使之有一定株距。

## （四）病虫害防治

酸枣常见病虫害有星室木虱、蓑蛾、桃小食心虫、枣疯病、枣锈病等，生产中应农业防治、生物防治和科学用药相结合。

### 1. 星室木虱（*Pseudophacopteron alstonium*）

🌸 防治方法

🍃 农业防治：彻底清除树的枯枝落叶杂草，严冬浇冻水，压低越冬虫源。结合修剪，及时疏除带虫的枝梢并集中烧毁。

🍃 生物防治：发生初期用0.36%苦参碱乳剂800倍液或5%天然除虫菊素2000倍液等植物源杀

虫剂防治。

✏️ 科学用药：用新烟碱制剂［10%吡虫啉或3%啶虫脒乳油1000倍液、25%噻虫嗪1200倍液、25%噻嗪酮（保护天敌）2000倍液等］，或24%螺虫乙酯或20%呋虫胺5000倍液，或2.5%联苯菊酯乳油3000倍液，或20%氯虫苯甲酰胺3000倍液，或0.5%甲氨基阿维菌素苯甲酸盐1000倍液，或19%溴氰虫酰胺或50%氟啶虫胺腈4000倍液等或相互复配喷雾防治。视虫情把握防治次数，一般间隔10天左右喷治1次，要交替用药。

### 2. 蓑蛾（*Cryptothelea minuscala* Butler）

🦀 防治方法

✏️ 农业防治：冬季结合修剪摘除虫袋。发生期人工摘除虫苞。

✏️ 物理防治：成虫羽化期利用黑光灯成方连片诱杀，降低田间落卵量。

✏️ 科学用药：幼虫发生期在没有形成护囊之前及时喷药防治，可用菊酯类（4.5%氯氰菊酯1000倍液、2.5%联苯菊酯或5.7%百树菊酯2000倍液等），或1.8%阿维菌素乳油2000倍液，或1%甲氨基阿维菌素苯甲酸盐乳油3000倍液，或20%氯虫苯甲酰胺或19%溴氰虫酰胺4000倍液，20%呋虫胺5000倍液等喷雾防治，相互可合理复配喷施。

### 3. 桃小食心虫（*Carposina niponensis* Walsingham）

🦀 防治方法

防治适期为秋末、早春。

✏️ 农业防治：土壤结冻前，翻开距树干约50cm，深10cm的表土，撒于地表，使虫茧受冻而亡；幼虫出土前在冠下挖检越冬茧，集中烧毁；捡拾蛀虫落果，深埋或煮熟作饲料；在幼虫出土前对树干下1m以内的地面覆盖地膜或堆高20cm左右的土堆拍打结实，或覆膜前用90%敌百虫粉剂，或5%辛硫磷颗粒剂等适量均匀撒施于地表，然后浅锄后腹膜，杀灭和抑制幼虫出土、化蛹、羽化。

✏️ 生物防治：成虫羽化期用桃小性诱剂进行诱杀。幼虫孵化盛期用2.5%多杀霉素1000倍液，或Bt（100亿活芽孢/g）乳剂200～300倍，或用0.36%苦参碱600倍液，或15%茚虫威1500倍液等植物源杀虫剂，或用20%虫酰肼1500倍液，或25%灭幼脲或5%氟啶脲2000倍液等昆虫生长调节剂喷雾防治。

✏️ 科学用药：幼虫孵化盛期或未钻蛀前，可用菊酯类（4.5%氯氰菊酯1000倍液、2.5%联苯菊酯乳油2000倍液等），或20%氯虫苯甲酰胺3000倍液，或0.5%甲氨基阿维菌素苯甲酸盐1000倍液，或19%溴氰虫酰胺4000倍液，或20%呋虫胺5000倍液等喷雾防治，相互可合理复配喷施。

#### 4. 枣疯病

为植原体属（*phytoplasma*）。

🌸 **防治方法**

🍃 农业防治：一是铲除病株和根蘖，树穴用5%石灰水浇灌消毒，可在原地补栽健苗。二是增施碱性肥、生物肥和腐熟的有机肥。配方施肥，促使枣树健壮抗病力强。三是选择抗病性强的品种；培育无病苗木；严禁枣疯病苗进入枣区。

🍃 科学用药：一是春季枣树萌芽期、盛花期至生理落果前，用1000万单位的四环素（或87万单位的土霉素）1000倍液等与海岛素（5%氨基寡糖素）1000倍液混配进行输液或灌根；二是及时防治叶蝉传病媒介，可用新烟碱制剂［10%吡虫啉或3%啶虫脒乳油1000倍液、50%吡蚜酮1500倍液、25%噻虫嗪1200倍液、25%噻嗪酮（保护天敌）2000倍液等］，或24%螺虫乙酯或20%呋虫胺5000倍液，或2.5%联苯菊酯乳油3000倍液等喷雾防治，消灭在传毒之前。同时，对枣园周围叶蝉寄主植物（芝麻、小麦、玉米、松、柏、桑、槐和杂草）上喷药杀灭叶蝉。

#### 5. 枣锈病［*Phakopsora ziziphivulgaris*（P.Henn.）Diet.］

🌸 **防治方法**

🍃 农业防治：一是晚秋和冬季清除落叶，集中烧毁，清除侵染源。二是枣园不宜密植，合理修剪通风透光；雨季及时排水，防止园内过于潮湿。三是行间不种高秆作物和西瓜、蔬菜等经常灌水的作物。

🍃 科学用药：发病初期及时喷药，可选用唑类杀菌剂（10%苯醚甲环唑2000倍液、25%丙环唑2500倍液、25%戊唑醇2000倍液、20%三唑酮1000倍液、40%氟硅唑乳油5000倍液、30%氟菌唑可湿性粉2000倍液、12.5%腈菌唑1500倍液等），或25%嘧菌酯1500倍液，或25%吡唑醚菌酯2500倍液等喷雾，相互可合理复配喷施。

## 四、采收与加工

### （一）采收

不同地理条件、不同种类的酸枣成熟期存在差异。在采收过程中，因酸枣加工利用的目的不同，采收适宜期也不相同。如以加工酸枣仁和酸枣面为目的，则以完熟期采收为宜，此时果实充分成熟，果肉内养分积累最多，不仅制干率高，而且制成品质量也最好，同时酸枣仁籽粒饱满，色泽最佳，不仅出仁率高，而且药用效果也最好。而过晚采收，酸枣不仅容易造成浆包烂枣和鸟兽危害的现象，也会减少产量和降低枣肉的质量。以生食为主要目的的酸枣，以脆熟期采摘为宜。

目前采收酸枣的方法大多数是待酸枣成熟后，用枣杆震枝，使枣果落地，再捡拾。近几年来，由于酸枣的加工利用途径逐渐增多，而要求也越来越严，所以采收的方法也在逐步改进，利用乙烯利催落采收酸枣。此方法比用枣杆打枣提高工效10倍左右，在适当剂量处理下，喷施第2天即有效果，第3天进入落果高峰，5～6天便能完全催落成熟的果实。

## （二）加工

酸枣营养丰富，果肉和果核均具有较高的加工和利用价值。

### 1. 酸枣果肉

目前酸枣果肉的加工形式主要有酸枣粉、酸枣糕、酸枣饮品、酸枣醋、酸枣酒、VC含片、果脯和枣红色素等，加工工艺简单，成本低，经济价值较高。

### 2. 酸枣仁

传统的加工方法是将洗好晒干的酸枣核平铺于石碾上反复滚压，要注意酸枣核要适量，太少时容易压碎枣仁。待酸枣核破碎后，用簸箕、筛子或是用手扬法筛选出部分酸枣核壳和酸枣仁，然后将剩下的较难分离的核壳与仁的混合物上碾再进一步破碎，最后放在水中用水选法筛选出酸枣仁。水选后的酸枣仁必须摊于席上晾晒，使之充分干燥，生用或炒用（图5-10）。

图5-10 酸枣仁 （谢晓亮摄）

## （三）药材质量标准

酸枣仁药材的商品规格主要以性状判断，根据国家医药管理局和卫生部制定酸枣仁的药材规格标准（1984年《76种药材商品规格标准》），一等：干货。呈扁圆形或扁椭圆形，饱满。边面深红色或紫褐色，有光泽。断面内仁浅黄色，有油性。味甘淡。核壳不超过2%。碎仁不超过5%。无黑仁、杂质、虫蛀、霉变。二等：干货。呈扁圆形或扁椭圆形，较瘪瘦。表面深红色或棕黄色。断面内仁浅黄色。有油性。味甘淡。核壳不超过5%，碎仁不超过10%。无杂质、虫蛀、霉变。

《中国药典》2015年版规定：药材酸枣仁的杂质（核壳等）不得过5%，水分不得过9.0%，总灰分不得过7.0%；干燥药材含酸枣仁皂苷A（$C_{58}H_{94}O_{26}$）不得少于0.030%，斯皮诺素（$C_{28}H_{32}O_{15}$）不得少于0.080%。本品每1000g含黄曲霉毒素$B_1$不得过5μg，含黄曲霉毒素$G_2$、黄曲霉毒素$G_1$、黄曲霉毒素$B_2$和黄曲霉毒素$B_1$的总量不得过10μg。

（贾东升）

# 王不留行

/Vaccaria segetalis (Neck.) Garcke

图5-11 麦蓝菜植株（杨太新摄）

王不留行为石竹科植物麦蓝菜 [ *Vaccaria segetalis* ( Neck. ) Garcke ] 的干燥成熟种子，药材名王不留行。王不留行主要含有三萜皂苷、黄酮苷、环肽、类脂和脂肪酸、单糖等化学成分，具活血通经、下乳消肿，利尿通淋之功效，用于经闭，痛经，乳汁不下，乳痈肿痛，淋证涩痛等症。麦蓝菜植株如图5-11所示。

除华南外，全国各地均有王不留行分布，王不留行药材主产于河北、河南、黑龙江、辽宁、山东、甘肃等省，目前以河北省内丘县人工栽培面积和产量最大，且由人工点播转变为机械播种和收获。近年来组织培养技术在王不留行毛状根、再生苗方面研究较多，高钦等对王不留行种子进行了质量检验方法及分级研究，王不留行生长发育及密度、施肥等栽培关键技术研究。王不留行药材的质量控制与优质高效栽培技术是今后研究的主要方向。

## 一、植株形态特征

麦蓝菜株高30~70cm，全株无毛，微被白粉，呈灰绿色。根为主根系。茎单生，直立，上部分枝。叶片卵状披针形或披针形，长3~9cm，宽1.5~4cm，基部圆形或近心形，微抱茎，顶端急尖，具3基出脉。伞房花序稀疏；花梗细，长1~4cm；苞片披针形，着生花梗中上部；花萼卵状圆锥形，长10~15mm，宽5~9mm，后期微膨大呈球形，棱绿色，棱间绿白色，近膜质，萼齿小，三角形，顶端急尖，边缘膜质；雌雄蕊柄极短；花瓣淡红色，长14~17mm，宽2~3mm，爪狭楔形，淡绿色，瓣片狭倒卵形，斜展或平展，微凹缺，有时具不明显的缺刻；雄蕊内藏；花柱线形，微外露。蒴果宽卵形或近圆球形，长8~10mm；种子近圆球形，直径约2mm，红褐色至黑色。花期5~7月，果期6~8月。

## 二、生物学特性

### （一）对环境条件要求

王不留行适应性强，自然分布范围广，多野生于山坡、路旁，尤以麦田中生长最多，在海拔较高地区也能生长。王不留行较耐旱，但过于干旱植株生长矮小，产量低。喜温暖、湿润气候，忌水浸，低洼积水地或土壤湿度过大根部易腐烂，地上枝叶枯黄直至死亡。对土壤要求不严，土层较浅、地力较低的山地、丘陵也能种植，但产量较低，适宜种植于疏松肥沃、排水良好的砂壤土或壤土。

## （二）生长发育习性

河北和河南产区一般秋季播种，第二年的5月下旬或6月上旬收获，甘肃产区一般春种秋收。种子无休眠期，极易发芽，发芽适温为15～20℃，播种后15天左右萌发出土。种子寿命为2～3年。王不留行从播种到成熟收获全生育期230天左右，可划分为7个生育时期，分别为出苗期、越冬期、返青期、分枝期、现蕾期、开花期、成熟期。

## 三、栽培技术

### （一）选种

王不留行用种子繁殖，种子应符合王不留行种子质量标准要求（河北省地方标准DB13/T2118–2014），种子纯度95%以上；种子净度96%以上；发芽率70%以上；水分应小于11%。

### （二）选地整地

王不留行适宜种植于疏松肥沃、排水良好的砂壤土或壤土。播前结合整地，每亩底施腐熟有机肥2000kg或氮磷钾复合肥100kg，然后用旋耕机旋耕15～20cm，然后充分整细耙平，做宽1.3m的高畦，四周开好排水沟待播。

### （三）播种

王不留行适宜播种时间为9月下旬至10月上旬，以大行距、小株距种植为宜，可人工点播、条播或机械播种。

（1）人工点播：按行穴距30cm×20cm挖穴，穴深3～5cm，将种子与草木灰混合拌匀，制成种子灰，每穴均匀地撒入一小撮，种子约8～10粒，覆土1～2cm，亩用种量0.5kg。

（2）条播：按行距30～40cm开浅沟，沟深3～5cm，将种子与2～3倍的细沙拌匀，均匀地撒入沟内，覆土1～2cm，亩用种量1.5kg左右。

（3）机械播种：将种子与细沙或草木灰拌匀，用播种机械按25～30cm行距开沟播种，覆土1～2cm，亩用种量2kg左右。

### （四）田间管理

**1. 定苗**

苗高7～10cm时及时定苗，株距15cm左右。

### 2. 中耕除草

苗高7～10cm时，进行第1次中耕除草，浅松土，杂草用手拔除。结合中耕除草，进行间苗和补苗，条播的，按株距15cm间苗。如有缺株，将间苗下来的壮苗进行补苗。第2次中耕除草于第2年春季3～4月进行并结合定苗。以后看杂草滋生情况，再进行中耕除草，保持土壤疏松和田间无杂草（图5-12）。除草应在晴天露水干后或孕蕾前进行，生长后期不宜除草，以免损伤花蕾。

图5-12　麦蓝菜大田　（谢晓亮摄）

### 3. 浇水、排水

早春萌芽期间和初冬季节，适当浇水；雨季注意排水，王不留行忌涝，低洼地及降水量大时注意排水。追肥后及时灌水，提高水肥偶合效应。

### 4. 追肥

一般进行2～3次，第1次在苗高7～10cm时，中耕除草后每亩施入尿素5kg。第2年春季进行中耕除草后，每亩施入尿素10kg、过磷酸钙20kg，或用0.2%磷酸二氢钾根外追肥1次。4月上旬植株开始现蕾时，亩追施复合肥25～35kg，也可用0.3%磷酸二氢钾溶液叶面喷施，间隔7天连喷2～3次，以促进果实饱满。

## （五）病虫害防治

### 1. 黑斑病

病原属半知菌亚门，石竹链格孢（*Alternaria dianthi* Stevens et Hall），危害叶片，叶尖或叶缘先发病，使叶尖或叶缘褪绿，呈黄褐色，并逐渐向叶基部扩散，后期病斑为灰褐色或白灰色。湿度大时，病斑上产生黑色雾状物。

☘ 防治方法

🍃 农业防治：清除病枝落叶；及时排出积水；使用腐熟的有机肥、生物肥，配方和平衡施肥，合理补微肥，增强植株自身抗逆和抗病能力。

🍃 科学用药：播种前用70%甲基硫菌灵按种子量0.2%拌种，或用25%多菌灵按种子量0.3%拌种。发病初期用70%甲基硫菌灵1000倍液或50%多菌灵600倍液，或80%代森锰锌络合物1000倍液，或50%抗枯灵（络氨铜·锌）1000倍液，或30%嘧菌酯1500倍液，或25%吡唑醚菌酯2500等喷雾防治，一般10天左右1次，连续2～3次。喷药时避开中午高温。

### 2. 蚜虫（*Myzus persicae* Snlzer）

以成、若虫危害植株嫩尖和叶片，造成叶片卷曲、生长减缓、萎蔫变黄。

🌸 防治方法

🍃 物理防治：于有翅蚜发生初期，田间及时悬挂5cm宽的银灰塑料膜条进行趋避；有翅蚜发生时，及时于田间用黄板诱杀，可用市场上出售的商品黄板，或用60cm×40cm长方形纸板或木板等，涂上黄色油漆，再涂一层机油，挂在行间株间，每亩挂30~40块。当黄板沾满蚜虫时，再涂一层机油。黄板放置高度距离作物顶端30cm左右。

🍃 生物防治：前期蚜虫少时保护利用瓢虫、草蛉等天敌，进行自然控制。无翅蚜发生初期，用0.36%苦参碱乳剂800倍，或5%天然除虫菊素2000倍液等植物源药剂进行喷雾防治。

🍃 科学用药：在蚜虫发生初期用新烟碱类［10%吡虫啉1000倍液、3%啶虫脒乳油1500倍液、50%吡蚜酮1500倍液、25%噻虫嗪1200倍液，或25%噻嗪酮（保护天敌）2000倍液、50%烯啶虫胺4000倍液等］，或2.5%联苯菊酯乳油2000倍液，或24%螺虫乙酯或20%呋虫胺5000倍液等喷雾防治。要交替轮换用药。

### 3. 棉小造桥虫［*Anomis flava*（Fabricius）］

幼虫取食叶片成缺刻或孔洞，严重的食光全叶，仅留茎秆。

🌸 防治方法

🍃 物理防治：成虫发生期，在田间可成方连片用黑光灯、佳多杀虫灯、太阳能杀虫灯等诱杀。

🍃 生物防治：卵孵化盛期，用苏云金杆菌（100亿活芽孢/g）可湿性粉剂600倍液，或用5%氟啶脲或25%灭幼脲悬浮剂2500倍液等，或在低龄幼虫期用0.36%苦参碱水剂800倍液，或5%天然除虫菊1000倍液，或24%虫酰肼1000倍液，或2.5%多杀霉素2000倍液等喷雾防治。7天喷1次，连续防治2~3次。

🍃 科学用药：在幼虫孵化盛末期到3龄以前，化学药剂可用10%联苯菊酯或50%辛硫磷1000倍液，或1.8%阿维菌素乳油1500倍液，或1%甲氨基阿维菌素苯甲酸盐乳油2000倍液，或19%溴氰虫酰胺4000倍液等喷雾防治。7天喷1次，一般连续防治2~4次。交替使用。

### 4. 红蜘蛛（*Tetranychus cinnabarinus*）

多群集于叶片背面吐丝结网为害。红蜘蛛的传播蔓延除靠自身爬行外，风、雨水及操作携带是重要途径。

🌸 防治方法

🍃 农业防治：及时清洁田园，清除虫源栖息场所。

🍃 生物防治：用0.3%苦参碱水剂500倍液，或2.5%浏阳霉素1500倍液等喷雾。

🍃 科学用药：用30%乙唑螨腈（保护天敌）10 000倍液，或1.8%阿维菌素2000倍液，或15%哒螨灵1500倍液，或57%炔螨特乳油2500倍液，或30%嘧螨酯4000倍液等喷雾防治。相互合理复配使用。

### （六）留种技术

种子采收和储藏王不留行种子一般在5月下旬采收，当植株枯黄，种子坚实变硬，呈黑色时，可进行采收。采收要在晴天露水干后进行。雨天或露水未干采种，容易腐烂或生芽，影响种子品质。种子脱粒晒干后，置通风阴凉处贮藏备用。

图5-13 王不留行 （谢晓亮摄）

## 四、采收与加工

### （一）采收与加工

秋播于第二年5月下旬至6月上旬收获；春播于当年秋季收获。当果皮尚未开裂，种子多数变黄褐色，少数已变黑时收获。于早晨露水未干时，将地上部分齐地面割下，扎把，置通风干燥处干燥5~7天，待种子全部变黑时，脱粒，扬去杂质，再晒至种子含水量12%以下，即成商品（图5-13、图5-14）。

采用联合收割机械，可一次完成王不留行收割、脱粒，然后再晒干、清选去杂，省工省时。

图5-14 王不留行 （谢晓亮摄）

### （二）药材质量标准

《中国药典》2015年版规定：王不留行药材水分不得过12.0%，总灰分不得过4.0%，热浸法测定醇溶性浸出物不得少于6.0%，按干燥品计算，含王不留行黄酮苷（$C_{32}H_{38}O_{19}$）不得少于0.40%。

（蔡景竹）

# 第六章
# 全草类

# 荆芥

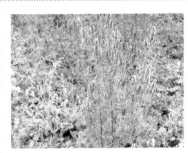

荆芥（*Schizonepta tenuifolia* Briq.）为唇型科一年生草本植物，别名假苏、线芥、四棱杆蒿、香荆芥，以全草或花穗入药，药材名分别为荆芥和荆芥穗。荆芥为常用祛风解表中药，全草入药，含有多种挥发油类，油中主要成分为右旋薄荷酮、消旋薄荷酮及少量枸橼酸，具有解表散风、透疹消疮、止痒之功效，主治感冒、头痛、咽痛、麻疹、皮肤瘙痒等症；炒炭止血，治便血、崩漏等症。荆芥富含芳香油，以叶片含量最高，近年来荆芥广泛应用于饲料、香料等加工行业，荆芥油出口东南亚各国的数量也逐年增加，使得其商品社会需求量不断增大。

图6-1　荆芥植株（谢晓亮摄）

　　荆芥适应性强，我国南北各地均可栽培（图6-1）。主产江苏、浙江、安徽、河北、湖南、湖北等省，多系栽培。前人对荆芥种质资源、栽培方法、炮制加工等方面进行了研究，多集中在化学成分、药理作用和临床应用等方面，有关荆芥种质资源多样性、种质鉴定方面的研究极少，今后应加强种质鉴定与质量控制方面的研究，为提高中药材质量、保证临床用药安全、有效提供保障。

## 一、植株形态特征

　　荆芥为一年生草本，株高 70～90cm，有浓烈香气。茎直立，基部稍带紫色，上部多分枝，茎绿色，四棱形，被白色短茸毛。叶对生，基部叶有柄或近无柄；叶片3～5羽状深裂；裂片线形至线状披针形，青绿色，叶背略呈灰白色，全缘，叶腋间易抽生腋芽，叶脉不明显。穗状轮伞花序，花小，花萼钟形，被毛，先端5齿裂；花冠二唇形，上下唇近等长，稍超出花萼，淡红白色。雄蕊 4 枚、二强，花柱基生、2 裂。小坚果 4枚，卵形或椭圆形，表面光滑，棕色。

## 二、生物学特性

　　荆芥喜温暖和湿润气候，种子发芽适温为15～20℃。在土壤有足够水分的情况下，种子在地温19～25℃时，6～7天就会出苗；在16～18℃时，需10～15天出苗。幼苗能耐0℃左右的低温，但2℃以下会出现冻害。荆芥苗期喜潮湿，怕干旱和缺水，成苗期喜较干燥的环境，雨水多则生长不良，即使短期积水也有死亡现象。

　　对土壤要求不严，在轻度盐碱地、庭院及瘠薄地上都能生长，但选地时以肥沃、有一定浇水条件，向阳湿润、排灌方便、疏松肥沃的砂质壤土为好，前茬以花生、棉花、地瓜等地为好。低洼积水地、黏重的土壤或易干旱的粗砂地不宜种植。忌连作。种子寿命为1年。

春、秋两季均可播种，但以春播为好。春播于3～5月，秋播于9～10月播种。荆芥除早春需进行育苗外，生产上多以露地种子直播为主，亩播种量为0.8～1.0kg。

## 三、栽培技术

### （一）选地整地

#### 1. 选地

种植荆芥以湿润的气候环境为佳，种子出苗期要求土壤湿润，切忌干旱和积水。幼苗期喜稍湿润环境，又怕雨水过多和积水。成苗喜较干燥的环境，雨水多则生长不良。土壤以较肥沃湿润、排水良好、质地为轻壤至中壤的土壤为好，如砂壤土、油砂土、潮砂泥、夹砂泥等。黏重的土壤和易干燥的粗砂土、冷砂土等，均生长不良。地势以日照充足的向阳平坦、排水良好或排灌方便的地方为好。低洼积水、荫蔽的地方不宜种植。忌连作，前作以玉米、花生、棉花、地瓜等为好，麦类作物亦可。

#### 2. 整地

整地必须细致，才利于出苗。因播种较密，后期施肥不便，所以整地前宜施足基肥，每亩施腐熟有机肥1500～2000kg，撒施于地面。耕地深25cm左右，反复细耙，务使土块细碎，土面平整，然后作畦。

### （二）播种

荆芥种子细小，播后忌土壤干旱和大雨。播种时要选择土壤墒情好时播种，播种不宜过深，一般掌握0.5cm左右，稍镇压后立即浇水，如不能浇水，要密切关注天气，抢在降雨前播种。

播种方法：

（1）撒播法：将种子与草木灰混合，均匀撒在畦上，然后加以镇压。

（2）条播法：行距20cm，沟深0.5cm，将种子播于沟内，覆土镇压，浇水湿润。每亩用种1kg左右。

### （三）田间管理

#### 1. 间苗补苗

出苗后及时间苗，以免幼苗生长过密，发育纤细柔弱。当苗高6～10cm时定苗，条播7～10cm留苗1株，若有缺苗，应将间出的大苗、壮苗带土移栽，最好选阴天移栽，避免在阳光强烈时进行。移苗时尽量多带原土，补苗后要及时浇水，以利于幼苗成活。穴播每隔15～20cm留苗1丛（3～4株），撒播的田块，保持株距10～13cm。荆芥大田见图6-2。

### 2. 中耕除草

在间定苗时结合进行中耕除草。第一次只浅锄表土，避免压倒幼苗；第二次可以稍深。以后视土壤是否板结和杂草多少，再中耕除草1~2次，并稍培土于基部，保肥固苗。

### 3. 追肥

荆芥需要氮肥较多，为了使秆壮穗多，播种前要施足底肥，生长期适当施用

图6-2　荆芥大田（贺献林摄）

磷钾肥。6~8月于行间开沟追肥1~2次，每次每亩施三元复合肥10kg，施后覆盖培土。

### 4. 灌溉排水

苗期需水量大，土壤干旱时应及时浇水。成株后抗旱力增强，最忌水涝，如雨水过多，需及时排除积水，以免引起病害。

## （四）病虫害防治

### 1. 茎腐病

主要是腐霉菌属（*Pythium*）和镰刀菌属（*Fusarium* Link ex）。荆芥茎腐病主要特征是茎基部变黑，根部腐烂。

🌸 防治方法

🍃 农业防治：发病初期，及时拔除病株，用生石灰封穴。

🍃 生物防治：用枯草芽孢杆菌（10亿活芽孢/g）500倍液灌根。

🍃 科学用药：播种前可用50%多菌灵可湿性粉剂500倍液浸种20分钟再播种；播种前用石灰对土壤进行消毒，出苗后或发病初期用50%多菌灵600倍液，或70%甲基硫菌灵800倍液，或80%代森锰锌络合物800倍液，或2.5%咯菌腈FS 1000倍液，或30%噁霉灵+25%咪鲜胺按1:1复配1000倍液等灌根，7天喷灌1次，喷灌3次以上。其他有效药剂参照"白术根腐病"。

### 2. 立枯病（*Rhizoctonia solani*）

多发生在5~6月，低温多雨、土壤很潮湿时易发病，发病初期苗茎部发生水渍状小黑点，小黑点扩大后呈褐色，茎基部变细，倒伏枯死。

🌸 防治方法

🍃 农业防治：选用良种，加强田间管理，遇低温多雨天气，做好排水工作。

🍃 科学用药：预计临发病前或出现症状，及时喷波尔多液1:1:100倍液，10天喷1次，连喷2~3次；其他防治用药参照"王不留行黑斑病"。

### 3. 蝼蛄

属蝼蛄科（*Gryllotalpidae*）。

🌼 **防治方法**

🍃 农业防治：冬前深耕多耙，破坏其洞穴，提高对卵及低龄幼虫的杀伤力。不施用未腐熟的有机肥，减少对蝼蛄引诱危害的情况。

🍃 物理防治：利用成虫的趋光性成方连片利用黑光灯诱杀。

🍃 科学用药：一是可采用毒土防治。每亩用50%辛硫磷乳油0.25kg与80%敌敌畏乳油0.25kg混合，均匀撒施田间后浇水，提高药效；或用3%辛硫磷颗粒剂3～4kg混细沙土10kg制成药土，在播种时撒施。二是集中灌洞穴：用90%敌百虫晶体，或50%辛硫磷乳油800倍液，或2.5%联苯菊酯乳油2000倍液，或20%氯虫苯甲酰胺3000倍液，或0.5%甲氨基阿维菌素苯甲酸盐1000倍液，或19%溴氰虫酰胺4000倍液等灌蝼蛄洞穴。三是毒饵防治：把100kg麦麸或磨碎的豆饼炒香后，用90%敌百虫晶体1kg，20%氯虫苯甲酰胺或19%溴氰虫酰胺100g，或0.5%甲氨基阿维菌素苯甲酸盐200g，加水15kg拌匀制成毒饵，每亩撒施2～3kg于地表，如先浇灌后撒毒饵，效果更好。

### 4. 银纹夜蛾（*Argyrogramma agnata* Staudinger）

🌼 **防治方法**

🍃 农业防治：在苗期幼虫发生期，利用幼虫的假死性进行人工捕杀。

🍃 生物防治：在盛期或低龄幼虫期用青虫菌粉剂（100亿以上孢子/g）1000倍液，或苏云金杆菌（100亿活芽孢/g）600倍液，或2.5%多杀霉素1000倍液，或核型多角体病毒（20亿PIB/ml）500倍液等，或用0.36%苦参碱600倍液，或15%茚虫威1500倍液等植物源杀虫剂，或用20%虫酰肼1500倍液，或25%灭幼脲或5%氟啶脲2000倍液等昆虫生长调节剂喷雾防治。同时可兼治其他鳞翅目害虫。

🍃 科学用药：可用菊酯类（4.5%氯氰菊酯1000倍液、2.5%联苯菊酯乳油2000倍液等），或20%氯虫苯甲酰胺3000倍液，或0.5%甲氨基阿维菌素苯甲酸盐1000倍液，或19%溴氰虫酰胺4000倍液等或相互合理复配喷施。

### 5. 小地老虎（*Agrotis ypsilon* Rottemberg）

🌼 **防治方法**

参照"黄芩小地老虎防治"。

### 6. 菟丝子（*Cuscuta chinensis* Lam.）

菟丝子是一种高等寄生性种子植物，无根和叶片，没有叶绿素，种子萌发后，产生黄白色丝状幼芽，当碰到寄主植物时，则缠绕寄主，脱离土壤，以其茎上产生的吸盘，伸入寄主植物的茎内汲取营养和水分，营寄生生活。一株菟丝子可危害几十株到几百株植物，并且繁殖率惊人，一株可产生种子近百万粒，因此危害严重。

❀ **防治方法**

参照"黄芩菟丝子防治"。

## （五）留种技术

收获前于田间选择株形大、枝繁叶茂、穗大、香气浓、无病虫害的植株留种。较大田晚收15~20天，待荆芥呈红色，种子充分成熟，籽粒饱满，呈深褐色或褐棕色时，把果穗剪下，放在场地里晒，晒干后将荆芥抖动或拍打，使大量种子脱落。收起种，除去杂质，或者把果穗扎成小把，晒干脱粒。装在布袋里，放在通风干燥处。

# 四、采收与加工

## （一）采收

夏秋两季荆芥，花开到顶部，穗绿时采割。采收过晚，茎穗变黄，影响质量。春播者，当年8~9月采收；夏播者，当年10月采收。

采收时，选择晴天，从距地面数厘米处割取地上部分，运回摊放于晒场上，当天干燥，否则穗色变黑，当晒至半干，捆成小把，再晒至全干；或晒至七八成干时，收集于通风处，茎基着地，相互搭架，继续阴干；或在晒至半干时，将荆芥穗剪下，荆芥穗于荆芥杆分别晒干。干燥的荆芥应打包成捆，或切成5cm左右的小段，然后装袋，每捆或每袋50kg左右。若遇雨季或阴天采收，不能晒干，可用无烟火烘烤，但温度须控制在40℃以下，不宜用大火，否则易使香气散失。种子田，需选留种株，待种子充分成熟后再行收割。在半阴半阳处晾干，干后脱粒，除去茎叶杂质收藏。荆芥一般亩产干货200~300kg，折干率25%。

## （二）加工

收割后直接晒干，若遇阴雨天气时用文火烤干，温度控制在40℃以下，不宜用武火。一般每亩可产干货200~300kg。干燥的荆芥，打包成捆，每捆50kg左右。

图6-3 荆芥穗 （谢晓亮摄）

## （三）药材质量标准

荆芥以气味芳香、带花穗、无根

蔸、无光杆、无虫、无霉变为合格；以身干、包淡黄绿、穗长而密者为佳（图6-3、图6-4）。

图6-4 荆芥饮片 （谢晓亮摄）

《中国药典》2015年版规定：药材水分不得过12.0%，总灰分不得过10.0%，酸不溶性灰分不得过3.0%，荆芥按干燥品计算，挥发油含量不得少于0.6%（ml/g），胡薄荷酮（$C_{10}H_{16}O$）含量不得少于0.020%。荆芥穗按干燥品计算，挥发油含量不得少于0.4%（ml/g），胡薄荷酮（$C_{10}H_{16}O$）含量不得少于0.080%。

（刘灵娣）

# 蒲公英

*/Taraxacum mongolicum* Hand.Mazz.
*/Taraxacum borealisinense* Kitam.

图6-5 蒲公英植株 （谢晓亮摄）

蒲公英为菊科植物蒲公英（*Taraxacum mongolicum* Hand.–Mazz.）、碱地蒲公英（*Taraxacum borealisinense* Kitam.）或同属种植物的干燥全草，其味苦、甘、寒，归肝、胃经，有清热解毒、消肿散结、利尿通淋之功效，可治疗上呼吸道感染、急性扁桃体炎、咽喉炎、结膜炎、急性腮腺炎、急性乳腺炎、胃炎、肠炎、肝炎、胆囊炎、急性阑尾炎、泌尿系感染、盆腔炎、疔、痈、疖、疮等疾病。

我国有蒲公英70种，1变种，除东南及华南省区外，遍及全国（图6-5）。由于蒲公英分布范围广，野生资源较多，有些地区以野生为主，但由于受产量低等条件制约，部分地区开始野生转家种。为提高药材产量与品质，开展了品种选育方面研究，并选育出了四倍体蒲公英，大大提高了药材的产量。

## 一、植株形态特征

多年生葶状草本，具白色乳状汁液。叶基生，密集成莲座状，具柄或无柄，叶片匙形、倒披针形或披针形，羽状深裂、浅裂，裂片多为倒向或平展，或具波状齿，稀全缘。

茎花葶状；花葶1至数个，直立、中空，无叶状苞片叶，上部被蛛丝状柔毛或无毛。头状花序单生花葶顶端；总苞钟状或狭钟状，总苞片数层，有时先端背部增厚或有小角，外层总苞片短于内层总苞片；全为舌状花，两性、结实，头状花序通常有花数十朵，有时100余朵，舌片通常黄色，稀白色、红色或紫红色，先端截平，具5齿；雄蕊5，花药聚合，呈筒状，花丝离生，着生于花冠筒上；花柱细长，伸出聚药雄蕊外，柱头2裂，裂瓣线形。瘦果纺锤形或倒锥形，有纵沟，果体上部或几全部有刺状或瘤状突起，稀光滑，上端突然缢缩或逐渐收缩为圆柱形或圆锥形的喙基，喙细长，少粗短，稀无喙；冠毛多层，白色或有淡的颜色，毛状，易脱落；千粒重约0.83g。花期4～9月，果期5～10月。

## 二、生物学特性

### （一）对环境条件要求

蒲公英对气候环境条件要求不严，适应性强，我国大部分地区均可栽培。喜阳光充足、温和湿润气候。土壤以排水良好、疏松肥沃的砂质壤土为佳，黏重的土壤和易干燥的粗砂土、冷砂土等均生长不良。

### （二）生长发育习性

蒲公英为多年生草本植物，种子萌发的适宜温度为15～25℃，当超过30℃时，种子萌发受阻，发芽率显著降低。蒲公英播种当年不开花，只进行营养生长。翌年4月份开始陆续抽薹开花，直至9月份，花后半月左右种子成熟，在冠毛的带动下随风四处传播。蒲公英播种可分为春播、夏播或秋播，北方多春播。

## 三、栽培技术

### （一）选地整地

选择土质深厚、肥沃、水肥条件好的土地，最好是菜园地。整地时施足底肥，每亩施腐熟农家肥3000～5000kg，磷酸二铵20kg，深耕25～30cm，耙细整平，作成宽1.2～1.5m的长畦，以备播种。

### （二）播种

蒲公英耐寒力强，当地温达到1～2℃即可发芽，每年3月末既可播种。春季宜栽种根，秋季宜播种。秋播适宜期为7～8月，8～10月份采收。也可进行育苗移栽，育苗移栽可于1～2月份，在大棚温室中播种，3～4叶时定植，栽后立即浇水，成活率可达95%以上。3月下旬至4月上旬，气温回升到10℃以上时，开沟或挖穴定植种根，浇水覆土，株行距20cm×5cm。秋播,处暑以后(8月下旬)开沟条播,并浇水覆土。行距20cm,每公顷播种量3kg。从播种到出苗,畦表面可以盖一层麦秸,在麦秸上适量泼水,保持麦秸和地表土壤湿润,力争一次全苗。

## (三)田间管理

### 1. 中耕除草

幼苗出齐后进行第一次浅锄,以后每10天左右中耕除草1次,直到封垄为止。封垄后可人工拔草,保持田间土壤疏松无杂草。

### 2. 水肥管理

播种前浇透底水,分2次喷浇。整个出苗期间应保持土壤湿润,如发现干旱可沟灌渗透,但水层不能超过畦面,利于全苗。出苗后适当控制水分,促进根部健壮生长,防止倒伏。茎叶生长期保持田间湿润,促进茎叶旺盛生长。结合浇水进行施肥,一般每亩施尿素10kg,或氮磷钾复合肥15~20kg。

## (四)病虫害防治

### 1. 斑枯病(*Septoria chrysanthemella*)

属半知菌亚门菊壳针孢菌。初于下部叶片上出现褐色小斑点,后扩展成黑褐色圆形或近圆形至不规则形斑,大小5~10mm,外部有一不明显黄色晕圈。后期病斑边缘呈黑褐色。

🌱 防治方法

🍃 农业防治:与禾本科作物进行2~3年轮作;收获后清洁田园,集中处理残株落叶;合理密植,促苗壮发,尽力增加株间通风透光性;选择地势高燥、排水良好的土地;配方和平衡施肥,使用腐熟的有机肥、生物肥,合理补微肥,合理控氮肥。

🍃 科学用药:发病初期喷1:100波尔多液,或80%代森锰锌(络合态)1000倍液,或20%氟硅唑·咪鲜胺(4%氟硅唑+16%咪鲜胺)2000倍液,或70%百菌清可湿性粉剂600倍液,或25%嘧菌酯悬浮剂1500倍液,25%吡唑醚菌酯2500倍液,或40%咯菌腈可湿性粉剂3000倍液等喷雾防治。视病情把握防治次数,一般7~10天喷1次。

### 2. 白粉病(*Sphaerotheca fusca*)

属子囊菌亚门棕丝单囊壳真菌。初在叶面生稀疏的白粉状霉斑,一般不大明显,后来粉斑扩展,霉层增大,到后期在叶片正面生满小的黑色粒状物,即病原菌的闭囊壳。

🌱 防治方法

🍃 农业防治:增施磷、钾肥,合理配方和平衡施肥,使用腐熟的有机肥、生物肥,合理补微肥,增强抗病力。其他防治方法同"斑枯病"。

🍃 生物防治:发病初期用2%农抗120(嘧啶核苷类抗菌素)水剂或1%武夷菌素水剂150倍

液，或1%蛇床子素500倍液等喷雾，7～10天喷1次，连喷2～3次。

🍃 科学用药：在预计临发病之前或发病初期用50%多菌灵可湿性粉剂500倍液，或70%甲基硫菌灵800倍液，或80%代森锰锌络合物800倍液等保护性防治；发病后选用唑类杀菌剂（10%苯醚甲环唑2000倍液、25%丙环唑2500倍液、25%戊唑醇2000倍液、20%三唑酮1000倍液、40%氟硅唑乳油5000倍液、30%氟菌唑可湿性粉2000倍液、12.5%腈菌唑1500倍液等），或25%嘧菌酯1500倍液，或25%吡唑醚菌酯2500倍液等喷雾治疗性防治。视病情把握防治次数，一般7～10天喷1次。

### 3. 蚜虫

主要有棉蚜（*Aphis gossypii* Glover）和桃蚜（*Myzus persicae* Sulzer），属同翅目蚜科，以成虫、若虫危害叶片、花序及梗。若蚜、成蚜可群集叶上刺吸汁液，叶片卷缩变黄，严重时生长缓慢，甚至枯萎死亡。

♣ 防治方法

🍃 物理防治：黄板诱杀蚜虫，有翅蚜初发期可用市场上出售的商品黄板，挂在田间，每亩挂30～40块。

🍃 生物防治：前期蚜虫少时保护利用瓢虫、草蛉等天敌，进行自然控制。无翅蚜发生初期，用植物源药剂0.36%苦参碱乳剂800倍液，或5%天然除虫菊素2000倍液，或10%烟碱乳油500～1000倍液等植物源农药，或50%辟蚜雾（抗蚜威）可湿性粉剂2000～3000倍液等喷雾防治。

🍃 科学用药：用新烟碱制剂［10%吡虫啉1000倍液、50%吡蚜酮1500倍液、25%噻虫嗪1200倍液，或25%噻嗪酮（保护天敌）2000倍液等］，或2.5%联苯菊酯乳油2000倍液，或24%螺虫乙酯或20%呋虫胺5000倍液喷雾防治。要交替轮换用药。

## （五）留种技术

选择植株健壮无病害的种植田留种。当种子由乳白色变为褐色时就可采收，成熟种子容易脱落，故过迟采收影响种子产量。采收时把整个花序掐下来，放在室内存放1～2天，种子半干时用手搓掉绒毛，然后晒干。整个过程防止风吹散种子。最佳采种期为4～5月，隔3～4天收1次，可采收4～5次。若小面积种植，也可以挖种根来种植。

# 四、采收与加工

## （一）采收

### 1. 食用

采收茎叶，出苗后30～40天即可采收。可用钩刀或小刀挑挖，要求带一段主根防止采收下来后散落叶片。采大留小，最佳采收期为1~3月，一直可以采收到6月。采收前1天不浇水，保持茎叶干爽。亩产量为5.3~6.7kg。每年可收割2~4次，即春季1~2次，秋季1~2次。

**2. 药用**

采收全草，春至秋季花初开时采挖。选择晴天进行采挖，顺垄从一侧用铁锹撬松根部土壤，然后将蒲公英拾入竹筐，运回加工。若土地较硬，可在采收前半月左右浇一次透水。

## （二）加工

### 1. 食用

蒲公英除鲜食外，还可加工成干菜。即用沸水焯1~2分钟，然后浸入凉水冷却，最后晒干或阴干备用。

### 2. 药用

将根部泥土抖净，摘除黄叶，晒干即可。晾晒时要将药材摊薄一些，尽快晒干，否则叶片发黑，影响药材质量。

## （三）药材质量标准

干燥后的蒲公英呈皱缩卷曲的团块。根呈圆锥状，多弯曲，长3~7cm；表面棕褐色，抽皱；根头部有棕褐色或黄白色的茸毛，有的已脱落。基生叶多皱缩破碎，完整叶片呈倒披针形，绿褐色或暗灰绿色，先端尖或钝，下表面主脉明显。花茎1至数条，每条顶生头状花序，花冠黄褐色或淡黄白色（图6-6）。

图6-6 蒲公英药材 （谢晓亮摄）

《中国药典》2015年版规定：蒲公英药材水分不得过13.0%，按干燥品计算，含咖啡酸（$C_9H_8O_4$）不得少于0.020%。

（田 伟）

# 紫苏

*/Perilla frutescens (L.) Britt.*

图6-7 紫苏植株 （温春秀摄）

紫苏［*Perilla frutescens*（L.）Britt.］为唇形科紫苏属一年生草本植物，其茎、叶、果实均可药用，药材名分别为紫苏梗、紫苏叶、紫苏子。紫苏叶为紫苏的干燥叶（或带嫩枝），夏季枝叶茂盛时采收，除去杂质、晒干；紫苏子为紫苏的干燥成熟果实，秋季果实成熟时采收，除去杂质、晒干；紫苏梗为紫苏的干燥茎，秋季果实成熟后采割，除去杂质、晒干，或趁鲜切片、晒干。紫苏叶解表散寒，行气和胃；用于风寒感冒、咳嗽呕恶、妊娠呕吐、鱼蟹中毒。紫苏梗理气宽中，止痛、安胎；用于胸膈痞闷、胃脘疼痛、嗳气呕吐、胎动不安。紫苏子降气化痰、止咳平喘、润肠通便，用于痰壅气逆、咳嗽气喘、肠燥便秘。紫苏含有多种化学成分，紫苏叶和紫苏子中含有多种功能成分，如挥发油类、黄酮及其苷类、萜类、类脂等成分，还含有丰富的蛋白质和类胡萝卜素、花青素、脂肪油和迷迭香酸等。

紫苏具有特异的芳香，原产中国，今主要分布于中国、日本、朝鲜、韩国等。我国华北、华中、华南、西南及台湾地区均有野生种和栽培种（图6-7）。紫苏在我国种植应用约有近2000年的历史，主要用于药用、油用、香料、食用等方面。近些年来，紫苏因其特有的活性物质及营养成分，成为一种倍受世界关注的多用途植物，经济价值很高。日本、韩国、美国、加拿大等国对紫苏属植物进行了大量的商业性栽种，开发出了食用油、药品、腌渍品、化妆品等几十种紫苏产品。在我国北方，紫苏以供油用为主，兼作药用，并形成西北、东北2个传统油用紫苏产区；在我国南方，紫苏传统上主要是以药用为主、兼作香料和食用。我国对紫苏的研究大部分局限于食品加工和医药保健品的制备，其他方面虽有涉及，但是没有进行深入研究，而且对紫苏的研究起步晚、发展慢。今后主要研究方向是：根据紫苏所含不同营养成分和功能特性，继续开发出新的保健食品和医药制剂；分析紫苏饼粕中的营养成分，进一步研究其在饲养、肥育、发酵等方面的利用价值，从而提高对紫苏植物资源的综合利用。

## 一、植株形态特征

紫苏为一年生、直立草本。茎高0.3～2m，绿色或紫色，钝四棱形，具四槽，密被长柔毛。叶阔卵形或圆形，长7～13cm，宽4.5～10cm，先端短尖或突尖，基部圆形或阔楔形，边缘在基部以上有粗锯齿，膜质或草质，两面绿色或紫色，或仅下面紫色，上面被疏柔毛，下面被贴生柔毛，侧脉7～8对，位于下部者稍靠近，斜上升，与中脉在上面微突起下面明显突起，色稍淡；叶柄长3～5cm，背腹扁平，密被长柔毛。轮伞花序2花，组成长

1.5～15cm、密被长柔毛、偏向一侧的顶生及腋生总状花序；苞片宽卵圆形或近圆形，长宽约4mm，先端具短尖，外被红褐色腺点，无毛，边缘膜质；花梗长1.5mm，密被柔毛。花萼钟形，10脉，长约3mm，直伸，下部被长柔毛，夹有黄色腺点，内面喉部有疏柔毛环，结果时增大，长至1.1mm，平伸或下垂，基部一边肿胀，萼檐二唇形，上唇宽大，3齿，中齿较小，下唇比上唇稍长，2齿，齿披针形。花冠白色至紫红色，长3～4mm，外面略被微柔毛，内面在下唇片基部略被微柔毛，冠筒短，长2～2.5mm，喉部斜钟形，冠檐近二唇形，上唇微缺，下唇3裂，中裂片较大，侧裂片与上唇相近似。雄蕊4，几不伸出，前对稍长，离生，插生喉部，花丝扁平，花药2室，室平行，其后略叉开或极叉开。花柱先端相等2浅裂。花盘前方呈指状膨大。小坚果近球形，灰褐色，直径约1.5mm，具网纹。花期8～11月，果期8～12月。全国各地广泛栽培，不丹、印度、印度尼西亚、日本、朝鲜也有。

野生紫苏〔*P.frutescens*（L.）Britt.var.*acuta*（Thunb）Kudo〕为紫苏变种，与紫苏不同在于果萼小，长4～5.5mm，下部被疏柔毛，具腺点；茎被短疏柔毛；叶较小，卵形，长4.5～7.5cm，宽2.8～5cm，两面被疏柔毛；小坚果较小，土黄色，直径1～1.5mm。产山西、河北、湖北、江西、浙江、江苏、福建、台湾、广东、广西、云南、贵州及四川；生于山地路旁、村边荒地，或栽培于舍旁。日本也有。

## 二、生物学特性

### （一）对环境条件要求

紫苏喜温暖湿润气候，适应性强。在温暖湿润、土壤疏松肥沃、排水良好、阳光充足的环境生长旺盛。我国从南至北的广大地区均可种植。种子发芽适温为18～23℃，茎叶生长适温为20～26℃，开花期适温为26～28℃。

### （二）生长发育习性

3月底至4月中上旬播种，7～10天左右发芽，前一年采收的种子发芽率为70%左右，陈年种子发芽率为1%。子叶出土凹尖，圆肾脏形，白苏初呈黄绿色，两天后转为紫红色。真叶卵形或宽圆卵形，顶端有小短尖头。紫苏的第一对真叶表面紫红色，背面紫色。幼茎及叶柄有紫色、绿色，近无毛或短疏柔毛。苗期可耐10～12℃低温。苗期保持湿润成活率高达80%以上，如有积水，幼苗易发生烂根。从基部以上3～5节开始分枝。每节一对分枝。紫苏枝条斜向上展，成宽锥形。主茎粗壮，木质化程度高，每个节部不规则隆起。主茎节间长度以中部最长，顶部次之，基部最短。

紫苏为直根系植物，一般垂直深度为30～45cm，土层深厚时也可达70cm以上。侧根分层着生，一般3～4层，根系水平分布半径范围为35～50cm，细小根毛较少。

紫苏营养生长阶段从4月底开始一直到8月底9月初，分枝数由下而上增多，叶片面积逐渐增大。白苏平均叶片面积和平均株高均比紫苏大，回回苏和野生紫苏分别次之。进入生殖生长阶段以后，紫苏茎、枝、叶的紫红色逐渐变淡，白苏的叶片由亮绿色逐渐变淡暗绿色。花序着生在主茎顶端及上部4～5节的分枝顶端以及每对叶腋。主茎顶序上对生的四纵列花朵呈现规则的十字形排列，分枝顶序和其余花序上花朵一律偏向外侧，呈微扇形排列紧密的侧总状花序。白苏顶端花序长约8～10cm，紫苏顶端花序长约6～8cm。腋生花序比顶端花序短1～2cm或更短。同一分枝上顶端花序比中部腋生花序长，中部腋生花序比基部腋生花序长。开花顺序一般早现蕾早开花，全株以主茎和分枝顶序先开，腋生花序最后开放。上部分枝比下部分枝早开花，中部分枝次于上部分枝。各分枝开花时间相差3～5天。同一分枝上由上而下逐渐开花。同一花序上开花顺序为从下到上，为无限花序，但所有花序顶端1～2朵花一般不结实，或结实发育不良，仅1～2枚小坚果。天气晴朗时9～14时开花最多，盛花时间为9～11时。花期持续20～35天。结果的顺序与开花顺序相同，一般每朵花结出4枚小坚果，结果时果萼迅速增大，萼内部密生白色长柔毛。边开花边结果。随着果实的进一步成熟，紫苏叶表面逐渐褪为黄紫色，背面为浅紫绿色或紫褐色。白苏叶片由绿转为浅绿夹杂黄斑。全株被毛程度也减少，香气变淡，萼由绿转为黄褐色。

## 三、栽培技术

### （一）栽培种

目前生产中有紫苏、白苏、回回苏、野生紫苏和耳齿紫苏种类。

### （二）选地整地

紫苏虽然耐瘠薄但以选择排灌方便、疏松肥沃、远离工业污染源并能成片种植的壤土为佳。紫苏可连作2～3年。栽培前隔冬翻耕土壤每亩施用烘干鸡粪500kg或腐熟有机肥1500kg，过磷酸钙25kg。整细耙平后栽种。

### （三）播种

一般于4月中旬播种，亩用种量1kg左右。紫苏种子细小，整地一定要精细，以利于出苗。在畦面上按25～30cm 行距条播，覆土5cm 左右，出苗后经过几次间苗，当苗高12～15cm 时，按20～25cm 株距定苗。

### （四）田间管理

#### 1. 中耕除草

紫苏前期生长缓慢，注意中耕除草；另外，中耕起疏松土壤、提高土温的作用。

### 2. 水肥管理

在紫苏整个生长期，要求土壤保持湿润。高温雨季是紫苏生长的旺期，应注意排水。如果持续一星期不下雨，就要及时灌水。整个生长期追施尿素20～30kg，分别于生长前期和采收期进行，生长后期适当补充磷、钾肥更有利于提高产量，改善品质。

### 3. 整枝打杈

紫苏分枝力强，对所生分枝应及时摘除。定植后20～25天要摘除初茬叶，第四节以下的老叶要完全摘除。第五节以上达到12cm宽的叶片摘下腌制。有效节位一般可达20～23节，可采摘达出口标准的叶40～46张。

## （五）病虫害防治

在紫苏整个生长期内，病害主要有黄斑病、白锈病等，虫害主要有红蜘蛛、蚜虫、银纹夜蛾等。应坚持预防为主，农业防治、物理防治和科学用药结合使用。黄板粘杀，架防虫网等具有较好防虫效果。

### 1. 斑枯病

属半知菌亚门，壳针孢属紫菀壳针孢（*Septoria tatarica*）。5～10月发生，危害叶片，病斑黄色或黄褐色，严重时整个叶片变成灰褐色枯萎死亡。

☘ 防治方法

> 发病初期用80%代森锰锌络合物800倍液，或70%甲基硫菌灵1000倍液；或50%多菌灵600倍液，或25%嘧菌酯悬浮剂1500倍液，或25%吡唑醚菌酯2500倍液，或40%咯菌腈可湿性粉剂3000倍液等喷雾，交替轮换用药，每7～10天喷1次，连续2～3次。

### 2. 白锈病（*Albugo candida*）

主要危害叶片，在叶片背面引起白色苞状病斑，稍隆起，外表光亮，破裂后散出粉状物。

☘ 防治方法

> 🍃 农业防治：收获后清园，集中烧毁或深埋病株。
>
> 🍃 科学用药：发病初期喷80%络合态代森锰锌可湿性粉剂或70%甲基硫菌灵可湿性粉剂800倍液；发病后可选用10%苯醚甲环唑水分散颗粒剂1500倍液，或40%咯菌腈可湿性粉剂3000倍液等喷雾防治，其他有效药剂参照"蒲公英白粉病"。一般隔7天左右喷1次，连续防治2次左右。

### 3. 红蜘蛛（*Tetranychus telarius* L.）

☘ 防治方法

> 用73%炔螨特1000倍液，或1.8%阿维菌素乳油2000倍液，或20%哒螨灵可湿性粉剂1000倍液

等喷雾防治。其他防治方法和有效药剂参照"王不留行红蜘蛛"。

### 4. 桃蚜（*Myzus persicae Sulzer*）

🐛 防治方法

用10%吡虫啉可湿性粉剂1000倍液，或3%啶虫脒可湿性粉剂1000倍液，或35%噻虫嗪水分散粒剂3000倍液喷雾。其他防治方法和有效药剂参照"蒲公英蚜虫"。

### 5. 银纹夜蛾（*Argyrogramma agnata*）

其幼虫咬食叶片，使叶片呈现孔洞或缺刻。

🐛 防治方法

用3%甲氨基阿维菌素苯甲酸盐乳油2000倍液，或10%联苯菊酯1000倍液，或20%氯虫苯甲酰胺3000倍液，或50%辛硫磷乳油1000倍液等喷雾防治。其他防治方法和有效药剂参照"牛膝银纹夜蛾"。视虫情把握防治次数，一般7～10天防治1次。

## （六）留种技术

选择生长整齐一致紫苏作为留种田，加强肥水管理，适当少施氮肥，增施磷、钾肥，促进其开花结实。通常在10月中下旬至11月初，当种子大部分成熟时，于早晨一次性收割转运至场地晒干，脱粒扬净，种子保存在阴凉干燥处。

# 四、采收与加工

## （一）采收与加工

紫苏子于秋季果实成熟时采收，除去杂质，晒干。紫苏叶于夏季枝叶茂盛时采收，除去杂质，晒干。紫苏梗于秋季果实成熟后采割，除去杂质，晒干，或趁鲜切片，晒干。

## （二）药材质量标准

药材紫苏子呈卵圆形或类球形，直径约1.5mm。表面灰棕色或灰褐色，有微隆起的暗紫色网纹，基部稍尖，有灰白色点状果梗痕。果皮薄而脆，易压碎。种子黄白色，种皮膜质，子叶2，类白色，有油性（图6-8）。压碎有香气，味微辛。《中国药典》2015年版规定：药材水分不得过8.0%，干燥品含迷迭香酸（$C_{18}H_{16}O_8$）不得少0.25%。

图6-8　紫苏子（温春秀摄）

药材紫苏叶多皱缩卷曲、破碎，完整者展平后

呈卵圆形，长4~11cm，宽2.5~9cm。先端长尖
或急尖，基部圆形或宽楔形，边缘具圆锯齿。
两面紫色或上表面绿色，下表面紫色，疏生灰
白色毛，下表面有多数凹点状的腺鳞。叶柄长
2~7cm，紫色或紫绿色。质脆。带嫩枝者，枝的
直径2~5mm，紫绿色，断面中部有髓（图6-9）。
气清香，味微辛。《中国药典》2015年版规定：药
材水分不得过12.0%，干燥品含挥发油不得少于
0.40%。

图6-9 紫苏叶 （温春秀摄）

　　紫苏梗药材呈方柱形，四棱钝圆，长短不
一，直径0.5~1.5cm。表面紫棕色或暗紫色，四面
有纵沟和细纵纹，节部稍膨大，有对生的枝痕和叶
痕。体轻，质硬，断面裂片状。切片厚2~5mm，
常呈斜长方形，木部黄白色，射线细密，呈放射
状，髓部白色，疏松或脱落（图6-10）。气微香，
味淡。《中国药典》2015年版规定：药材水分不得
过9.0%；总灰分不得过5.0%，干燥品含迷迭香酸
（$C_{18}H_{16}O_8$）不得少0.10%。

图6-10 紫苏梗 （温春秀摄）

（温春秀）

# 第七章

# 花类

# 金银花 /*Lonicera japonica* Thunb.

图7-1 金银花植株 （信兆爽摄）

金银花为忍冬科植物忍冬（*Lonicera japonica* Thunb.）的干燥花蕾，又名金花、银花、双花、二花、忍冬花。金银花味甘，性寒；归肺、心、胃经；具有清热解毒、凉散风热功能；用于痈肿疔疮、喉痹、丹毒、热血毒痢、风热感冒、瘟病发热等症。忍冬花蕾含黄酮类成分，为木犀草素及木犀草素–7-O-葡萄糖苷；并含肌醇、绿原酸、异绿原酸、皂苷及挥发油。具有抗菌、消炎、抗病毒、降血脂等作用。

金银花主产于河南、山东、河北等省区（图7-1）。产山东（平邑、费县等）者称"东银花"；产河南（密县、封丘）者称"南银花"。河北省巨鹿县金银花的种植始于明代，距今已有400多年历史，1973年开始大规模种植，2003年后发展较快，目前种植面积达到10万亩。从20世纪80年代开始，相继对其生物学特性、修剪技术、采收适期、病虫害防治、加工干燥、规范化种植等内容进行了系统研究，金银花的产量和品质均有了较大幅度的提高，其规范化栽培技术的研究也取得很大进展。如何稳定和确保金银花的品质，改进传统的加工方法将是今后研究的主要方向。

## 一、植株形态特征

忍冬为多年生半常绿缠绕灌木或直立小灌木。蔓长1～2m，茎细中空，多分枝，幼枝绿色，密生柔毛，年生长量可达2m以上，老枝毛脱落。单叶对生，无托叶，具短柄，柄长2～7mm，被毛。叶片纸质，广披针形、长椭圆形或卵形，长2.5～6.0cm，宽1.5～3.0cm；先端急尖或渐尖，基部圆形或近于心脏形；全缘，密被长缘毛；表面深绿色，背面淡绿色；幼时两面均被柔毛，老时无毛或仅主脉有毛；网状脉，侧脉4～6对。花成对腋生，总梗长4～7mm；苞片1对，叶状，卵形或广卵形，密被柔毛和腺毛，小苞片仅为子房的1/3～1/2长；萼5裂，密被柔毛，宿存；合瓣花冠，呈管状，外被短柔毛；花初开放时白色，后变黄色，有清香味；唇形，细长，左右对称，上唇4浅裂，下唇不裂，相对反卷；雄蕊5个，花丝长，高出花冠，上有无数花粉；子房下位，2室，每室有种子数粒；花柱单一，柱头头状，花开放时高出整个花冠。皮棕褐色，膜质，成长条状剥裂。果实浆果，呈小球状，成对，直径约为6mm；幼时绿色，成熟时紫黑色，有光泽，内有种子2～12粒，并有紫黑色浆液；花期5～8月，果期7～10月。

## 二、生物学特性

### （一）对环境条件的要求

忍冬耐瘠薄，对土壤要求不严格。壤土、黏土、砂壤土、盐碱地等土壤均能生长。但喜肥沃，以疏松、深厚、较肥沃的砂质壤土地生长最好。砂土地种植，可增加地面覆盖，起防风固沙作用。盐碱地栽植，可选7~8月高温多雨季节，易成活。

忍冬较耐干旱，喜温润，常见阴湿地的坡沟和沟河旁生长，在土壤水分适宜的环境下，生长茂盛，产量较高。忍冬喜光，光照不足影响花芽分化形成，花蕾数量减少。早春日平均气温上升到5℃时，忍冬越冬芽即开始萌动，随气温的升高，芽体增大并逐渐展叶；日平均气温上升到15℃时，开始现蕾；日平均气温达到20℃以上，花蕾发育成熟相继开放。忍冬最适宜生长温度为20~30℃，冬季气温下降到-25℃时，易遭受冻害。

### （二）生长发育时期

根据对忍冬的生长发育周期观察，扦插繁殖的植株，一般扦插后第二年开始开花，第三年开始可形成商品。从春季萌芽至翌春萌芽前可划分为萌芽期、春梢生长期、春花期（第一茬花）、夏初新梢生长期、夏初花期（第二茬花）、夏末新梢生长期、夏末花期（第三茬花）、秋梢生长期、秋花期（第四茬花）、冬前及越冬期等10个生长发育时期。

### （三）生长发育习性

#### 1. 植株生长习性

当日平均气温达到4℃以上时，忍冬开始萌芽，此时随温度回升，光合有效辐射及日照时数的增加，新梢进入旺长和花芽分化。进入5月中旬，日平均气温达23℃、日照时数6.94小时进入第一茬花期。此后经历近4个月的抽梢开花至9月下旬以后，由于气温降低，不再抽新梢及形成花芽。11月中下旬随着气温降至0℃以下，开始进入越冬期，直至翌春重新萌发新梢，进入下一个生长季。

#### 2. 根生长习性

忍冬根系发达，细根多，生根力强。根以4月上旬至8月下旬生长最快。根系在土壤中的分布情况因品种、树龄、土壤条件、栽培措施不同而有变化。根系主要集中在30cm以内的表层土壤中，根系生长在一年里有两次高峰，一次在4~5月，另一次在7~9月，11月根系停止生长。

#### 3. 芽生长习性

芽通常着生在新梢叶腋或多年生枝茎节处，多为混合芽，具有早熟性。除越冬芽由于气温降低，当年不能萌芽外，一般每年能多次萌发、抽梢、现蕾。忍冬在日平均气温5℃左右进入萌芽期，每年出现两次高峰，第一次在3月上中旬，第二次在10月上中旬。晚秋萌芽多于越冬前展叶，次年温度升高后，大部分可继续生长而形成果花枝。初冬和早春，在主干基部和骨干枝分支处，或多年生枝条茎节处，常形成多枚不定芽，萌发后多发育成为徒长枝或长果枝，在早春萌芽生长前应及时除去。

### 4. 枝生长习性

忍冬的每次萌芽，都有发育成结果枝的遗传基础，都有现蕾开花的潜在能力，由于营养状况不同和管理水平的不同，而分别发育成结果枝、营养枝、徒长枝或叶丛枝。1年生嫩枝呈绿色或紫褐色，多年生枝为灰白色，老皮呈层状剥裂脱落。

### 5. 茎生长习性

主干和多年生老枝称为茎，有主茎和侧茎之分，均为灰色或灰白色。皮呈长条状剥落，新皮生出，老皮即逐渐撕裂掉落。老皮剥裂一年1次。主茎和侧茎构成地上部分的骨架，支撑树体，输送水分和营养物质，应及早注意培养枝干骨架。一般在土层深厚、肥沃的砂壤土地，栽植后的前5年，其主干每年可增粗1cm左右。

### 6. 开花习性

一年中忍冬具有多次抽梢和开花习性。开花期从5月中旬开始到9月下旬，长达4个多月。一般第一茬花在5月中旬现蕾开放，6月上旬结束，花量大，花期集中。以后只在长壮枝抽生二次枝时形成花蕾，花量较小，且花期不整齐。若加强管理，经人工修剪，合理施肥和灌水调控，使其较集中地开花3～4次。

## 三、栽培技术

### （一）品种类型

忍冬是藤本植物，长期人工栽培培育成半灌木状。栽培时株型的选择非常重要，而且植株变异也很大。生产上，河南省根据忍冬的树冠、枝条变异、叶及花的变异，划分出9个品种类型，分两大品系：线花系、毛花系。主要品种有：大毛花、青毛花、长线花、小毛花、多蕊银花、多花银花、蚰头花、红条银花和线花。经过长期观察研究，依据其生育期、产蕾量，结合其植株果枝节间距、开花棚数、始花棚数、树冠特征与产量相关的形态变异和生物学特征变异，大面积推广的优良品种为：大毛花、青毛花和长线花。山东省忍冬基本上可分为三大品系，即毛花系、鸡爪花系和野生银花系。主要品种有大毛花、小毛花、大麻叶、大鸡爪花、小鸡爪花、野生银花，其他尚有鹅翎筒、对花子、叶里藏、叶里齐、线花子、紫茎子等品种。其中，以大毛花与鸡爪花的产量高、品质好，为生产中的优良品种，也是产地栽培面积最大的两个品种。河北省巨鹿县人工选育成"巨花一号"新品种，成为河北省的主栽品种，其叶片大而薄，边毛长，叶色深绿，花蕾长而弯曲，花大质优，特别是其单产较高，亩产可达150～200kg，显著高于其他品种。

## （二）选地整地

选择地势平整，利于灌水、排水的地块。移栽前每亩施入充分腐熟有机肥3000～5000kg，深翻或穴施均可，耙磨、踏实。

## （三）繁殖育苗

生产上常用扦插育苗法。一般多冬插和春插。

### 1. 苗圃整地

选择地势平坦，土层深厚，排灌方便的砂壤土或壤土地。育苗前亩施入腐熟有机肥3000kg，过磷酸钙或钙镁磷肥50kg，耕翻后及时耙平、整地、作畦。畦长10～15m，宽1.2～2m，或依地块调整。

### 2. 选取插穗

秋末冬初选取健壮母株上1～2年生枝做插条，截成30cm左右插穗，每插穗至少保留3个节位，将下端近节处削成平滑的斜面，用300mg/L的NAA溶液浸蘸下端，然后扦插。插穗亦可结合夏剪和冬剪采集。

### 3. 扦插及管理

在整好的育苗地上，按行距30cm开沟，沟深20cm，每隔5cm左右斜插入1根插穗，露出地面8～10cm，然后覆土压实，及时灌水。扦插后根据土壤墒情适时浇水，松土除草，发生病虫害时及时防治。

### 4. 移栽

于早春萌发前或秋冬季休眠期进行。大田栽植一般行距2m，株距1.5m，定植穴长宽深30～40cm，每亩栽222株。把足量的基肥与底土拌匀施入穴中，每穴栽壮苗1株，填细土压紧、踏实，浇透定根水。为了提高土地利用率，提高前期产量，可按行距1m，株距0.75m栽植，根据其生长情况，第三年或第四年隔行隔株移出。

## （四）田间管理

### 1. 中耕除草

每年中耕除草3～4次，早春萌芽时进行1次，7～8月进行2～3次中耕除草，同时结合中耕进行培土。山坡、丘陵栽培者，宜于植株周围实行穴状松土，直径60～70cm，近处浅锄，外围深锄。

### 2. 合理施肥

忍冬是多年生、一年多次现蕾开花的药用植物，应做到一年多次施肥。晚秋重点施用有机肥，配合少量的氮磷钾复合肥。每株可用腐熟有机肥5kg，同复合肥50～100g混合施入。具体方法：在树冠两侧垂直投影处挖长60～80cm、宽30～40cm、深30～40cm的条状沟，将肥料与一半坑土掺匀，填入沟内，然后填入另一半土。下一年在另一侧以同样的方法条沟施肥。

忍冬生长期追肥根据其发育规律和采花蕾的需要，一般一年3~4次，第一次在早春萌芽前后进行，以后在每次花蕾采收后追肥，每棵成株施氮磷钾复合肥0.3~0.4kg，或磷酸二铵0.3kg加硫酸钾0.1~0.2kg，小树酌情减少。施肥方法是在树冠周围垂直投影处挖5~6个深15cm的小穴，施入肥料后填土封严，追肥后立即灌水。另外，在忍冬春季萌芽后新梢旺盛生长期和每次夏剪新梢出生以后，可喷施1%尿素和0.2%的磷酸二氢钾混合溶液。

**3. 及时灌水**

一般要做到封冻前浇一次封冻暖根水，翌春土地解冻后，浇1~2次润根催醒水，以后在每茬花蕾采收后，结合施肥浇一次水，土壤干旱时要及时浇水，雨季注意排水。

**4. 整形和修剪**

（1）幼树：栽后1~3年的幼树以整形为主，栽后一年幼树，春季萌发的新枝，从中选出一粗壮直立枝作为中心主干培养，当长到25cm左右时，进行摘心，促发侧枝，从中选取3个侧枝培养成一级骨干枝，同时掰去下部徒长枝芽，用同样的方法选留培养中心主干和二级骨干枝。

（2）成年树：栽后4年即进入盛花期，以产花为主，并继续培养主干、主枝，扩大树冠，一般一年修剪3次为宜。①第一次修剪：入冬后到第二年早春完成第一次修剪，这次修剪宜轻不宜重，剪去花枝的1/3，剪去枯枝、病虫枝、徒长枝。来年春季萌芽后及时疏除下部内膛的徒长芽、枝，清明前对徒长性枝条进行摘心，使其分生正常的花枝。②第二次修剪：在第一茬花采摘结束后，一般在6月份进行。此次修剪适当重剪，将老花枝截去1/2，并疏去下部内膛弱枝、交叉重叠枝，使其通风透光。修剪原则："打尖清膛，除弱留强，疏阴留阳，通风透光"。③第三次修剪：在第二茬花采摘结束后进行，一般在7月中下旬进行第三次修剪，这次修剪要细，剪截所有花枝，保留所有新生芽，疏去阴枝、内膛弱枝和徒长枝。若树冠郁闭，则采取大枝回缩或疏除，使其通风透光。

（3）老龄树：树龄20年以上树，修剪时除留下足够的结花母枝外，重点进行骨干枝的更新复壮，促生新枝，达到稳定药材产量的目的。具体方法是疏截并重、抑前促后。

## （五）病虫害防治

忍冬易发生的病虫害主要有蚜虫、棉铃虫、蛴螬、褐斑病、白粉病等。贯彻"预防为主，综合防治"的植保方针，通过选用抗性品种，培育壮苗，加强栽培管理，科学施肥等栽培措施，综合采用农业防治、物理防治、生物防治，配合科学合理用药，将有害生物危害控制在允许范围以内。农药安全使用间隔期遵守GB/T 8321.1-7，没有标明的农药品种，收获前30天停止使用，即农药的混剂执行其中残留性最大的有效成分的安全间隔期。

### 1. 褐斑病（*Cercospora rhamni* Fack.）

褐斑病危害叶片，叶上病斑呈圆形或受叶脉所限呈多角形，黄褐色，直径5~20mm，潮湿时背面生有灰色霉状物。

♣ 防治方法

🍃 农业防治：发病初期及时摘除病叶，或冬季结合修剪整枝，将病枝落叶集中烧毁或深埋土中；加强田间栽培管理，雨后及时排出田间积水，清除植株基部周围杂草，保证通风透光；使用腐熟的有机肥料、生物肥，合理配方、平衡施肥，合理补微肥，提高植株自身抗逆和抗病能力。

🍃 科学用药：一般进入6月中下旬，突出适期早防治的原则，发病初期或预计临发病前开始喷药控制，保护性控害可选用50%多菌灵600倍液，或70%甲基硫菌灵1000倍液，或75%代森锰锌（全络合态）800倍液，或1∶1∶200波尔多液等。治疗性为主可选用25%咪鲜胺1000倍液，或10%苯醚甲环唑1500倍液，或20%氟硅唑·咪鲜胺（4%氟硅唑+16%咪鲜胺）2000倍液，或25%嘧菌酯悬浮剂1500倍液，或25%吡唑醚菌酯2500倍液等喷雾防治。视病情把握用药次数，间隔7~10天喷药1次，一般连续喷治2~3次。

### 2. 白粉病（*Microsphaera lonicerae*）

白粉病主要危害叶片，有时也危害茎和花，叶上病斑初为白色小点，后扩展为白色粉状斑，后期整片叶布满白粉层，严重时叶发黄变形甚至落叶，茎上病斑褐色，不规则形，上生有白粉，花扭曲，严重时脱落。

♣ 防治方法

🍃 农业防治：该病可以通过修剪，增加通风透光，或选用抗病品种等方式防治；合理配方、平衡施肥，使用腐熟的有机肥、生物肥，合理补微肥，增强抗病力。

🍃 生物防治：初现症状时及时用2%农抗120（嘧啶核苷类抗菌素）水剂或1%武夷菌素水剂150倍液，或1%蛇床子素500倍液等喷雾，7~10天喷1次，连喷2~3次。

🍃 科学用药：发病初期及时用药，保护性控害可用50%多菌灵可湿性粉剂500倍液，或70%甲基硫菌灵800倍液，或80%代森锰锌络合物800倍液等；发病后治疗性为主可选用唑类杀菌剂（10%苯醚甲环唑2000倍液、25%丙环唑2500倍液、25%戊唑醇2000倍液、20%三唑酮1000倍液、40%氟硅唑乳油5000倍液、30%氟菌唑可湿性粉2000倍液、12.5%腈菌唑1500倍液等），或25%嘧菌酯1500倍液，或25%吡唑醚菌酯2500倍液等喷雾防治，视病情把握用药次数，一般10天左右喷1次。

### 3. 蚜虫

主要是中华忍冬圆尾蚜（*Amphicercidus sinilonicericola* Zhang）和胡萝卜微管蚜（*Semiaphis heraclei* Takahashi），多在4月上、中旬开始发生，主要刺吸植株的汁液，使叶

变黄、卷曲、皱缩。4～6月虫情较重，立夏后，特别是阴雨天，蔓延更快，严重时叶片卷缩发黄，花蕾畸形。

🪲 防治方法

🍃 农业防治：清洁田园，将枯枝、烂叶集中烧毁或埋掉。

🍃 物理防治：于有翅蚜发生初期，一是田间及时悬挂5cm宽的银灰塑料膜条进行趋避；二是田间用黄板诱杀，一般每亩10块左右。

🍃 生物防治：在保护利用自然天敌的基础上，蚜虫发生初期用或1.5%天然除虫菊素1000倍液，或1%蛇床子素500倍液，或0.36%苦参碱800倍液等植物源药剂喷雾防治。

🍃 科学用药：选用新烟碱制剂〔10%吡虫啉1000倍液，或3%啶虫脒乳油1500倍液、50%吡蚜酮1500倍液、25%噻虫嗪1200倍液，或25%噻嗪酮（保护天敌）2000倍液等〕，或2.5%联苯菊酯乳油2000倍液，或24%螺虫乙酯或20%呋虫胺5000倍液喷雾防治。要交替轮换用药。

### 4. 棉铃虫（*Heliothis armigera* Hübner）

主要取食金银花蕾，每头棉铃虫幼虫一生可食10～100多个花蕾，不仅影响品质，而且容易脱落，严重影响产量。该虫每年发生4代，以蛹在5～15cm土壤内越冬。重点控制主害代第1代和第2代。

🪲 防治方法

🍃 物理防治：利用成虫趋光性，在发生期未产卵之前成方连片运用灯光诱杀，降低田间落卵量。一般每50亩安装一台灯。

🍃 生物防治：在卵孵化盛期或低龄幼虫期用青虫菌粉剂（100亿以上孢子/g）1000倍液，或苏云金杆菌（100亿活芽孢/g）600倍液，或2.5%多杀霉素1000倍液，或核型多角体病毒（20亿PIB/ml）500倍液等，或用0.36%苦参碱600倍液，或15%茚虫威1500倍液等植物源杀虫剂，或用20%虫酰肼1500倍液，或25%灭幼脲或5%氟啶脲2000倍液，或25%除虫脲悬浮剂3000倍液等昆虫生长调节剂喷雾防治。一般7天喷1次，防治2次左右。

🍃 科学用药：可用菊酯类（4.5%氯氰菊酯1000倍液、2.5%联苯菊酯乳油2000倍液等），或20%氯虫苯甲酰胺3000倍液，或3%甲氨基阿维菌素苯甲酸盐3000倍液，或19%溴氰虫酰胺4000倍液，或50%辛硫磷乳油1000倍液等喷雾防治。7天喷1次，一般连续防治2次左右。相互合理复配喷施并交替用药。

### 5. 蛴螬

以铜绿丽金龟甲（*Anomala carpulenta*）、暗黑鳃金龟甲（*Holotrichia parallela*）等为主。主要咬食忍冬的根系，造成营养不良，植株衰退或枯萎而死。成虫则以花、叶为食。该虫一年1代，以幼虫越冬。

❀ 防治方法

（1）农业防治：上冻前将金银花田进行深耕多耙，将蛴螬越冬虫翻出地面，增加杀伤和冻死虫源，减少越冬基数。

（2）物理防治：利用成虫的趋光性，在其盛发期成方连片运用黑光灯或黑绿单管双光灯（发出一半黑光一半绿光）或黑绿双管灯（同一灯装黑光和绿光两只灯管）诱杀成虫（金龟子），一般50亩地安装一台灯。

（3）科学用药：一是毒土防治：每亩用50%辛硫磷乳油0.25kg与80%敌敌畏乳油0.25kg混合，均匀撒施田间后浇水，提高药效；或用3%辛硫磷颗粒剂3～4kg混细沙土10kg制成药土，在播种时撒施。二是喷灌防治：用90%敌百虫晶体，或50%辛硫磷乳油800倍液等灌根防治幼虫。成虫期用菊酯类（4.5%氯氰菊酯1000倍液、2.5%联苯菊酯乳油2000倍液等），或20%氯虫苯甲酰胺3000倍液，或0.5%甲氨基阿维菌素苯甲酸盐1000倍液，或19%溴氰虫酰胺4000倍液等喷雾防治。

## 四、采收和初加工

### （一）采收

适时采摘是提高产量和质量的关键。最适宜的采摘标准是：花蕾由绿色变白，上白下绿，上部膨胀，尚未开放。这时的花蕾按花期划分是二白期、大白期。河北省巨鹿县一般在5月中下旬，采摘第一茬花，每隔一个月后陆续采摘二、三、四茬花。一般先外后内、自下而上顺序采摘。一天之内，以上午9时前采摘的花蕾质量最好，下午4～5时花蕾将开放，影响质量；但也不能过早采摘，否则花蕾嫩小，产量低，质量差。采摘时注意不要折断枝条，以免影响下茬花的产量。

河北省巨鹿县已研制出金银花采摘机，每天能采摘一百多斤，显著提高了劳动效率。

### （二）加工

目前，金银花初加工一般采用日晒和烤房烘干法。

**1. 日晒**

将采回的鲜花均匀地撒在晾盘或编制的工具如条筐、苇席上，不要直接撒放在泥土地面上，防花蕾受潮变黑。摊晒的花蕾在未干前，不能触动，晒于盛具内的，傍晚后可收回房内或棚下。花蕾晒至用手抓，握之有声，一搓即碎，一折即断。

**2. 烤房烘干**

小型烤房一般烤鲜花500kg左右，大型烤房一般烤鲜花1000kg左右。每平方米放鲜花蕾2.5kg，厚度1cm，可铺架14～18层。花架在烤房中架好后送入热风，此后花蕾的烘干经历塌架、缩身、干燥三个阶段。温度变化为40℃～50℃～60℃～70℃，烘干温度逐渐升高，此间要利用轴流风机进行强制通风除湿，整个干燥过程历时16～20小时，待烤干后装袋保存。

图7-2　金银花药材（谢晓亮摄）

### （三）药材质量标准

干燥好的花蕾呈棒状，上粗下细，略弯曲，表面淡黄色或绿白色（久储色渐深），密被短柔毛，气清香，味淡，微苦（图7-2）。《中国药典》2015年版规定：水分不得过12.0%，总灰分不得过10.0%，酸不溶性灰分不得过3.0%；重金属及有害元素铅不得过5mg/kg，镉不得过0.3mg/kg，砷不得过2mg/kg，汞不得过0.2mg/kg，铜不得过20mg/kg；同时按干燥品计算，含绿原酸（$C_{16}H_{18}O_9$）不得少于1.5%，木犀草苷（$C_{21}H_{20}O_{11}$）不得少于0.05%。

（信兆爽）

# 菊花
*/Chrysanthemum morifolium* Ramat.

图7-3　菊花植株（谢晓亮摄）

菊花为菊科植物菊（*Chrysanthemum morifolium* Ramat.）的干燥头状花序，性味甘、苦；微寒，归肺、肝经。有养肝明目、疏风清热的功能。主治感冒风热、头痛、耳鸣、目赤、咽喉肿痛等症。花和茎叶含挥发油和黄酮类等成分；花又含菊苷、绿原酸及微量维生素$B_1$。挥发油主要含龙脑、樟脑、菊油环酮等。药材按产地和加工方法不同，有杭菊、亳菊、滁菊、贡菊和祁菊等之分。杭菊主产浙江桐乡和江苏射阳，有白菊和黄菊之分；亳菊主产安徽亳州；滁菊主产安徽滁州；贡菊主产安徽歙县一带，亦称徽菊，浙江德清亦产，另称德菊；祁菊主产河北安国。此外，还有产自河南的怀菊、四川的川菊和山东的济菊等。

菊在我国分布范围广，主要分布于安徽、浙江、河南、河北、湖南、湖北、四川、山东、陕西、广东、天津、山西、江苏、福建、江西、贵州等省（图7-3）。药用菊种植时，要因地制宜选择适宜品种，如黄河以北地区宜选择花期早的品种，以免霜期到来时菊花不能及时采收，造成经济损失。近年来，对药用菊的研究主要集中于不同产地或不同栽培类型之间的品质比较研究和规范化栽培技术的研究。为了提高菊花的附加值，有关企业及科研人员进行了提取菊花硒、黄酮类化合物、挥发油等方面的研究，取得了一些进展。但菊花有效营养成分综合开发利用方面还较少，将菊花提取物黄酮类物质和挥发油用于新型保健食品的开发，将有巨大的潜在市场和发展空间。

## 一、植株形态特征

菊为多年生宿根草本，株高60～150cm，全株密被白色绒毛。茎直立，基部木质化，上部多分枝，枝略具棱。单叶互生，具叶柄，叶片卵形或窄长圆形，边缘有短刻锯齿，基部心形。头状花序顶生或腋生，总苞半球形，绿色；舌状花着生花序边缘，舌片白色、淡红色或淡紫色，无雄蕊；雌蕊1；管状花位于花序中央，两性，黄色，先端5裂；聚药雄蕊5；雌蕊1，子房下位。瘦果柱状，无冠毛，一般不发育。花期10～11月，果期11～12月。

## 二、生物学特性

每年春季气温稳定在10℃以上时，菊宿根开始萌发，在25℃范围内，随着温度的升高，生长速度加快，生长最适温度为20～25℃。在日照短于13.5℃小时，夜间温度降至15℃、昼夜温差大于10℃时，开始从营养生长转入生殖生长，即花芽开始分化。当日照短于12.5℃小时，夜间温度降到10℃左右，花蕾开始形成，此时，茎、叶、花进入旺盛生长时期。9～10月进入花期，花期40～50天，朵花期5～7天。

头状花序由300～600朵小花组成，一朵菊花实际上是由许多无柄的小花聚宿而成的花序，花序被总苞包围，这些小花就着生在托盘上。边缘小花舌状，雄性，中央的盘花管状，两性。从外到内逐层开放，每隔1～2天开放一圈，头状花序花期为15～20天。小花开放后15小时左右，雄蕊花粉最盛，花粉生命力1～2天，雄蕊散粉2～3天后，雌蕊开始展羽，一般上午9时开始展羽，展羽2～3天凋萎。

菊喜光，对土壤要求不严格，旱地和稻田均可栽培。但宜种于阳光充足、排水良好、肥沃的砂质土壤，适宜pH 6～8。过黏的土壤或碱性土中生长发育差，重茬发病重。低洼积水地不宜种植。

## 三、栽培技术

### （一）品种类型

药用菊栽培历史悠久，栽培地区广泛，在我国已分化成较为稳定的具明显地方特色的栽培类型。例如，按产地和商品名不同，分为贡菊、杭菊、滁菊、亳菊、怀菊、济菊、祁菊、川菊。杭菊主产于浙江省桐乡、海宁、嘉兴和吴兴等地，是著名的浙八味之一；滁菊主产于安徽全椒、滁县和歙县；亳菊主产于安徽亳州、涡阳和河南商丘；怀菊主产于河南省焦作市所辖的泌阳、武涉、温县、博爱等地，是我国著名的四大怀药之一；贡菊主产于安徽省歙县、浙江省德清，清代为贡品，故名贡菊花；济菊主产于山东省嘉祥、禹城一带；祁菊主产于河北省安国；川菊主产于四川省绵阳、内江等地，近年来由于产销问题，主产区已很少种植。药用菊花中贡菊、杭菊、滁菊、亳菊为我国四大药用名菊；以长江为界，在长江以南的杭菊、贡菊以做茶用为主，兼顾药用；而长江以北的滁菊、亳菊则以做药用为主，兼顾茶用。各地在引种栽培时应据当地的自然条件和栽培条件注重对品种的选择，同时加强对优良品种的选育工作。

## （二）选地整地

宜选地势高燥、排水良好、向阳避风的砂壤土或壤土地栽培。土壤以中性至微酸性为好，忌连作。于前作收获后，施用尿素20kg/亩、氯化钾10kg/亩、过磷酸钙8kg/亩作基肥，深耕2次，耙细、整平，做宽1.3m、高30cm的畦，沟宽30cm，以利排水，若前作为小麦、油菜等作物，可少施或不施基肥。

## （三）繁殖方法

可用分株、压条、扦插繁殖。扦插繁殖生长势和抗病性强，产量高；分株繁殖易成活，劳动强度小。

### 1. 分株繁殖

秋季收菊花后，选留健壮植株的根蔸，上盖粪土保暖越冬，翌年3~4月，将土扒开，并浇稀粪水，促进萌枝迅速生长。4~5月，待苗高15~25cm时，选择阴天将根挖起、分株，选择粗壮和须根多的种苗，斩掉菊苗头，留下约20cm长，按行距40cm，株距30cm，开6~10cm深的穴，每穴栽一株，栽后覆土压实，并及时浇水。

### 2. 压条繁殖

压条是将枝条压入土中，使其生根，然后分开成为独立植株。菊用压条繁殖，只在下列情况下采用：局部枝条有优良性状的突变时；枝条伸得过长，欲使其矮化时；繁殖失时，采取补救时。具体方法是：6月底至7月初，将母株枝条引伸弯曲埋入土中，使茎尖外露。在进入土中的节下，刮去部分皮层。不久伤口便能萌发不定根，生根后剪断而成独立植株。在生根过程中得到母株的营养，故成活率高达100%。由压条所得的植株一般花较小，枝茎短缩而分枝多。非特殊情况一般不用此法。

### 3. 扦插繁殖

在优良的母株上取下插条，插条长8cm，下部茎粗0.3cm为佳，插条长度的差别应小于0.5cm。如插条的长度差异太大，影响切花菊的整齐度及一级花出产率。将采下的插条去除 2/3 的下部叶片，将它插入预先做好的基质内（基质应选用透水性、通气性良好的材料），株行距 3cm × 3cm。扦插后应保持较高的环境温度，一般白天22 ~ 28℃，夜间18 ~ 20℃，不能低于15℃。以间歇式喷雾的方法维持空气及基质湿润，在开始的3 ~ 4天，每隔3分钟喷雾10秒，以后每隔8 ~ 10分钟喷雾10 ~ 12秒，至生根发芽。从扦插开始上遮阳网至生根发芽以后撤遮阳网。

### （四）田间管理

#### 1. 移栽

分株苗于4 ~ 5月、扦插苗于5 ~ 6月移栽。选阴天或雨后或晴天的傍晚进行，在整好的畦面上，按行珠距各40cm挖穴，穴深6cm，然后，带上挖取幼苗，扦插苗每穴栽1株，分株苗每穴栽1 ~ 2株。栽后覆土压紧，浇定根水。

#### 2. 土壤管理

一是提倡轮作，连作地种植前要消毒土壤。二是适期适时检测土壤，每两年进行1次，检测指标包括肥力水平和重金属元素含量等，为科学施肥和土壤改良提供参考。三是完善坡耕地水土保持设施。

#### 3. 摘心打顶

应选择晴天分别在移栽时或移栽后20 ~ 25天、6月中旬、6月底至7月上旬、后期长势过旺时对菊进行摘心打顶。根据不同品种，第1次摘心打顶离地5 ~ 15cm摘（剪）除，以后各次保留5 ~ 15cm的芽，摘（剪）除上部顶芽。对于移栽较迟的扦插苗，应减少摘心打顶次数。摘心打顶必须在7月底前完成，摘（剪）下的顶芽应带出地块销毁。

#### 4. 中耕除草

全年中耕除草4 ~ 5次。要求第 1、2次锄草宜浅，以后各次宜深。后期除草时，均要培土壅根，既能保护根系，又能防倒伏。

#### 5. 及时培土

培土可保持土壤水分，增加抗旱能力；同时可增强根系，防止倒伏。一般在第一次打顶后，结合中耕除草，在根际培土15 ~ 18cm，促使植株多生根，抗倒伏。

#### 6. 肥水管理

一是科学管水。雨季注意排水；秋季干旱时，要及时浇水；确保孕蕾期不缺水。二是合理施肥。菊花喜肥，在施足肥料基础上，一般追肥3次。第1次在定植后菊花幼苗开始生长时，亩施尿素6 ~ 8kg；第2次在植株开始分枝时，亩追施尿素10kg；第3次在孕蕾前，亩追施尿素10kg、过磷酸钙15。也可选择磷酸二氢钾800倍液，用喷雾器在无风的下午或傍晚喷施于叶面，起到增产作用。

菊花大田见图7-4。

## （五）病虫害防治

菊花的常见病害有白粉病、褐斑病、枯萎病、锈病等；虫害主要有天牛、蚜虫、瘿蚊等。

图7-4　菊花大田　（谢晓亮摄）

### 1. 白粉病（*Erysiphe cichoracearum* DC.）

初期在叶片上呈现浅黄色小斑点，以叶正面居多，后逐渐扩大，病叶上布满白色粉霉状物，在温湿度适宜时病斑可迅速扩大，并连接成大面积的白色粉状斑，发病后期表面密布黑色颗粒。病情严重的叶片扭曲变形或枯黄脱落，病株发育不良，矮化，甚至出现死亡现象。

🦠 防治方法

🍃 农业防治：田间栽植不要过密。科学肥水管理，避免过多施用氮肥，增施磷钾肥，适时灌溉，提高植株抗病力。在栽培上注意剪除过密和枯黄株叶，拔除病株，清扫病残落叶，集中烧毁或深埋，可减少病原物的传染源。

🍃 科学用药：发病初期开始喷洒70%甲基硫菌灵悬浮剂800倍液，或20%三唑酮乳油600倍液等，生物防治和其他有效药剂使用方法参照"金银花白粉病"，一般每隔7～10天喷1次，连续防治2次左右。

### 2. 褐斑病（*Septoria chrysan-themiindici.* Bubak et Kabat）

初期在叶上出现圆形、椭圆形或不规则形大小不一的紫褐色病斑，后期变成黑褐色或黑色，直径2～10mm。感病部位与健康部位界限明显，后期病斑中心变浅，呈灰白色，出现细小黑点。病斑多时可相互连接，叶色变黄，进而焦枯。当病叶上有5～6个病斑时，叶片变皱缩，进而叶片由下而上层层变黑，严重时仅留上部2～3张叶片，发黑干枯的病叶悬挂于茎秆上，干枯后一般不能自行脱落。

🦠 防治方法

🍃 农业防治：加强栽培管理，栽植密度不要过密，人工摘除病叶，发现病叶、病果及时摘除，集中销毁或深埋，发病严重的地区实行轮作，及时排除积水。合理施肥，促进植株健壮生长，提高抗病力。

🍃 科学用药：在发病初期用80%代森锰锌络合物800倍液，75%百菌清可湿性粉剂600倍液，或50%异菌脲可湿性粉剂1000倍液等。其他有效药剂和使用方法参照"金银花褐斑病"，一般每隔7天喷1次，连续2～3次。

### 3. 枯萎病（*Fusarium oxysporum* Schl.F.sp.*chrysanthemi* Snyder et Hansen）

属半知菌亚门，尖镰孢菌菊花转化型。发病初期下部叶片失绿发黄，失去光泽，接着叶片开始萎蔫下垂、变褐、枯死，下部叶片也开始脱落，植株基部茎秆微肿变褐，表皮粗糙，间有裂缝，湿度大时可见白色霉状物；茎秆纵切，可见维管束变褐色或黑褐色。

🌸 防治方法

🌿 农业防治：选择抗病品种，从无病植株上采集枝条繁殖；控制土壤含水量，宜选用排水良好的基质；重病株拔除烧毁；选适宜的植株密度以便于通风；增施腐熟的有机肥、生物肥，配方和平衡施肥，避免偏施氮肥，合理补微肥，增强植株抗逆和抗病能力。

🌿 科学用药：种前每亩用50%多菌灵可湿性粉剂1kg处理土壤，同时，用海岛素（5%氨基寡糖素）800倍+30%噁霉灵（或25%咪鲜胺1000倍液或80%乙蒜素3000倍液）浸种栽5～10分钟。临发病前或发病初期或移栽后缓苗期灌根及时用药控制发生和蔓延，可用以上药剂（或25%吡唑醚菌酯2500倍液）+海岛素（5%氨基寡糖素）1000倍液，或用30%噁霉灵500～600倍液（或30%甲霜噁霉灵800倍液）+海岛素（5%氨基寡糖素）1000倍液喷淋或浇灌。一般10～15天浇灌一次，连灌续2～3次。

### 4. 菊花锈病

属担子菌亚门，菊柄锈菌（*Puccinia chrysanthemi* Roze）、堀柄锈菌（*Puccinia horiana* P.Henn）和篙层锈菌（*Phakopsora artemisiae* Hirat.）。叶、花、茎都可感染。叶片受害，叶背布满一层黄粉，后叶片焦枯提早凋落；花受害，病初花茎表皮覆盖泡状斑点，后表皮破裂散出黄褐色粉状物，花蕾干瘪凋谢脱落；茎部受害初期有淡黄色小点，后变褐色隆起小脓疱状（夏孢子堆），破裂后散出黄褐色粉末（夏孢子），后期长出黑褐色椭圆形肿斑（冬孢子堆）破裂后露出栗褐色粉质物（冬孢子）。

🌸 防治方法

🌿 农业防治：一是增施腐熟的有机肥、生物肥，配方和平衡施肥，避免偏施氮肥，合理补微肥，增强植株抗逆和抗病能力。雨季及时排水，增加通风透光性；二是秋冬及早春及时清除并剪除病枝病叶，集中烧毁或深埋。

🌿 科学用药：早春发芽前喷一次波美2～3度石硫合剂，发病初期25%三唑酮可湿性粉剂1000倍液，或25%戊唑醇可湿性粉剂1500倍液，或12.5%烯唑醇乳油1500倍液，或25%丙环唑乳油2500倍液，或40%氟硅唑乳油5000倍液等喷雾防治。其他有效药剂和使用方法参照"北沙参锈病"

### 5. 天牛

为叶甲科（*Cerambycidae*）。

☙ 防治方法

🍃 农业防治：菊花茎部见有成虫，人工捕杀；及时剪除严重受害的枝茎深埋；在茎干或枝条找有虫粪排出的虫孔将虫孔虫粪挖出，用铁丝插入孔内，刺死幼虫。

🍃 生物防治：幼虫孵化期未蛀茎前用植物源杀虫剂防治，可用0.3%苦参碱乳剂800～1000倍液，或1.5%天然除虫菊素1000倍液，或0.3%印楝素500倍液，或2.5%多杀霉素悬浮剂1000～1500倍液喷雾。

🍃 科学用药：一是用80%敌敌畏原液药棉堵塞蛀孔毒杀，或用注射器注入2.5%联苯菊酯乳油或20%氯虫苯甲酰胺或19%溴氰虫酰胺300倍液，或0.5%甲氨基阿维菌素苯甲酸盐100倍液，或90%敌百虫晶体或50%辛硫磷或80%敌敌畏50倍液，然后用泥封口，密封杀死茎内幼虫。二是幼虫孵化期未蛀茎前用，用菊酯类（4.5%氯氰菊酯1000倍液、2.5%联苯菊酯乳油2000倍液等），或20%氯虫苯甲酰胺3000倍液，或0.5%甲氨基阿维菌素苯甲酸盐1000倍液，或19%溴氰虫酰胺4000倍液，或用90%敌百虫晶体或50%辛硫磷乳油1000倍液喷雾防治，强调喷匀打透，视虫情把握防治次数。

### 6. 蚜虫

优势种为菊小长管蚜（*Macrosiphoniella sanborni*），其次还有棉蚜（*Aphis gossypii*）和桃蚜（*Myzus persicae*）。

☙ 防治方法

参照"金银花蚜虫"。

### 7. 菊花瘿蚊（*Diarthronomyia chryttthemi* Ahlerg）

菊花瘿蚊对祁菊为害严重，在植株上形成虫瘿。苗期被害后枝条不能正常生长，形成小老苗；花蕾期受害可使花蕾数减少，花朵瘦小，直接造成菊花减产。在华北每年发生5代，以老熟幼虫越冬。次年3月老熟幼虫在虫瘿内化蛹，4月初羽化，雌成虫在植株上部幼嫩部皮下组织内产卵。4月中旬在菊花田出现一代幼虫，在组织内吸食汁液，并刺激组织局部膨大形成瘤状虫瘿；5～6月在大田菊花上发生第二代，7～8月发生第三代，8～9月发生第四代，此时正值菊花现蕾期，受害严重。10月上旬发生第五代，10月下旬后以第五代幼虫越冬。雌蚊产卵对菊花品种具有选择性，对祁菊为害严重，而在杭菊上基本不产卵；成虫产卵部位有趋嫩性。孵化后幼虫在组织内刺吸为害；严重时多个虫瘿连在一起成为大瘿块。

☙ 防治方法

🍃 农业防治：清除田间菊科植物杂草，减少虫源；选用和培育无病虫健苗；4月份菊花秧田或移栽时拔秧后人工摘剪虫瘿深埋。

🍃 生物防治：一般8月上旬以前以保护利用自然天敌寄生蜂为主，可在成虫发生期或卵孵化期及时喷施植物源杀虫剂，如0.36%苦参碱800倍液，或1.5%天然除虫菊素1000倍液，或0.3%印楝素500倍液，或2.5%多杀霉素悬浮剂1000～1500倍液喷雾。

🍃 科学用药：8月中下旬根据虫情动态及时防治，可选用菊酯类（4.5%氯氰菊酯1000倍液，2.5%联苯菊酯乳油2000倍液、20%溴氰菊酯1000倍液等），或新烟碱制剂［10%吡虫啉1000倍液，或3%啶虫脒乳油1500倍液，25%噻虫嗪1200倍液，或25%噻嗪酮（保护天敌）2000倍液等］，或24%螺虫乙酯或20%呋虫胺5000倍液喷雾防治。要交替轮换用药。

## 四、采收与加工

### （一）采收

因产地或品种不同，各地菊花采收时期和方法略有不同，一般当一块田里花蕾基本开齐、花瓣普遍洁白时，即可收获。采花标准：花瓣平直，有80%的花心散开，花色洁白。如遇早霜，则花色泛紫，加工后等级下降。

菊花采收时，用清洁、通风良好的竹编筐篓等，选择晴天露水干后采收。特殊情况下，如遇雨或露水，则应将湿花晾干，否则容易腐烂、变质。采花时，用两个手指将花向上轻托，不仅省时省力，而且花不带叶，且花梗短。采时将好花、次花分开放置，防止其他杂质混入花内。鲜花放时不能紧压，以免损坏花瓣，过紧或过多堆放易因不透气而造成变色、变质。

### （二）加工

菊花产品加工场所应宽敞、干净、无污染源，加工期间不应存放其他杂物，要有阻止家禽、家畜及宠物出入加工场所的设施。允许使用竹子、藤条、无异味木材等天然材料和不锈钢、铁制材料，食品级塑料制成的器具和工具应清洗干净后使用，烘制时不能用塑料器具，严格加工操作程序。菊花传统初加工方法因栽培品种和产地有所差异。

1. **滁菊**

采摘后，将鲜花放在竹匾上阴干，不宜曝晒。

2. **贡菊**

采下鲜花要摊开薄放，防止积压发热引起变色变质，然后立即在烘房内烘焙。先将鲜花摊放在竹帘或竹匾上，要求单层均匀排放不见空隙。烘焙炭火要求盖灰不见明火，温度保持40～50℃。晴天干花第1轮烘焙需2.5～3小时，雨天水花第1轮烘焙需5.5～6小时。待烘焙至九成干后再转入第2轮烘焙，先调节炭火约第1轮的1/3火力，烘房温度低于40℃，时间需1.5～2.5小时，当花烘焙至象牙白色时，即取出干燥阴凉。在整个烘焙过程中，要经常检查火力和温度（可用温度计观察），温度过高，花易焦黄；温度过低，花易变色降质。

### 3. 杭菊

主要采用蒸花方法，干燥快，质量佳。具体方法：将在阳光下晒至半瘪程度的花放在蒸笼内，铺放不宜过厚，花心向两面，中间夹乱花，摆放3cm左右厚之后准备蒸花。蒸花时每次放三只蒸匾，上下搁空，蒸时注意火力，既要猛又要均匀，锅水不能过多，以免水沸到蒸匾卜形成"浦汤花"而影响质量，以蒸一次添加一次水为宜，水上面放置一层竹制筛片铺纱布，可防沸水上窜。每锅以蒸汽直冲约4分钟为宜，如过久则使香味减弱而影响质量，并且不易晒干。没有蒸透心者，则花色不白，易腐变质。将蒸好的菊花放在竹制的晒具内，进行曝晒，对放在竹匾里的菊花不能翻动。晚上菊花收进室内也不能挤压。待晒3～4天后可翻动一次，再晒3～4天后基本干燥，收贮起来几天，待"还性"后再晒1～2天，晒到菊花花心（花盘）完全变硬，便可贮藏。

### 4. 黄菊花

烘菊花通常以黄菊花为主，将鲜花置烘架上，用炭火烘焙，并不时翻动，烘至七八成干时停止烘焙，放室内几天后再烘干或晒干。蒸花后若遇雨天多，产量大，也可以用此法烘花。此法的缺点是成本大，易散瓣。

### 5. 亳菊和怀菊

将采收后的菊花先经阴干，随后再熏白、晒干。即将菊花枝成把倒挂在屋檐下、廊下或通风的空屋内阴干，一般20天左右。至花有八成干时，将花摘下，入熏房用硫黄熏白，一般需连续熏24～36小时，平均每千克硫黄可熏得干花10～15kg。熏白后，在室外薄薄摊开，晒1天就可干燥。

## （三）药材质量标准

加工好的菊花，即干燥菊花头状花序，以气清香、身干、花朵完整、无杂质者为佳（图7-5）。《中国药典》2015年版规定：水分不得过15.0%；同时按干燥品计算，绿原酸（$C_{16}H_{18}O_9$）含量不得少于0.20%，含木犀草苷（$C_{21}H_{20}O_{11}$）不得少于0.080%，含3,5-$O$-二咖啡酰基奎宁酸（$C_{25}H_{24}O_{12}$）不得少于0.70%。

图7-5 菊花药材 （谢晓亮摄）

（刘灵娣）

# 第八章
## 菌类

# 猪苓

*/Polyporus umbellatus* (Pers.) Fries

图8-1 猪苓菌核 （李世摄）

猪苓为多孔菌科真菌猪苓〔*Polyporus umbellatus*（Pers.）Fries〕的干燥菌核，别名野猪苓、猪屎苓、鸡屎苓等。猪苓味甘、淡，性平；归肾、膀胱经；具利水渗湿等功效，用于小便不利、水肿、泄泻、淋浊、带下等病症。猪苓含有猪苓多糖和麦角甾醇等。近代药理和临床实验证明，其提取物多糖，是一种非特异性细胞免疫刺激剂，能显著增加网状内皮系统吞噬细胞的功能，从而使癌细胞的生长受到抑制，具有显著抗癌作用。近年还发现猪苓对糖尿病和乙型肝炎也有一定的疗效。

猪苓主产于陕西、山西、河北、云南、四川、甘肃、河南、安徽、湖南、湖北、内蒙古及东北等地（图8-1）。自古以来猪苓都靠采挖野生供药用，由于近年猪苓用途拓宽，价格急剧上涨，药材用量快速增加，野生资源连年过度采挖，导致野生资源数量急剧减少，近于枯竭，供求矛盾日趋突出，人工种植栽培已势在必行，开发利用前景广阔。

## 一、猪苓形态特征

猪苓主要由菌核和子实体两部分构成。菌核呈长形不规则块状，表面凹凸不平，有皱纹及瘤状突起，棕黑色或黑褐色，断面呈白色或淡褐色，半木质化，质坚而不实，轻如软木，大小约2.5~4cm×3~10cm，菌核上有"芽眼"，呈白色或绿色。猪苓的子实体又叫猪苓花。子实体由埋于地下的菌核上长出，子实体主柄短，常有大量分枝，其上生有10~100余朵扁圆形的小子实体，形成一丛菌盖。菌丛的总直径达20cm以上。菌盖肉质柔软，近圆而扁，直径一般为1~4cm，中间凹下呈脐状，有淡黄色的纤维状鳞片，边缘薄而锐，常内卷，里侧为白色。菌管细小。担孢子呈卵圆形。

## 二、生物学特性

### （一）对环境条件要求

我国猪苓主要产于陕西、山西、河北、云南、四川、甘肃等省。野生猪苓多分布在海拔1000~2200m的次生林中，东南及西南坡向分布较多。主要生长于柞、桦、榆、杨、柳、枫、女贞子等阔叶树，或针阔混交林，灌木林及竹林等林下树根周围。林中腐殖质土层、黄土层或砂壤土层中均有生长，但以疏松、肥沃、排水良好、微酸性的山地黄壤、砂质黄棕壤和森林腐殖质壤土，坡度35°～60°，较干燥、早晚都能照射太阳的地方为多。猪苓对温度的要求比较严格。地温9.5℃时菌核开始萌发，14～20℃时新苓萌发最多，增长最快。22～25℃时，形成子实体，进入短期夏眠。温度降至8℃以下时，则进入冬眠。猪苓对水分需求较高，适宜土壤含水量为30%～50%。

### （二）生长发育特性

猪苓可以用菌核无性繁殖。猪苓菌核与蜜环菌伴栽，在适宜的温、湿条件下，从菌核的某一点突破黑皮，发出白色菌丝，每个萌发点可生长发育成包着一层白色皮的新生白色菌核。在适宜的环境下，白色菌核正常生长，秋冬白皮色渐深，次春色变灰黄色，秋季皮色更深，逐次由灰变褐，再经过一个冬天完全变成黑色。

野生猪苓绝大多数生长在带有蜜环菌的树根周围和腐殖质土层中，依靠蜜环菌来吸取自己生活中所需要的养分；而蜜环菌则依靠鲜木、半朽木、腐殖质土层中的养分来供自己生存。猪苓离开蜜环菌不能正常生长发育。天然蜜环菌生长旺盛的地方，野生猪苓生长也较多。

猪苓也可用担孢子有性繁殖。猪苓的担孢子从成熟的子实体上弹射后，在适宜的条件下萌发成单核菌丝。单核菌丝配对后变成双核菌丝，继而形成菌核，再从菌核上产生有性繁殖器官——子实体。在此子实体上又形成新一代的担孢子。在人工培养基上，猪苓菌丝能产生白色粉末状的分生孢子。

## 三、栽培技术

猪苓栽培应抓好场地选择、菌枝菌材培养、苓种选择、适时规范栽植和田间管理等主要技术环节。

### （一）场地选择

猪苓栽植场地应选择有一定阳光照射，夏季土壤温度不是太高、排水渗水良好，含水量在25%～55%，且以砂壤或砾壤的山林坡地为好，坡度30°～60°，过度平缓或太陡均不宜。苓场的土质要疏松肥沃，含腐殖质多，而且以早、晚太阳可以照射到的南坡为好。土壤的pH值在5～6.8之间。此外，庭院、旧的房屋内、普通半阳坡地等均可。

### （二）菌枝、菌材培养

#### 1. 菌枝培养

接种蜜环菌的阔叶硬杂木的小枝段称为菌枝。菌枝一年四季都可培养，但以3～8月份为好。北方地区4月中旬至6月初进行更好。南方气温高，在3月下旬至5月开始培育。

培养方法是：选直径1～2cm的阔叶树枝条，或砍菌材时剪下的枝条，将树枝削去细枝、树叶，斜剪成7～10cm小段。然后将枝段浸泡在0.25%硝酸铵溶液中10分钟，以促进密环菌生长。温度高的地方，挖30cm深、60cm见方的坑，先在坑底平铺一薄层树叶，然后摆放两层树枝，树枝上适量摆放一层已培养好的菌枝或菌材用做菌种，然后覆盖一薄层腐殖土（以盖严树枝为准）；然后在菌种上再摆两层树枝，用同法培养6～7层，最后覆土6～10cm，并覆一层树叶保湿。温度较低地区，可在地面以上垒成砖池，以同样的方法进行培养。培养40天左右即可完成接菌。

2. 菌材培养

已接种蜜环菌、直径5～10cm左右的阔叶硬杂木的树枝称为菌材。一般阔叶树都可，但以木质坚实的壳斗科植物更为适宜。将直径5cm左右的阔叶硬杂木的树枝，锯成40～60cm长的木棒，在木棒上每隔3～5cm砍一鱼鳞口，砍透树皮至木质部0.5cm左右深为宜。然后挖深50～60cm的坑，大小以培养100～200根木棒为宜。一般底铺一层树叶，平摆木棒一层，两根木棒间加入菌枝2～3根，用土填好空隙。并按此法摆放树枝4～5层，顶上覆土10cm厚，再盖一层树叶即可。

## （三）苓种选择

栽培猪苓用菌核作种，猪苓的菌核按颜色分为白苓（白头苓）、灰苓、黑苓和老苓。

白苓一般为0.5～1年龄的猪苓菌核。外表皮色洁白，质地虽然实，但挤压、碰撞或手捏易碎，用手掰开或切开可见白苓的断面菌丝嫩白。含水量在87%左右，内含干物质较少，所以干燥后的白苓体轻。

灰苓一般为1～2年龄的猪苓菌核。表皮灰色、黄色或黄褐色，体表少光泽，质地疏松而体轻，但韧性和弹性较大，挤压或手捏不易碎。含水量在72%左右。切开后的断面为白色。

黑苓一般为2～3年龄及以上的猪苓菌核。外皮黑色，有光泽，质地致密，含水量在63%左右。断面菌丝白色或淡黄色，体表有蜜环菌菌索的侵染点，但侵染腔并不太大，解剖观察可看到蜜环菌侵入猪苓菌核后菌核菌丝为阻止蜜环菌菌索的侵染而形成的褐色隔离腔壁。

老苓一般为4年龄以上的猪苓菌核，是由年久的黑苓变化而来。老苓皮墨黑，弹性小，断面菌丝黄色加深，菌核体内有一些被蜜环菌菌索反复侵染形成的空腔。随着年代的增加，空腔数量增多，体积增大，有时互相连在一起。老苓的含水量在58%左右。

栽培猪苓以选择灰苓和黑苓作苓种为宜。白苓栽后腐烂，不能作种；老苓生活力低或无生活力也不宜作种。

## （四）规范栽植

猪苓栽植时间以春季4～5月和秋季8月下旬至10月下旬为宜。栽植方式分为箱栽、池栽、沟栽、坑栽等多种，按照栽培场地又可分为室内或设施栽培、室外栽培（含庭院）和山地半野生、仿野生栽培。室内或设施种植猪苓，多采用池栽、箱栽或筐栽等方式。室外栽培猪苓多采用坑栽或沟栽的方式，庭院也常采用池栽方式；山区半野生及仿野生栽培猪苓，常采用坑栽、沟栽和活树根（桩）栽培。生产中应因地制宜选用。

### 1. 池栽和箱栽

室内或设施种植猪苓，多采用箱栽和池栽方式，箱栽灵活，池栽经济简便。室内池栽的方法是：在室内用砖垒池，长数米、宽1m左右、高30~40cm，也可根据房间或设施的形状和面积而定。在做好的池内，底部平铺5~10cm厚的湿中粗砂，其上放一薄层湿柞树叶，树叶上再按每15~20cm放直径4~6cm粗的木棒一根。每根木棒两侧各放3~5块猪苓菌种和蜜环菌种，放在木棒的鱼鳞口处。然后用湿砂填满空隙并超出菌棒或树棒5cm左右。再按第一层的方法，完成第二层的播种，最上层覆沙超出菌棒或树棒8~10cm。再在砂子上面放置1~2cm厚的一层柞树叶以保湿。室内或设施箱栽法与筐栽法种植猪苓，方法与其相近，一般视箱或筐的大小，每层放2根菌棒（或营养棒），每根菌棒放3~6块苓种，每箱（或筐）种1~2层，具体方法同池栽。

### 2. 室外坑栽与沟栽

室外栽培猪苓方法视具体情况而定，在温度较高、有较大空地条件的地方可选用遮阳坑栽法，具体方法是：在选好的地上分别挖成长1m、宽0.5m、深0.3m左右的坑，坑间适当留出走道，然后逐坑栽植猪苓，具体栽植方法步骤同室内池栽法。温度高的地方还可适当增加坑深。高温季节，应适时架设遮阳网遮阳，避免高温危害。在温度较低、湿度较大的地区可选用遮阳半坑栽法，其方法基本同室外遮阳坑栽法，只是坑深适当变浅，所种猪苓菌核的第一层种在地下、第二层种在地表之上。沟栽法与坑栽法相近，只是将栽植坑改为宽1m左右、深0.3m，长度视地块大小而定的栽植沟，具体种法与坑栽相同。

### 3. 山区仿野生栽植

山区半野生及仿野生栽培猪苓，常采用坑栽、沟栽和活树根（桩）栽培。坑栽和沟栽同常规室外栽植。活树根（桩）栽培的方法是：选择海拔800~1500m、半阴半阳、坡度小于40°、次生阔叶林或灌木丛中的山坡和直径较粗、根部土层深厚的阔叶树，在根部刨开表土，找到1~2个较大根，沿根生长方向挖宽30cm，长1m左右的栽植坑，露出根部，切断须根及根梢，在距树干20cm处，将刨开的侧根根皮环剥3~5cm，坑底铺上5~10cm厚半腐烂树叶，沿根10cm左右处摆放预培好的菌棒，或者蜜环菌菌种及适量小树段。将猪苓菌核撒播在树叶中，用腐殖土填平并略高于地面，上盖适量树叶或杂草。

## （五）田间管理

猪苓栽植后，及时浇水保持栽植基质半湿润状态，适时调节温度，争取全年有更多时间猪苓处在20℃左右的生长温度，一般不需要其他更多管理。山地半野生或仿野生猪苓，利用自然雨水和温度条件，猪苓便可正常生长并获得较高产量。但每年春季应在栽培穴上面加盖一层树叶，以减少水分蒸发，保持土壤墒情，促进生长和提高猪苓产量。并及时除去顶部周围杂草，防止鼠害及其他动物践踏，并由专人看管苓场。在猪苓菌核的生长过程中，不宜挖土检查猪苓生长情况，三年以后长出子实体，除了一部分留作菌种外，其他子实体均应摘除。

## （六）病虫害防治

猪苓病害主要是危害菌材的各种杂菌，李世等发现危害猪苓的还有猪苓菌核腐烂病、线虫病及生理性干枯病等。

🐛 防治方法

选半阴半阳的场地及排水通气良好的砂壤土地块；选用优质蜜环菌菌种，培育优良菌材；生长过程中严防穴内积水；菌材间隙用填充料填实；菌材一经杂菌感染一律予以剔除烧毁。

猪苓虫害主要有地下害虫和黑翅大白蚁，李世等研究发现危害猪苓的还有野蛞蝓、隐翅甲、鼠妇（潮虫、西瓜虫）、蕈蚊等，以隐翅甲和野蛞蝓为害菌核及子实体最甚。在鼠妇危害中，野生及半野生栽培猪苓以黑鼠妇为主；设施箱栽以褐鼠妇居多。

### 1. 地下害虫

地下害虫主要包括蝼蛄（蝼蛄科 *Gryllotalpidae*）、金针虫（叩甲总科 *Elateroidea*）、金龟子（金龟甲科 *Scarabaeidae*）。

🐛 防治方法

选用25%氯虫苯甲酰胺或90%敌百虫500倍液、19%溴氰虫酰胺1000倍液配制成毒饵，毒饵原料与使用方法参照"山药蛴螬"。

### 2. 黑翅大白蚁（*Odontotermes formosanus*）

🐛 防治方法

🍃 生物防治：用鲜榨大蒜汁200～300倍喷洒进行触杀并驱逐。

🍃 科学用药：用蜂蜜+90%敌百虫（或20%氯虫苯甲酰胺等）=2∶1配成毒蜂蜜，放入低矮（利于白蚁爬入）的容器内诱食杀灭。

### 3. 野蛞蝓（*Agriolimax agrestis*）

又称鼻涕虫。

## 防治方法

一是把生姜粉撒在鼻涕虫出没的地方或用浓盐水喷洒地面进行驱逐并触杀。二是把捉到的鼻涕虫放在搅拌机里加水打成液体，加酸橙汁或柠檬汁，用喷壶喷鼻涕虫出没的地方进行趋避，有效期长达几个月。三是晚上在鼻涕虫出没的地方放一个装满啤酒的盆子，第二天可捕捉喝的胖乎乎的鼻涕虫。四是往鼻涕虫上撒盐杀灭或用鲜黄瓜片诱捕。五是用1kg茶麸（茶籽饼）加1000kg水搅匀浸泡12小时，取澄清液喷治，加展透剂更好。

### 4. 隐翅甲（*Oxytelus batiuculus*）

## 防治方法

用植物源杀虫剂防治，可用0.36%苦参碱600倍液，或15%茚虫威1500倍液，或鲜榨大蒜汁200～300倍液等喷治并驱避，加展透剂。

### 5. 鼠妇（*Armadillidium vulgare* Latreille）

又称潮虫、西瓜虫、团子虫、地虱婆。

## 防治方法

物理防治：设陷阱诱杀。将一些玻璃瓶（弄成广口状）等容器埋在土里，瓶周围的土与瓶口平，压实，瓶内装入适量药液或油类物质，瓶口上遮挡一块树叶或可挡光又不影响鼠妇爬进去，待其晚上出来活动爬进去诱捕。

科学用药：毒土围棵保苗。用90%敌百虫粉剂2kg加细土（沙）25kg制成的毒土（沙），围棵保苗。

### 6. 蕈蚊

眼蕈蚊科（*Mycetophilidae*）和尖眼蕈蚊科（*Sciaridae*）。

## 防治方法

生物防治：一是成虫羽化期喷植物源杀虫剂防治。用0.36%苦参碱600倍液，或15%茚虫威1500倍液喷雾。二是幼虫期用昆虫病原线虫喷淋或浇灌，或是用1kg茶麸（茶籽饼）加1000kg水搅匀浸泡12小时，用澄清液灌根。

科学用药：用以上植物源药剂+噻嗪酮（保护天敌）=1：1混配后1000倍液喷淋或浇灌。

# 四、采收与加工

## （一）采收

温室和大棚等设施种植的猪苓生长2年，室外和山区半野生栽培的猪苓生长3～4年即可采挖。一般在春季4～5月或秋季9～10月猪苓休眠期时采挖。挖出全部菌材和菌核，选灰褐色、核体松软的菌核，留作种苓。色黑变硬的老菌核，除去泥沙，晒干入药。

## （二）加工

将挖出的猪苓除去砂土和蜜环菌索，然后置日光下或通风处干燥，或送入烘干室进行干燥，注意温度应控制在50℃以下，干燥温度不宜过高。干燥前不能用水洗。

## （三）质量标准

猪苓以表皮黑色、苓块大、较实，而且无砂石和杂质者，为佳。干燥的猪苓菌核为不规则长形块或近圆形块状，大小不等，长形的多弯曲或分枝如姜状，长约10～25cm，直径3～8cm；圆块的直径约3～7cm，外表皮黑色或棕黑色，全体有瘤状突起及明显的

图8-2 猪苓药材 （李世摄）

皱纹，质坚而不实，轻如软木，断面细腻呈白色或淡棕色，略呈颗粒状，气无味淡，一般不分等级（图8-2）。

《中国药典》2015年版规定：猪苓药材水分含量不得过14.0%；总灰分不得过12.0%；酸不溶灰分不得过5.0%；干燥品麦角甾醇（$C_{28}H_{44}O$）含量不得少于0.070%。

（李　世　杜丽君）

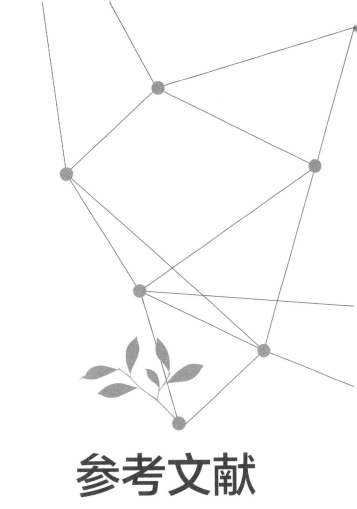

参考文献

［1］ 中国医学科学院药用植物资源开发研究所. 中国药用植物栽培学［M］. 北京：中国农业出版社，1991.

［2］ 林文雄，王庆亚. 药用植物生态学［M］. 北京：中国林业出版社，2007.

［3］ 马凯. 园艺通论［M］. 北京：高等教育出版社，2001.

［4］ 李合生. 现代植物生理学［M］. 北京：高等教育出版社，2002.

［5］ 董钻，沈秀瑛. 作物栽培学总论［M］. 北京：中国农业出版社，2000.

［6］ 郑汉臣，蔡少青. 药用植物与生态学［M］. 北京：人民卫生出版社，2003.

［7］ 白书农. 植物发育生物学［M］. 北京：北京大学出版社，2003.

［8］ 布坎南B B，格鲁依森姆W，琼斯R L. 植物生物化学与分子生物学［M］. 瞿礼嘉，顾红雅，白书农，等译. 北京：科学出版社，2004.

［9］ 郭巧生. 药用植物栽培学［M］. 北京：高等教育出版社，2009.

［10］ 田义新. 药用植物栽培学［M］. 北京：中国农业出版社，2011.

［11］ 么厉，程慧珍，杨智. 中药材规范化种植（养殖）技术指南［M］. 北京：中国农业出版社，2006.

［12］ 冉懋雄，周厚琼. 现代中药栽培养殖与加工手册［M］. 北京：中国中医药出版社，1999.

［13］ 朱圣和. 现代中药商品学［M］. 北京：人民卫生出版社，2006.

［14］ 葛月兰，钱大玮，段金廒，等. 不同产地不同采收期当归挥发性成分动态积累规律与适宜采收期分析［J］. 药物分析杂志，2009，29（04）：517–523.

［15］ 杨红霞，魏立新，杜玉枝，等. 不同海拔川西獐牙菜中药用成分的HPLC分析［J］. 中药材，2010，33（06）：867–869.

［16］ 张永清，刘合刚. 药用植物栽培学［M］. 北京：中国中医药出版社，2013.

［17］ 秦民坚，郭玉海. 中药材采收加工学［M］. 北京：中国林业出版社，2008.

［18］ 任德权，周荣汉. 中药材生产质量管理规范（GAP）实施指南［M］. 北京：中国农业出版社，2003.

［19］ 刘铁城. 药用植物栽培与加工［M］. 上海：科学普及出版社，1990.

［20］ 李向高. 中药材加工学［M］. 北京：中国农业出版社，2004.

［21］ 卫莹芳. 中药材采收加工及贮运技术［M］. 北京：中国医药科技出版社，2007.

［22］ 王世清. 中药加工、贮藏与养护［M］. 北京：中国中医药出版社，2006.

［23］ 龙全江. 中药材加工学［M］. 北京：中国中医药出版社，2010.

［24］ 陈随清，秦民坚. 中药材加工与养护学［M］. 北京：中国中医药出版社，2013.

［25］ 郑殿家，崔东河，田永全，等. 复式大棚栽培西洋参的研究［J］. 人参研究，2007，（04）：29–34.

［26］ 刘合光，余沪荣，孙东升. 中国农业机械化30年：回顾与展望［J］. 农业展望，2008，（09）：38–41.

［27］ 赵黎明. 中药材机械化收获与初加工技术的研究［J］. 农业技术与装备，2009，（10）：36–37.

［28］ 任壮. 中药材种植呼唤机械化［N］. 中国中医药报，2015-04-09（005）.

［29］周振华. 机械化收获长根茎类中药材的探讨［J］. 农业机械，2010，（14）：81-82.

［30］乔延丹，李有田. 根茎类中药材生产机械化技术［J］. 农机科技推广，2007，（10）：39.

［31］包翠莲. 深根茎类中药材机械化挖掘技术应用与创新点分析［J］. 农业机械，2013，（28）：113-114.

［32］刘焱选，白慧东，蒋桂英. 中国精准农业的研究现状和发展方向［J］. 中国农学通报，2007，（07）：577-582.

［33］李翔，潘瑜春，赵春江，等. 基于多年产量数据的精准农业管理分区提取与尺度效应评价［J］. 中国农业科学，2005，（09）：1825-1833.

［34］汪懋华. 精细农业［M］. 北京：中国农业大学出版社，2011.

［35］蒋传中，王影，王占国，等. 丹参GAP基地的持续改进［J］. 中国药事，2012，26（03）：264-267.

［36］柴民杰，陈海燕，李磊. 精细农业在中国的发展现状与展望［J］. 中国农机化学报，2015，36（05）：342-344+348.

［37］李艳龙，蔺海明，王文雁，等. 构建陇西县有机中药材产业基地的思考［J］. 甘肃农业科技，2013，（12）：53-55.

［38］高照全，戴雷. 我国有机农业发展现状和存在问题［J］. 安徽农业科学，2013，41（03）：943-944.

［39］吴成建. 有机产品与有机茶的认证历史和现状［J］. 中国茶叶，2009，31（12）：12-14.

［40］段明华，原雅铃，赵锦丽，等. 白术根茎腐烂与栽培措施的相关性［J］. 西北植物学报，1996，（05）：24-27.

［41］何顺华，陈斌龙，何福基，等. 白术植株性状相关性的研究［J］. 中药材，2003，（10）：695-697.

［42］刘逸慧，陈斌龙，周晓龙. 药用植物白术栽培群体的遗传多样性研究［J］. 中国中药杂志，2008，33（23）：2756-2760.

［43］梁芬. 中药材白术栽培技术［J］. 安徽农学通报（上半月刊），2010，16（13）：269-270.

［44］白岩. 浙江白术生产现状和优化农艺措施研究［D］. 河北农业大学，2009.

［45］杨舒婷，龚华栋，赵云鹏. 产地与种源对白术药材质量的影响［J］. 中药材，2013，36（06）：890-892.

［46］刘玉亭. 白术栽培技术的探讨［J］. 中国中药杂志，1990，（01）：19-21+63.

［47］韩学俭. 白芷及其采收加工技术［J］. 四川农业科技，2001，（06）：29.

［48］黄璐琦. 中药白芷种质资源的系统研究［J］. 江西中医学院学报，2004，16（6）：5-7.

［49］郭丁丁，马逾英，唐琳，等. 白芷种质资源遗传多样性的ISSR研究［J］. 中草药，2009.

［50］王梦月，贾敏如. 白芷本草考证［J］. 中药材，2004，（06）：5-7.

［51］张志梅，翟志席，郭玉海，等. 白芷干物质积累和异欧前胡素的动态研究［J］. 中草药，2005，

（06）：902–904.

［52］ 张志梅，杨太新，翟志席，等. 干燥方法对白芷中香豆素类成分含量的影响［J］. 中国中药杂志，2005，（21）：63–64.

［53］ 张志梅，郭玉海，翟志席，等. 白芷栽培措施研究［J］. 中药材，2006，（11）：1127–1128.

［54］ 国家药典委员会. 中华人民共和国药典（一部）［M］. 北京：中国医药科技出版社，2015.

［55］ 高宾，宋大丽. 白芷的等级与规格［J］. 首都医药，2010，17（17）：39.

［56］ 易思荣，韩风，黄娅，等. 中药材白芷优质种子培育技术［J］. 现代中药研究与实践，2011，25（05）：9–11.

［57］ 丁万隆. 药用植物病虫害防治彩色图谱［M］. 北京：中国农业出版社，2002.

［58］ 丁万隆，陈震，王淑芳. 百种药用植物栽培答疑［M］. 北京：中国农业出版社，2010.

［59］ 王良信. 实用中药材田间试验手册［M］. 北京：中国医药科技出版社，2003.

［60］ 谢晓亮，杨彦杰，杨太新. 无公害中药材生产技术［M］. 石家庄：河北科学技术出版社，2014.

［61］ 田伟，谢晓亮，温春秀，等. 板蓝根对污染土壤中重金属吸收规律的研究［A］. 中国中医药研究促进会、中国医学科学院药用植物研究所. 全国中药材GAP研究与应用学术研讨会会议论文汇编［C］. 中国中医药研究促进会、中国医学科学院药用植物研究所，2004：6.

［62］ DB13/T 1320. 2–2010，中药材种子质量标准第2部分：菘蓝［S］.

［63］ DB13/T 977–2008，无公害板蓝根田间生产技术规程［S］.

［64］ 秦梦，谢晓亮，崔施展，等. 播种期对板蓝根药用成分含量及药材产量的影响［J］. 河北农学，2015，19（04）：93–96.

［65］ 温春秀，刘灵娣，王丽英，等. 磷肥用量对菘蓝干物质积累及其营养元素吸收的影响［J］. 西北农林科技大学学报（自然科学版），2014，42（10）：159–165.

［66］ 魏继新. 浅谈北苍术的生产与发展［J］. 农民致富之友，2013，（18）：21.

［67］ 邹威，陶双勇. 北苍术栽培技术［J］. 特种经济动植物，2005，（11）：29.

［68］ 余虹. 苍术栽培技术［J］. 四川农业科技，2003，（07）：28.

［69］ 卫云，丁如辰，李义林. 药用植物栽培技术［M］. 济南：山东科学技术出版社，1985.

［70］ 李敏，李校堃. 中药材市场动态及其应用前景［M］. 北京：中国医药科技出版社，2006.

［71］ 王国元，贺献林. 北方山区中药材种植技术手册［M］. 北京：中国农业出版社，2013.

［72］ 陈康，李敏. 中药材种植技术［M］. 北京：中国医药科技出版社，2006.

［73］ 李敏，周娟. 中药材质量与控制［M］. 北京：中国医药科技出版社，2005.

［74］ 谢晓亮，杨太新. 中药材栽培实用技术500问［M］. 北京：中国医药科技出版社，2015.

［75］ 贺献林，王旗，贺振宁，等. 野生柴胡生育特性及其对驯化栽培的启示［J］. 河北农业科学，2014，18（03）：82–84+93.

［76］ 贺献林，李春杰，贾和田，等. 柴胡玉米间作套种高效种植技术［J］. 现代农村科技，2014，（01）：11.

［77］贺献林. 柴胡规范化栽培技术［M］. 北京：中国农业出版社，2015.

［78］陈士林，林余霖. 中草药大典［M］. 北京：军事医学科学出版社，2006.

［79］冯玲玲，周吉源. 丹参的研究现状与应用前景［J］. 中国野生植物资源，2004，（02）：4–7.

［80］田伟，谢晓亮，彭卫欣，等. 不同丹参种质田间比较试验［J］. 现代中药研究与实践，2004，（01）：22–24.

［81］刘铭，彭玮欣，田伟，等. 不同产地的丹参中丹参酮 II$_A$的含量测定［J］. 现代中药研究与实践，2004，（06）：32–33.

［82］田伟，温春秀，彭卫欣，等. 不同丹参种质资源引种及比较研究［J］. 吉林农业大学学报，2005，（03）：284–288.

［83］田伟，周巧梅，温春秀，等. 丹参根段不同处理的对比试验研究［J］. 现代中药研究与实践，2006，（03）：18–20.

［84］温春秀，吴志明，田伟，等. 丹参种质资源遗传多样性的AFLP分析［J］. 华北农学报，2007，（S2）：122–125.

［85］曹珍，谢晓亮. 丹参的不同鉴别方法［J］. 时珍国医国药，2007，（08）：1861–1863.

［86］滕艳芬，王峥涛，余国奠. 丹参的药用资源研究进展［J］. 中国野生植物资源，2001，（02）：1–3+16.

［87］张兴国，王义明，罗国安，等. 丹参品种资源特性的研究［J］. 中草药，2002，（08）：72–77.

［88］张红瑞，李志敏，高致明. 丹参生长发育特性研究［J］. 安徽农业科学，2007，（19）：5783–5785.

［89］刘文婷，梁宗锁，蒋传中，等. 丹参生殖生物学特性研究［J］. 现代中药研究与实践，2004，（05）：17–20.

［90］严玉平，由会玲，朱长福，等. 丹参种源分布及道地性研究［J］. 时珍国医国药，2007，（08）：1882–1883.

［91］孙华，张彦玲，高致明，等. 丹参种质与栽培技术研究现状及应用前景［J］. 山东农业科学，2005，（06）：73–74.

［92］郭宝林，林生，冯毓秀，等. 丹参主要居群的遗传关系及药材道地性的初步研究［J］. 中草药，2002，（12）：60–63.

［93］王晨，李佳，张永清. 丹参种质资源与优良品种选育研究进展［J］. 中国现代中药，2012，14（04）：37–42.

［94］谢小龙，王溪森，赵利，等. 黄芪种质资源研究进展［J］. 安徽农业科学，2005，（01）：121–123.

［95］谢新玲. 黄芪高产栽培技术［J］. 内蒙古农业科技，1999，（02）：39.

［96］黄利珍. 蒙古黄芪规范化栽培管理技术［J］. 华北农学报，2006，（S3）：96–97.

［97］苏淑欣，李世，尚文艳，等. 黄芩生长发育规律的研究［J］. 中国中药杂志，2003，（11）：25–28.

［98］李世，苏淑欣，黄荣利. 黄芩施肥试验报告［J］. 中国中药杂志，1993，（03）：142–145+190.

［99］苏淑欣，李世，黄荣利，等. 施肥对黄芩根部黄芩苷含量的影响［J］. 中国中药杂志，1996，

（06）：23.

[100]　苏淑欣，李世，刘海光，等. 黄芩病虫害调查报告［J］. 承德职业学院学报，2005，（04）：82–85.

[101]　李世，苏淑欣，姜淑霞，等. 一年生黄芩地上地下干物质积累与分配规律研究［J］. 承德职业学院学报，2007，（02）：146–148.

[102]　孙志蓉，阎永红，武继红，等. 黄芩种子分级标准的研究［J］. 湖南中医药大学学报，2007.

[103]　刘海光，李世，苏淑欣，等. 黄芩黄翅菜叶蜂的发生规律及防治研究初探［J］. 安徽农业科学，2009，37（25）：12183–12184.

[104]　张新燕，刘海光，李世，等. 黄芩白粉病发生规律及防治研究［J］. 安徽农业科学，2010，38（09）：4544–4545+4549.

[105]　张新燕，刘海光，赵淑珍，等. 黄芩灰霉病发生规律及药效试验［J］. 北方园艺，2010，（13）：209–211.

[106]　刘海光，张新燕，李世，等. 黄芩上苜蓿夜蛾发生规律观察及药剂防治试验［J］. 中国植保导刊，2010，30（07）：30–31.

[107]　李世，苏淑欣，姜淑霞，等. 黄芩干物质积累与分配规律研究［J］. 安徽农业科学，2010，38（28）：15542–15544.

[108]　Lishi, Sushuxin, Jangshuxia, etc. Research on the accumulation and distribution rule of Dry Matter in Scutellaria baicalensis Georgi. MEDICINAL PLANT，2010.

[109]　苏淑欣，李世，崔海明，等. 半野生黄芩规范化生产技术规程［S］. 承德市地方标准，DB1308/T180–2011.

[110]　李凤. 遗传和环境对黄芩药材产量和质量的影响及其机制研究［D］. 北京中医药大学，2011.

[111]　曹鲜艳. 氮磷钾营养水平对黄芩生长和次生代谢产物影响的研究［D］. 西北农林科技大学，2012.

[112]　祝丽香，王建华，孙印石，等. 桔梗开花后可溶性糖和淀粉分配特性的研究［J］. 园艺学报，2010，37（02）：319–324.

[113]　陈庆亮，单成钢，倪大鹏，等. 桔梗无公害生产技术规程［J］. 山东农业科学，2010，8：103–104.

[114]　杨胜亚，于春霞. 黄芩、柴胡、桔梗高产栽培技术［M］. 河南科学技术出版社，2002.

[115]　卢瑜辉. 苦参规范化栽培技术［J］. 现代农村科技，2012，（22）：12.

[116]　郭吉刚，关扎根. 苦参生物学特性及栽培技术研究［J］. 山西中医学院学报，2005，（02）：45–47.

[117]　吴尚英，李安平，关扎根，等. 不同种源苦参种子生物学特性的研究［J］. 种子，2012，31（11）：70–72.

[118]　张庆霞，纪瑛. 苦参种子形态特征及萌发规律研究［J］. 中国种业，2009，（11）：54–55.

［119］ 郭华，关扎根，刘金红，等. 中药材苦参施肥方法研究［J］. 宁夏农林科技，2013，54（01）：47-48+54.

［120］ 邹林有，陈垣. 不同处理方法对苦参种子发芽特性的影响［J］. 甘肃农业大学学报，2008，（05）：80-83.

［121］ 张庆霞，纪瑛，杜彦斌，等. 不同处理方法对苦参种子萌发的影响［J］. 种子，2009，28（05）：93-95.

［122］ 李桂双，何莎，白成科. 苦参种子催芽及秋水仙素诱导多倍体研究［J］. 种子，2009，28（05）：24-27.

［123］ 高峰，强芳英，纪瑛，等. 兰州地区人工栽培苦参病虫害发生初报［J］. 草业科学，2010，27（10）：142-148.

［124］ 刘合刚，熊鑫，詹亚华，等. 射干规范化生产标准操作规程（SOP）［J］. 现代中药研究与实践，2011，25（05）：15-19.

［125］ DB13/T 1320. 7-2010，中药材种子质量标准第7部分：射干［S］.

［126］ 周峰，陈万生，乔传卓. 中药知母商品及资源调查［J］. 时珍国医国药，2000，（07）：672.

［127］ 孙伟，李敬，马淑坤. 知母种子繁殖技术及效益分析［J］. 辽宁农业科学，2007，（03）：102-103.

［128］ 王明霞. 知母的特征特性与人工栽培技术［J］. 甘肃农业科技，2005，（08）：71-72.

［129］ 滕辉. 知母的生物学特性简介［J］. 中药通报，1987，（03）：18.

［130］ 张为江，彭凤鸣. 知母生长习性的观察［J］. 中药材，1986，（04）：56-57.

［131］ 卢艳花，戴岳，王峥涛，等. 紫菀祛痰镇咳作用有效部位及有效成分［J］. 中草药，1999，（05）：3.

［132］ 郭伟娜，程磊，牛倩. 中药紫菀的本草沿革及现代资源研究现状［J］. 安徽农业科学，2013，（24）：9943-9944.

［133］ 李家实. 中药鉴定学［M］. 上海：上海科学技术出版社，1994.

［134］ 葛淑俊，孟义江，田汝美，等. 紫菀种苗质量分级［S］. 河北省地方标准（DB13/T1532-2012）.

［135］ 葛淑俊，孟义江，田汝美，等. 紫菀种苗繁育技术规程［S］. 河北省地方标准（DB13/T1533-2012）.

［136］ 蒋学杰，卢世恒. 紫菀标准化种植［J］. 特种经济动植物，2011，（01）：37.

［137］ 张庆田，艾军，李昌禹，等. 紫菀种质资源研究［J］. 特产研究，2009，（03）：43-45.

［138］ 刘海波. 紫菀无公害栽培技术［J］. 中国蔬菜，2011，（23）：45-46.

［139］ 田汝美，孟义江，李文燕，等. 紫菀种质资源的评价和分析［J］. 植物遗传资源学报，2012，（06）：984-991.

［140］ 张炳炎. 枸杞病虫害及防治原色图册［M］. 北京：金盾出版社. 2011.

［141］ 郭巧生. 药用植物资源学［M］. 北京：高等教育出版社. 2008.

［142］ 曹相兰，周雯，谢宪斌. HPLC-DAD法同时测定酸枣仁皂苷中酸枣仁皂苷A、B和白桦脂酸、白桦脂醇［J］. 中成药，2015，（05）：1013-1016.

［143］ 田秀红，黎梅，张慧姣. 河北酸枣总黄酮提取工艺研究［J］. 食品研究与开发，2015，（13）：76-78.

［144］ 解军波，刘艳，张彦青，等. HPLC法测定酸枣仁黄酮片中斯皮诺素［J］. 中草药，2010，（10）：1653-1655.

［145］ 陈科先，赵丽梅，嵇长久，等. 酸枣仁中的黄酮碳苷类成分研究［J］. 中国中药杂志，2015，（08）：1503-1507.

［146］ 常广璐，李国辉，李天祥. 天津产与市售野生酸枣仁的质量比较研究［J］. 中草药，2015，（5）：751-755.

［147］ 毛永民. 枣树高效栽培实用技术［M］. 北京：中国农业出版社，2004.

［148］ BAO Kang-De，LI Ping，LI Hui-Jun，et al. Simultaneous Determination of Flavonoids and Saponins in Semen Ziziphi Spinosae（Suanzaoren）by High Performance Liquid Chromatography with Evaporative Light Scattering Detection［J］. Chinese Journal of Natural Medicines，2009.

［149］ 刘孟军，汪民. 中国枣种质资源［M］. 北京：中国林业出版社，2009.

［150］ 田国忠，徐启聪，李永，等. 野生酸枣疯病与栽培大枣疯病发生的关系［J］. 植物保护学报，2009，（06）：529-536.

［151］ 武怀庆. 酸枣栽培技术及病虫害防治［J］. 农业技术与装备，2014，（09）：62-63.

［152］ 蔡冬元. 果树栽培［M］. 北京：中国农业出版社，2001.

［153］ 周自云. 干旱胁迫对酸枣生理特征的影响及茶叶加工工艺研究［D］. 西安：西北农林科技大学，2011.

［154］ 贾屹峰，苗培. 王不留行的概述与研究［J］. 畜牧与饲料科学，2012，（03）：32-34.

［155］ 高钦，杨太新，刘晓清，等. 王不留行种子质量检验方法的研究［J］. 种子，2014，（10）：116-120.

［156］ 高钦，杨太新，刘晓清. 王不留行种子质量分级标准研究［J］. 种子，2015，（02）：117-110.

［157］ 中国科学院中国植物志编辑委员会. 中国植物志（卷六十五）［M］. 北京：科学出版社，1977.

［158］ 赵立子，魏建和. 中药荆芥最新研究进展［J］. 中国农学通报，2013，（04）：39-43.

［159］ 韩学俭，齐俊生. 荆芥栽培技术［J］. 特种经济动植物，2003，（03）：28.

［160］ 李明业. 荆芥育苗栽培技术和品种试验［J］. 青海农业科技，2012，（02）：56-57.

［161］ 何莉，石娜. 荆芥无公害高效栽培技术［J］. 蔬菜栽培，2014，（01）：27-28.

［162］ 刘红彬. 施肥对荆芥生育特性及总黄酮含量的影响［D］. 保定：河北农业大学. 2006.

［163］ 陈瑛. 实用中药种子技术手册［M］. 北京：人民卫生出版社，1999.

［164］ 刘娟，雷焱霖，唐友红，等. 紫苏的化学成分与生物活性研究进展［J］. 时珍国医国药，2010，（07）：1768-1769.

［165］ 于淑玲，李海燕．紫苏的开发和综合利用［J］．北方园艺，2006，（05）：98-99.

［166］ 韦保耀，黄丽，滕建文．紫苏属植物研究进展［J］．食品科学，2005，（04）：274-277.

［167］ 张卫明，刘秀月．紫苏叶的成分分析与利用初探［J］．中国野生植物资源，1998，（02）：2.

［168］ 韩丽，李福臣，刘洪富，等．紫苏的综合开发利用[J]．食品研究与开发，2004，（03）：24-26.

［169］ 王素君，张毅功．紫苏的栽培及开发利用［J］．河北农业大学学报，2003，（S1）：122-124.

［170］ 王修堂，王晓明．紫苏的生物学特征特性及科学培育技术［J］．农村科技开发，2000，（07）：17.

［171］ 刘月秀，张卫明，王红．紫苏属植物生物学特性及栽培技术［J］．中国野生植物资源，1997，（04）：3.

［172］ 洪森辉．紫苏特征特性及丰产栽培技术［J］．江西农业科技，2004，（08）：22-23.

［173］ 韩学俭．紫苏及其栽培技术［J］．农村实用技术，2002，（03）：36-37.

［174］ 赵静，于淑玲．药用紫苏的资源开发［J］．资源开发与市场，2006，（06）：549-551.

［175］ 夏志颖．紫苏栽培管理技术［J］．天津农林科技，2012，（04）：22-23.

［176］ 李鹏，朱建飞，唐春红．紫苏的研究动态［J］．重庆工商大学学报：自然科学版．2010，（03）：271-275.

［177］ 谭美莲，严明芳，汪磊，等．国内外紫苏研究进展概述［J］．中国油料作物学报，2012，（02）：225-231.

［178］ 刘月秀，张卫明．紫苏属植物的分类及资源分布［J］．中国野生植物资源，1998，（03）：4.

［179］ 王佛生，盖琼辉．紫苏属植物分类刍议［J］．甘肃农业科技，2010，（10）：50-52.

［180］ 张含藻．金银花标准化生产技术［M］．北京：金盾出版社，2010.

［181］ 李玉平．菊花栽培管理技术［J］．农技服务，2011，（03）：351-352.

［182］ 薛琴芬，孙大文，孔维兴，等．菊花栽培技术及其病虫害的防治［J］．农技服务，2009，（04）：66-67.

［183］ 吴松．药用菊花栽培与加工新技术［J］．江苏农业科学，2002，（03）：67-68.

［184］ 刘云．菊花栽培技艺［J］．现代农业科技，2005，（07）：6-7.

［185］ 吕标．药用菊花栽培技术［J］．现代农业科技，2011，（18）：168.

［186］ 魏志华，王新民，李斌．药用怀菊GAP栽培技术标准操作规程［J］．甘肃农业，2006，（05）：288.

［187］ 李世，苏淑欣．高效益药用植物栽培关键技术［M］．北京：中国三峡出版社，2006.

［188］ 李世，苏淑欣．特种经济植物种植技术［M］．北京：中国三峡出版社，2009.

［189］ 徐雪高，龙文军，何在中．中国农业机械化发展分析与未来展望［J］．农业展望，2013，（06）：56-61.